AUTODESK授权培训中心推荐标准教程

权威授权版

AutoCAD® 2015
中文版实操实练

ACAA教育 主编
胡仁喜 刘昌丽 编著

电子工业出版社
Publishing House of Electronics Industry
北京·BEIJING

内 容 简 介

本书重点介绍了 AutoCAD 2015 中文版的新功能及各种基本操作方法和技巧,还添加了具体的应用实例。其最大的特点是,在进行知识点讲解的同时,不仅列举了大量的实例,还增加了上机操作和真题模拟,使读者能够在实践中掌握 AutoCAD 2015 的操作方法和技巧。

全书分为 13 章,内容包括:AutoCAD 2015 入门,简单二维绘制命令,复杂二维绘图命令,图层与显示,精确绘图,二维编辑命令,文字与表格,高级绘图工具,尺寸标注,绘制和编辑三维表面,实体造型,机械设计工程实例,建筑设计工程实例等。

本书内容翔实、图文并茂、语言简洁、思路清晰、实例丰富,可以作为初学者的学习教材,也可作为技术人员的参考工具书。

图书在版编目(CIP)数据

AutoCAD 2015 中文版实操实练权威授权版 / ACAA 教育主编;胡仁喜,刘昌丽编著. —北京:电子工业出版社,2015.4

Autodesk 授权培训中心推荐标准教程

ISBN 978-7-121-25630-1

Ⅰ. ①A… Ⅱ. ①A… ②胡… ③刘… Ⅲ. ①AutoCAD 软件—教材 Ⅳ. ①TP391.72

中国版本图书馆 CIP 数据核字(2015)第 043380 号

策划编辑:林瑞和
责任编辑:徐津平
特约编辑:赵树刚
印　　刷:北京天宇星印刷厂
装　　订:北京天宇星印刷厂
出版发行:电子工业出版社
　　　　　北京市海淀区万寿路 173 信箱　　　邮编:100036
开　　本:787×1092　1/16　　印张:27.5　　字数:704 千字
版　　次:2015 年 4 月第 1 版
印　　次:2015 年 4 月第 1 次印刷
定　　价:59.00 元

凡所购买电子工业出版社图书有缺损问题,请向购买书店调换。若书店售缺,请与本社发行部联系,联系及邮购电话:(010) 88254888。

质量投诉请发邮件至 zlts@phei.com.cn,盗版侵权举报请发邮件到 dbqq@phei.com.cn。

服务热线:(010) 88258888。

前　言

AutoCAD 是美国 Autodesk 公司推出的，集二维绘图、三维设计、渲染及通用数据库管理和互联网通信功能于一体的计算机辅助绘图软件包。自 1982 年推出以来，从初期的 1.0 版本，经多次版本更新和性能完善，现已发展到 AutoCAD 2015，不仅在机械、电子和建筑等工程设计领域得到了广泛的应用，而且在地理、气象、航海等特殊图形的绘制，甚至乐谱、灯光、幻灯和广告等领域也得到了多方面的应用，目前已成为微机 CAD 系统中应用最为广泛的图形软件之一。

本书的编者都是各高校多年从事计算机图形教学研究的一线人员，他们具有丰富的教学实践经验与教材编写经验。多年的教学工作使他们能够准确地把握学生的读书心理与实际需求。值此 AutoCAD 2015 最新面市之际，编者根据读者工程应用学习的需要编写了此书，本书凝结着他们的经验与体会，贯彻着他们的教学思想，希望能够为广大读者的学习起到良好的引导作用，为广大读者自学提供一条简捷、有效的途径。

本书重点介绍了 AutoCAD 2015 中文版的新功能及各种基本操作方法和技巧，还添加了具体应用实例。全书分为 13 章，内容包括：AutoCAD 2015 入门，简单二维绘制命令，复杂二维绘图命令，图层与显示，精确绘图，二维编辑命令，文字与表格，高级绘图工具，尺寸标注，绘制和编辑三维表面，实体造型，机械设计工程实例，建筑设计工程实例等。

随书配送的多媒体光盘包含全书所有实例的源文件和效果图演示，以及所有讲解指导实例操作过程的 AVI 文件，可以帮助读者更加形象直观、轻松自在地学习本书。为了帮助读者提高应用 AutoCAD 的技巧，随书光盘还赠送了编者多年来积累和总结的 AutoCAD 操作技巧秘籍电子书。

在介绍的过程中，注意由浅入深、从易到难，各章节既相对独立又前后关联。编者根据自己多年的经验及学生的通常心理，及时给出总结和相关提示，帮助读者快捷地掌握所学知识。全书解说翔实、图文并茂、语言简洁、思路清晰，可以作为初学者的入门教材，也可作为工程技术人员的参考工具书。

本书由北京万华创力数码科技开发有限公司的胡仁喜和刘昌丽编著。另外，孙立明、李兵、甘勤涛、徐声杰、张辉、李亚莉、王玮、闫聪聪、王敏、杨雪静、张日晶、卢圆、孟培、康士廷、王义发、王培合、王玉秋、王艳池等也参与了部分章节的编写工作，值此图书出版发行之际，向他们表示衷心的感谢。

限于时间和编者水平，书中疏漏之处在所难免，不当之处恳请读者批评指正，编者不胜感激。有任何问题，请登录网站 www.sjzswsw.com 或联系 win760520@126.com。

编　者
2015 年 3 月

目　　录

第 1 章

AutoCAD 2015 入门

本章我们学习 AutoCAD 2015 绘图的基本知识，了解如何设置图形的系统参数、样板图，熟悉创建新的图形文件、打开已有文件的方法等，为进入系统学习准备必要的前提知识。

1.1 操作环境简介

操作环境是指和本软件相关的操作界面、绘图系统设置等一些软件的最基本的界面和参数。本节将进行简要介绍。

✎ **预习重点**

◎ 安装软件，熟悉软件界面。
◎ 观察光标大小与绘图区颜色。

AutoCAD 的操作界面是 AutoCAD 显示、编辑图形的区域。启动 AutoCAD 2015 后的默认界面如图 1-1 所示，这个界面是 AutoCAD 2009 以后出现的新界面风格。

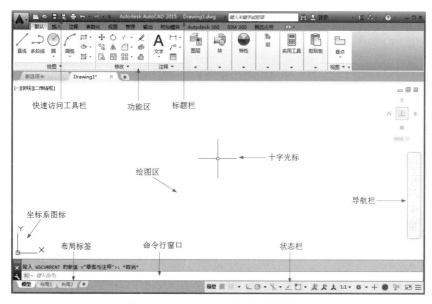

图 1-1　AutoCAD 2015 中文版操作界面

🔔 **注意**

安装 AutoCAD 2015 后，默认的界面如图 1-2 所示。在绘图区中单击鼠标右键，打开快捷菜单，如图 1-3 所示。选择"选项"命令，打开"选项"对话框，选择"显示"选项卡，在窗口元素对应的"配色方案"中设置为"明"，如图 1-4 所示。单击"确定"按钮，退出对话框，其操作界面如图 1-1 所示。

图 1-2 默认界面

图 1-3 快捷菜单

图 1-4 "选项"对话框

在 AutoCAD 2015 中文版操作界面的最上端是标题栏。在标题栏中显示了系统当前正在运行的应用程序（AutoCAD 2015）和用户正在使用的图形文件。在第一次启动 AutoCAD 2015 时，在标题栏中将显示 AutoCAD 2015 在启动时创建并打开的图形文件的名称"Drawing1.dwg"。

1.1.1　菜单栏

在 AutoCAD 快速访问工具栏处调出菜单栏，如图 1-5 所示，调出后的菜单栏如图 1-6 所示。同 Windows 程序一样，AutoCAD 2015 的菜单也是下拉形式的，并在菜单中包含子菜单，如图 1-7 所示，是执行各种操作的途径之一。

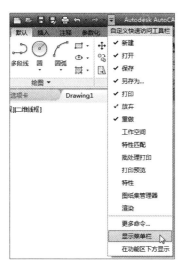

图 1-5　调出菜单栏

图 1-7　下拉菜单

图 1-6　菜单栏显示界面

一般来讲，AutoCAD 2015 下拉菜单有以下 3 种类型。

（1）右边带有小三角形的菜单项，表示该菜单后面带有子菜单，将光标放在上面会弹出它的子菜单。

（2）激活相应对话框的菜单命令。这种类型的命令后面带有省略号。例如，单击"格式"菜单，选择其下拉菜单中的"文字样式"命令，如图 1-8 所示，就会打开对应的"文字样式"对话框，如图 1-9 所示。

（3）直接操作的菜单命令。选择这种类型的命令将直接进行相应的绘图或其他操作。例如，选择菜单栏中的"视图"→"重画"命令，系统将直接对屏幕图形进行重画。

图 1-8　激活相应对话框的菜单命令　　　　图 1-9　"文字样式"对话框

1.1.2　工具栏

工具栏是一组按钮工具的集合。选择菜单栏中的"工具"→"工具栏"→"AutoCAD"命令，调出所需要的工具栏。把光标移动到某个按钮上，稍停片刻即在该按钮的一侧显示相应的功能提示，同时在状态栏中显示对应的说明和命令名，此时，单击该按钮就可以启动相应的命令。

（1）设置工具栏。AutoCAD 2015 提供了几十种工具栏，选择菜单栏中的"工具"→"工具栏"→"AutoCAD"命令，调出所需要的工具栏，如图 1-10 所示。单击某一个未在界面显示的工具栏名，系统自动在界面打开该工具栏；反之，关闭工具栏。

（2）工具栏的"固定"、"浮动"与"打开"。工具栏可以在绘图区"浮动"显示（如图 1-11 所示），此时显示该工具栏标题，并可关闭该工具栏。可以拖动"浮动"工具栏到绘图区边界，使它变为"固定"工具栏，此时该工具栏标题隐藏。也可以把"固定"工具栏拖出，使它成为"浮动"工具栏。

有些工具栏按钮的右下角带有一个小三角，单击会打开相应的工具栏，将光标移动到某一按钮上并单击，该按钮就变为当前显示的按钮。单

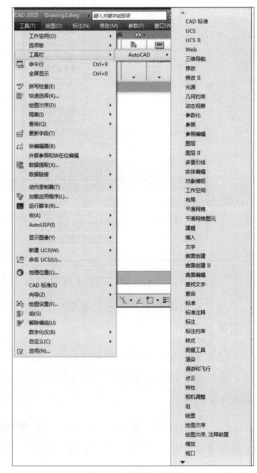

图 1-10　调出工具栏

击当前显示的按钮，即可执行相应的命令，如图 1-12 所示。

图 1-11 "浮动"工具栏 图 1-12 打开工具栏

1.1.3 绘图区

绘图区是显示、绘制和编辑图形的矩形区域。左下角是坐标系图标，表示当前使用的坐标系和坐标方向，根据工作需要，用户可以打开或关闭该图标的显示。十字光标由鼠标控制，其交叉点的坐标值显示在状态栏中。

1．改变绘图窗口的颜色

（1）选择菜单栏中的"工具"→"选项"命令，弹出"选项"对话框。

（2）单击"显示"选项卡，如图 1-13 所示。

图 1-13 "选项"对话框中的"显示"选项卡

（3）单击"窗口元素"中的"颜色"按钮，打开如图 1-14 所示的"图形窗口颜色"对话框。

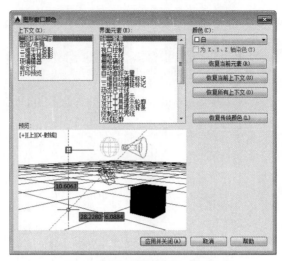

图 1-14 "图形窗口颜色"对话框

（4）从"颜色"下拉列表框中选择某种颜色，例如白色，单击"应用并关闭"按钮，即可将绘图窗口改为白色。

2. 改变十字光标的大小

在如图 1-13 所示的"显示"选项卡中拖动"十字光标大小"区的滑块，或在文本框中直接输入数值，即可对十字光标的大小进行调整。

3. 设置自动保存时间和位置

（1）选择菜单栏中的"工具"→"选项"命令，弹出"选项"对话框。

（2）单击"打开和保存"选项卡，如图 1-15 所示。

图 1-15 "选项"对话框中的"打开和保存"选项卡

（3）勾选"文件安全措施"中的"自动保存"复选框，在其下方的文本框中输入自动保存的间隔分钟数。建议设置为 10~30 分钟。

（4）在"文件安全措施"中的"临时文件的扩展名"文本框中，可以改变临时文件的扩展名。默认为 ac$。

（5）打开"文件"选项卡，在"自动保存文件"中设置自动保存文件的路径，单击"浏览"按钮修改自动保存文件的存储位置，单击"确定"按钮。

4. 模型与布局标签

在绘图窗口左下角有模型空间标签和布局标签来实现模型空间与布局之间的转换。模型空间提供了设计模型（绘图）的环境。布局是指可访问的图纸显示，专用于打印。AutoCAD 2015 可以在一个布局上建立多个视图，同时，一张图纸可以建立多个布局，且每一个布局都有相对独立的打印设置。

1.1.4　命令行

命令行位于操作界面的底部，是用户与 AutoCAD 进行交互对话的窗口。在"命令:"提示下，AutoCAD 接受用户使用各种方式输入的命令，然后显示出相应的提示，如命令选项、提示信息和错误信息等。

命令行中显示文本的行数可以改变。将光标移至命令行上边框处，光标变为双箭头后，按住鼠标左键拖动即可。命令行的位置可以在操作界面的上方或下方，也可以浮动在绘图窗口内。将光标移至该窗口左边框处，光标变为箭头，单击并拖动即可。使用<F2>键能放大显示命令行。

1.1.5　状态栏

状态栏位于屏幕的底部，能够显示有关的信息。例如，当光标在绘图区时，显示十字光标的三维坐标；当光标在工具栏的图标按钮上时，显示该按钮的提示信息。

状态栏上包括若干个功能按钮，它们是 AutoCAD 的绘图辅助工具。有多种方法控制这些功能按钮的开关：

（1）单击即可打开 / 关闭。

（2）使用相应的功能键。如按<F8>键可以循环打开 / 关闭正交模式。

（3）使用快捷菜单。在一个功能按钮上单击鼠标右键，可弹出相关快捷菜单。

1.1.6　快速访问工具栏和交互信息工具栏

1. 快速访问工具栏

该工具栏包括"新建"、"打开"、"保存"、"另存为"、"打印"、"放弃"、"重做"等常用的工具。用户也可以单击该工具栏后面的下拉按钮设置需要的常用工具。

2. 交互信息工具栏

该工具栏包括"搜索"、"Autodesk 360"、"Autodesk Exchange 应用程序"、"保持连接"和"帮助"等常用的数据交互访问工具。

1.1.7　功能区

在默认情况下，功能区包括"默认"选项卡、"插入"选项卡、"注释"选项卡、"参数化"选项卡、"视图"选项卡、"管理"选项卡、"输出"选项卡、"附加模块"选项卡、"Autodesk 360"、"BIM 360"及"精选应用"，如图 1-16 所示（所有的选项卡显示面板如图 1-17 所示）。每个选项卡集成了相关的操作工具，方便了用户的使用。用户可以单击功能区选项后面的 按钮控制功能区的展开与收缩。

图 1-16　默认情况下出现的选项卡

图 1-17　所有的选项卡

（1）设置选项卡。将光标放在面板中任意位置处，单击鼠标右键，打开如图 1-18 所示的快捷菜单。单击某一个未在功能区显示的选项卡名，系统自动在功能区打开该选项卡；反之，关闭选项卡（调出面板的方法与调出选项板的方法类似，这里不再赘述）。

（2）选项卡中面板的"固定"与"浮动"。面板可以在绘图区"浮动"，如图 1-19 所示。将鼠标放到浮动面板的右上角位置，显示"将面板返回到功能区"，如图 1-20 所示。单击此处，使它变为"固定"面板。也可以把"固定"面板拖出，使它成为"浮动"面板。

图 1-18　快捷菜单

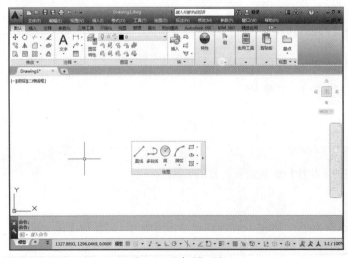

图 1-19　"浮动"面板

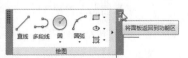

图 1-20　"绘图"面板

【执行方式】

- 命令行：RIBBON（或 RIBBONCLOSE）。
- 菜单栏：选择菜单栏中的"工具"→"选项板"→"功能区"命令。

1.1.8　状态托盘

状态托盘包括一些常见的显示工具和注释工具，包括模型空间与布局空间转换工具，如图 1-21 所示，通过这些按钮可以控制图形或绘图区的状态。

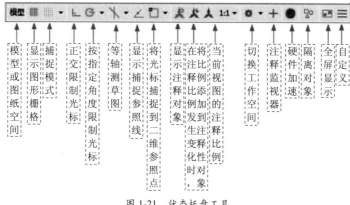

图 1-21　状态托盘工具

1.2　显示控制

改变视图最基本的方法就是利用缩放和平移命令。使用它们可以在绘图区放大或缩小图像显示，或改变图形位置。

1.2.1　缩放

1. 实时缩放

AutoCAD 2015 为交互式的缩放和平移提供了可能。利用实时缩放，用户就可以通过垂直向上或向下移动鼠标的方式来放大或缩小图形。利用实时平移，能通过单击或移动鼠标重新放置图形。

【执行方式】

- 命令行：ZOOM。
- 快捷菜单：在绘图区单击鼠标右键，系统打开快捷菜单，如图 1-22 所示，选择"缩放"命令。
- 导航栏：单击"范围缩放"命令下拉菜单中的"实时缩放"。

【操作步骤】

命令行提示与操作如下。

> 命令：ZOOM
> 指定窗口的角点，输入比例因子 (nX 或 nXP)，或者
> [全部(A)/中心(C)/动态(D)/范围(E)/上一个(P)/比例(S)/窗口(W)/对象(O)] <实时>：

2．动态缩放

如果打开"快速缩放"功能，就可以用动态缩放功能改变图形显示而不产生重新生成的效果。动态缩放会在当前视区中显示图形的全部。

📏【执行方式】

- 命令行：ZOOM。
- 导航栏：单击"范围缩放"命令 下拉菜单中的"动态缩放"。

🖱【操作步骤】

命令行提示与操作如下。

> 命令：ZOOM✓
> 指定窗口角点，输入比例因子 (nX 或 nXP)，或[全部(A)/中心点(C)/动态(D)/范围(E)/上一个(P)/比例(S)/窗口(W)] <实时>：D✓

执行上述命令后，系统弹出一个图框。选择动态缩放前图形区呈绿色的点线框，如果要动态缩放的图形显示范围与选择的动态缩放前的范围相同，则此绿色点线框与白线框重合而不可见。重生成区域的四周有一个蓝色虚线框，用以标记虚拟图纸。此时，如果线框中有一个"×"出现，就可以拖动线框，把它平移到另外一个区域。如果要放大图形到不同的放大倍数，单击一下，"×"就会变成一个箭头，这时左右拖动边界线就可以重新确定视区的大小。

另外，缩放命令还有窗口缩放、比例缩放、放大、缩小、中心缩放、全部缩放、对象缩放、缩放上一个和最大图形范围缩放，其操作方法与动态缩放类似，此处不再赘述。

1.2.2 平移

1．实时平移

📏【执行方式】

- 命令行：PAN。
- 导航栏：单击"平移"命令图标 。

执行上述操作后，光标变为 形状，按住鼠标左键移动手形光标就可以平移图形。当移动到图形的边沿时，光标就变为 显示。

另外，在 AutoCAD 2015 中，为显示控制命令设置了一个快捷菜单，如图 1-23 所示。在该菜单中，用户可以在显示命令执行的过程中透明地进行切换。

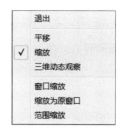

图 1-22　快捷菜单

图 1-23　显示控制命令快捷菜单

2. 定点平移

除了最常用的"实时平移"命令外，也常用到"定点平移"命令。

【执行方式】

命令行：-PAN。

【操作步骤】

命令行提示与操作如下。

```
命令：-PAN↙
指定基点或位移：指定基点位置或输入位移值
指定第二点：指定第二点确定位移和方向
```

执行上述命令后，当前图形按指定的位移和方向进行平移。

1.3　设置绘图环境

本节介绍设置绘图环境的一些基本操作，包括设置图形单位、图形界限等。

1.3.1　设置图形单位

【执行方式】

- 命令行：DDUNITS（或 UNITS，快捷命令：UN）。
- 主菜单：单击主菜单，选择主菜单下的"图形实用工具"→"单位"命令。

【操作格式】

执行上述命令后，系统打开"图形单位"对话框，如图 1-24 所示。

【选项说明】

（1）"长度"与"角度"选项组：指定测量的长度与角度的当前单位及精度。

（2）"插入时的缩放单位"选项组：控制插入到当前图形中的块和图形的测量单位。如果块或图形创建时使用的单位与该选项指定的单位不同，则在插入这些块或图形时，将对其按比例进行缩放。插入比例是原块或图形使用的单位与目标图形使用的单位之比。如果插入块时不按指定单位缩放，则在其下拉列表框中选择"无单位"选项。

（3）"输出样例"选项组：显示用当前单位和角度设置的例子。

（4）"光源"选项组：控制当前图形中光度控制光源的强度测量单位。为创建和使用光度控制光源，必须从下拉列表框中指定非"常规"的单位。如果"插入比例"设置为"无单位"，则将显示警告信息，通知用户渲染输出可能不正确。

（5）"方向"按钮：单击该按钮，系统打开"方向控制"对话框，如图1-25所示，可进行方向控制设置。

图1-24 "图形单位"对话框

图1-25 "方向控制"对话框

1.3.2 设置图形界限

【执行方式】

命令行：LIMITS。

【操作步骤】

命令行提示与操作如下。

```
命令：LIMITS✓
重新设置模型空间界限：
指定左下角点或 [开(ON)/关(OFF)] <0.0000,0.0000>:输入图形界限左下角的坐标，按
<Enter>键
指定右上角点 <12.0000,9.0000>:输入图形界限右上角的坐标，按<Enter>键
```

【选项说明】

（1）开（ON）：使图形界限有效。系统在图形界限以外拾取的点将视为无效。

（2）关（OFF）：使图形界限无效。用户可以在图形界限以外拾取点或实体。

（3）动态输入角点坐标：可以直接在绘图区的动态文本框中输入角点坐标，输入了横坐标值后，按<,>键，接着输入纵坐标值，如图1-26所示；也可以按光标位置直接单击，确定角点位置。

图 1-26　动态输入

1.4　配置绘图系统

每台计算机所使用的显示器、输入设备和输出设备的类型不同，用户喜好的风格及计算机的目录设置也不同。一般来讲，使用 AutoCAD 2015 的默认配置就可以绘图。但为了使用定点设备或打印机，以及提高绘图的效率，推荐用户在开始作图前先进行必要的配置。

【执行方式】

- 命令行：preferences。
- 快捷菜单：在绘图区单击鼠标右键，系统打开快捷菜单，如图 1-27 所示，选择"选项"命令。

【操作步骤】

执行上述命令后，系统打开"选项"对话框。用户可以在该对话框中设置有关选项，对绘图系统进行配置。下面就其中主要的两个选项卡做一下说明，其他配置选项在后面用到时再做具体说明。

（1）系统配置。"选项"对话框中的第 5 个选项卡为"系统"选项卡，如图 1-28 所示。该选项卡用来设置 AutoCAD 系统的有关特性。其中，"常规选项"选项组确定是否选择系统配置的有关基本选项。

图 1-27　快捷菜单

图 1-28　"系统"选项卡

（2）显示配置。"选项"对话框中的第 2 个选项卡为"显示"选项卡，该选项卡用于控制 AutoCAD 系统的外观，如图 1-29 所示。该选项卡设定滚动条显示与否、界面菜单显示与否、绘图区颜色、光标大小、AutoCAD 的版面布局设置、各实体的显示精度等。

图 1-29　"显示"选项卡

【技巧荟萃】

设置实体显示精度时，请务必记住，显示质量越高，即精度越高，计算机计算的时间越长。建议不要将精度设置得太高，显示质量设定在一个合理的程度即可。

1.5　文件管理

本节介绍有关文件管理的一些基本操作方法，包括新建文件、打开已有文件、保存文件、删除文件等，这些都是进行 AutoCAD 2015 操作最基础的知识。

1. 新建文件

【执行方式】

- 命令行：NEW。
- 工具栏：单击"快速访问"工具栏中的"新建"按钮 。
- 主菜单：单击主菜单，单击主菜单下的"新建"按钮 。
- 快捷键：Ctrl+N。

执行上述操作后，系统打开如图 1-30 所示的"选择样板"对话框。

另外还有一种快速创建图形的功能，该功能是开始创建新图形的最快捷方法。

命令行：QNEW✓

执行上述命令后，系统立即从所选的图形样板中创建新图形，而不显示任何对话框或提示。

在运行快速创建图形功能之前必须进行如下设置。

（1）在命令行输入"FILEDIA"，按<Enter>键，设置系统变量为 1；在命令行输入"STARTUP"，设置系统变量为 0。

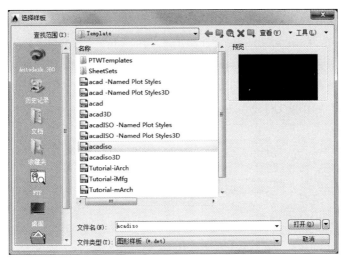

图 1-30 "选择样板"对话框

（2）在绘图区单击鼠标右键，系统打开快捷菜单，选择"选项"命令，在"选项"对话框中选择默认图形样板文件。具体方法是：在"文件"选项卡中单击"样板设置"前面的"+"，在展开的选项列表中选择"快速新建的默认样板文件名"选项，如图 1-31 所示。单击"浏览"按钮，打开"选择文件"对话框，然后选择需要的样板文件即可。

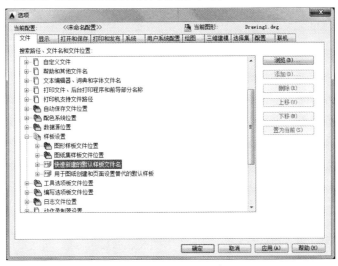

图 1-31 "文件"选项卡

2. 打开文件

【执行方式】

- 命令行：OPEN。
- 工具栏：单击"快速访问"工具栏中的"打开"按钮 📂。
- 主菜单：单击主菜单下的"打开"按钮 📂。
- 快捷键：Ctrl+O。

执行上述操作后，打开"选择文件"对话框，如图 1-32 所示，在"文件类型"下拉列表框中用户可选择.dwg 文件、.dwt 文件、.dxf 文件和.dws 文件。.dws 文件是包含标准图层、标注样式、线型和文字样式的样板文件；.dxf 文件是用文本形式存储的图形文件，能够被其他程序读取，许多第三方应用软件都支持.dxf 格式；.dwg 文件是普通的样板文件；.dwt 文件是标准的样板文件，通常将一些规定的标准性的样板文件设为.dwt 文件。

图 1-32 "选择文件"对话框

【技巧荟萃】

有时在打开.dwg 文件时，系统会打开一个信息提示对话框，提示用户图形文件不能打开。在这种情况下先退出打开操作，在命令行中输入"recover"，接着在"选择文件"对话框中输入要恢复的文件，确认后系统开始执行恢复文件操作。

3. 保存文件

【执行方式】

- 命令行：QSAVE（或 SAVE）。
- 工具栏：单击"快速访问"工具栏中的"保存"按钮 。
- 菜单栏："文件"→"保存"。
- 快捷键：Ctrl+S。

执行上述操作后，若文件已命名，则系统自动保存文件；若文件未命名（即为默认名Drawing1.dwg），则系统打开"图形另存为"对话框，如图 1-33 所示，用户可以重新命名保存。在"保存于"下拉列表框中指定保存文件的路径，在"文件类型"下拉列表框中指定保存文件的类型。

图 1-33　"图形另存为"对话框

为了防止因意外操作或计算机系统故障导致正在绘制的图形文件丢失，可以对当前图形文件设置自动保存，其操作方法如下。

（1）在命令行输入"SAVEFILEPATH"，按<Enter>键，设置所有自动保存文件的位置，如"D:\HU\"。

（2）在命令行输入"SAVEFILE"，按<Enter>键，设置自动保存文件名。该系统变量存储的文件名文件是只读文件，用户可以从中查询自动保存的文件名。

（3）在命令行输入"SAVETIME"，按<Enter>键，指定在使用自动保存时，多长时间保存一次图形，单位是"分"。

4．另存为

✎【执行方式】

● 命令行：SAVEAS。
● 工具栏：单击"快速访问"工具栏中的"另存为"按钮。
● 主菜单："文件"→"另存为"。

执行上述操作后，打开"图形另存为"对话框，如图 1-33 所示，系统用新的文件名保存，并为当前图形更名。

🔍【技巧荟萃】

系统打开"选择样板"对话框，在"文件类型"下拉列表框中有 4 种格式的图形样板，扩展名分别是.dwt、.dwg、.dws 和.dxf。

5．退出

✎【执行方式】

● 命令行：QUIT 或 EXIT。

- 主菜单："文件"→"退出"。
- 按钮：单击 AutoCAD 操作界面右上角的"关闭"按钮 **X** 。

执行上述操作后，若用户对图形所做的修改尚未保存，则会打开如图 1-34 所示的系统警告对话框。单击"是"按钮，系统将保存文件，然后退出；单击"否"按钮，系统将不保存文件。若用户对图形所做的修改已经保存，则直接退出。

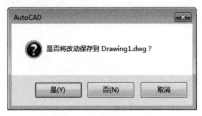

图 1-34　系统警告对话框

1.6　基本输入操作

本节介绍 AutoCAD 2015 基本输入操作的相关知识。

1.6.1　命令输入方式

AutoCAD 交互绘图必须输入必要的指令和参数。有多种 AutoCAD 命令输入方式，下面以画直线为例进行介绍。

1. 命令输入方式

（1）在命令行输入命令名。命令字符可不区分大小写，在执行命令时，在命令行提示中经常会出现命令选项。例如，在命令行输入绘制直线命令"LINE"后，命令行中的提示如下。

```
命令：LINE↙
指定第一点：在绘图区指定一点或输入一个点的坐标
指定下一点或 [放弃(U)]：
```

命令行中不带括号的提示为默认选项（如上面的"指定下一点或"），因此可以直接输入直线段的起点坐标或在绘图区指定一点。如果要选择其他选项，则应该首先输入该选项的标识字符，如"放弃"选项的标识字符"U"，然后按系统提示输入数据即可。在命令选项的后面有时还带有尖括号，尖括号内的数值为默认数值。

（2）在命令行输入命令缩写字，如 L（Line）、C（Circle）、A（Arc）、Z（Zoom）、R（Redraw）、M（Move）、CO（Copy）、PL（Pline）、E（Erase）等。

2. 选取绘图菜单直线选项

选取该选项后，在状态栏中可以看到对应的命令说明及命令名。

3．选取工具栏中的对应图标

选取某一图标后，在状态栏中也可以看到对应的命令说明及命令名。

4．在命令行打开快捷菜单

如果在前面刚使用过要输入的命令，可以在命令行右击，打开快捷菜单，在"最近使用的命令"子菜单中选择需要的命令，如图 1-35 所示。"最近使用的命令"子菜单中存储了最近使用的 6 个命令，如果经常重复使用某 6 个命令以内的命令，这种方法就比较快速、简捷。

图 1-35　命令行快捷菜单

5．在绘图区右击

如果用户要重复使用上次使用的命令，可以直接在绘图区右击，打开快捷菜单，选择"重复"命令，系统立即重复执行上次使用的命令。这种方法适用于重复执行某个命令。

【技巧荟萃】

在命令行中输入坐标时，请检查此时的输入法是否是英文输入。如果是中文输入法，例如输入"150，20"，则由于逗号","的原因，系统会认定该坐标输入无效。这时，只需将输入法改为英文即可。

1.6.2　命令的重复、撤销、重做

（1）命令的重复。按<Enter>键，可重复调用上一个命令，不管上一个命令是完成了还是被取消了。

（2）命令的撤销。在命令执行的任何时刻都可以取消和终止命令的执行。

【执行方式】

- 命令行：UNDO。
- 菜单栏：选择菜单栏中的"编辑"→"放弃"命令。
- 工具栏：单击"标准"工具栏中的"放弃"按钮。
- 快捷键：按<Esc>键。

（3）命令的重做。已被撤销的命令要恢复重做，可以恢复撤销的最后一个命令。

【执行方式】

- 命令行：REDO。
- 菜单栏：选择菜单栏中的"编辑"→"重做"命令。
- 工具栏：单击"标准"工具栏中的"重做"按钮 或单击"快速
访问工具栏"中的"重做"按钮 。

图 1-36　多重重做

该命令可以一次执行多重重做操作。单击"标准"工具栏中的"重做"
按钮 后面的小三角，可以选择重做的操作，如图 1-36 所示。

1.6.3　透明命令

在 AutoCAD 2015 中有些命令不仅可以直接在命令行中使用，还可以
在其他命令的执行过程中插入并执行，待该命令执行完毕后，系统继续执
行原命令，这种命令称为透明命令。透明命令多为修改图形设置或打开辅助绘图工具的命令。

1.6.2 节中 3 种命令的执行方式同样适用于透明命令的执行。例如在命令行中进行如下操作。

```
命令：ARC✓
指定圆弧的起点或 [圆心(C)]：'ZOOM✓（透明使用显示缩放命令 ZOOM）
>>（执行 ZOOM 命令）
正在恢复执行 ARC 命令
指定圆弧的起点或 [圆心(C)]：继续执行原命令
```

1.6.4　按键定义

在 AutoCAD 2015 中，除了可以通过在命令行输入命令、单击工具栏按钮或选择菜单栏中的命
令完成操作外，还可以通过使用键盘上的一组或单个快捷键快速实现指定功能。如按<F1>键，系
统调用 AutoCAD 帮助对话框。

系统使用 AutoCAD 传统标准（Windows 之前）或 Microsoft Windows 标准解释快捷键。有些
快捷键在 AutoCAD 的菜单中已经指出，如"粘贴"的快捷键为"<Ctrl>+<V>"，这些只要用户在
使用的过程中多加留意，就会熟练掌握。快捷键的定义见菜单命令后面的说明，如"粘贴
<Ctrl>+<V>"。

1.6.5　命令执行方式

有的命令有两种执行方式，即通过对话框或通过命令行输入命令。如指定使用命令行方式，
可以在命令名前加短画线来表示，如"-LAYER"表示用命令行方式执行"图层"命令。而如果在
命令行输入"LAYER"，系统则会打开"图层特性管理器"对话框。

另外，有些命令同时存在命令行和选项卡执行方式。这时如果选择选项卡方式，命令行会显
示该命令，并在前面加一下画线。例如，通过选项卡方式执行"直线"命令时，命令行会显示"_line"，
命令的执行过程和结果与命令行方式相同。

1.6.6 坐标系统与数据输入法

1. 新建坐标系

AutoCAD 采用两种坐标系：世界坐标系（WCS）与用户坐标系。用户刚进入 AutoCAD 时的坐标系统就是世界坐标系，是固定的坐标系统。世界坐标系是坐标系统中的基准，绘制图形时大多是在这个坐标系统下进行的。

【执行方式】

- 命令行：UCS。
- 菜单栏：选择菜单栏的"工具"→"新建 UCS"子菜单中的相应命令。
- 工具栏：单击"UCS"工具栏中的相应按钮。

AutoCAD 有两种视图显示方式：模型空间和图纸空间。模型空间使用单一视图显示，我们通常使用的都是这种显示方式；图纸空间能够在绘图区创建图形的多视图，用户可以对其中每个视图进行单独操作。在默认情况下，当前 UCS 与 WCS 重合。如图 1-37 所示，图（a）为模型空间下的 UCS 坐标系图标，通常在绘图区左下角处；也可以指定其放在当前 UCS 的实际坐标原点位置，如图（b）所示；图（c）为模型空间下的坐标系图标；图（d）为图纸空间下的坐标系图标。

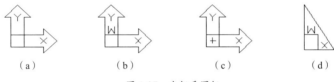

（a）　　　　　　（b）　　　　　　（c）　　　　　　（d）

图 1-37　坐标系图标

2. 数据输入法

在 AutoCAD 2015 中，点的坐标可以用直角坐标、极坐标、球面坐标和柱面坐标表示，每一种坐标又分别具有两种坐标输入方式：绝对坐标和相对坐标。其中直角坐标和极坐标最为常用，具体输入方法如下。

（1）直角坐标法：用点的 X、Y 坐标值表示的坐标。

在命令行中输入点的坐标"15,18"，则表示输入了一个 X、Y 的坐标值分别为 15、18 的点，此为绝对坐标输入方式，表示该点的坐标是相对于当前坐标原点的坐标值，如图 1-38（a）所示。如果输入"@10,20"，则为相对坐标输入方式，表示该点的坐标是相对于前一点的坐标值，如图 1-38（b）所示。

（2）极坐标法：用长度和角度表示的坐标，只能用来表示二维点的坐标。

在绝对坐标输入方式下，表示为："长度<角度"，如"25<50"，其中长度表示该点到坐标原点的距离，角度表示该点到原点的连线与 X 轴正向的夹角，如图 1-38（c）所示。

在相对坐标输入方式下，表示为："@长度<角度"，如"@25<45"，其中长度为该点到前一点的距离，角度为该点到前一点的连线与 X 轴正向的夹角，如图 1-38（d）所示。

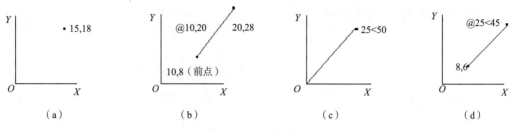

图 1-38 数据输入方法

（3）动态数据输入。按下状态栏中的"动态输入"按钮 ，系统打开动态输入功能，可以在绘图区动态地输入某些参数数据。例如，绘制直线时，在光标附近会动态地显示"指定第一个点："，以及后面的坐标框。当前坐标框中显示的是当前光标所在位置，可以输入数据，两个数据之间以逗号隔开，如图 1-39 所示。指定第一点后，系统动态显示直线的角度，同时要求输入线段长度值，如图 1-40 所示，其输入效果与"@长度<角度"方式相同。

图 1-39 动态输入坐标值

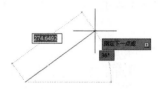

图 1-40 动态输入长度值

下面分别介绍点与距离值的输入方法。

1）点的输入

在绘图过程中，常需要输入点的位置。AutoCAD 提供了如下几种输入点的方式。

（1）用键盘直接在命令行输入点的坐标。直角坐标有两种输入方式：x,y（点的绝对坐标值，如"100,50"）和@ x,y（相对于上一点的相对坐标值，如"@ 50,-30"）。

极坐标的输入方式为"长度<角度"（其中，长度为点到坐标原点的距离，角度为原点到该点连线与 X 轴的正向夹角，如"20<45"）或"@长度<角度"（相对于上一点的相对极坐标，如"@ 50<-30"）。

（2）用鼠标等定标设备移动光标，在绘图区单击直接取点。

（3）用目标捕捉方式捕捉绘图区已有图形的特殊点（如端点、中点、中心点、插入点、交点、切点、垂足点等）。

（4）直接输入距离。先拖出直线以确定方向，然后用键盘输入距离，这样有利于准确控制对象的长度。如要绘制一条 10mm 长的线段，命令行提示与操作方法如下。

```
命令：_line↙
指定第一个点：在绘图区指定一点
指定下一点或 [放弃(U)]：
```

这时在绘图区移动光标指明线段的方向，但不要单击，然后在命令行输入"10"，这样就在指定方向上准确地绘制了长度为 10mm 的线段，如图 1-41 所示。

2）距离值的输入

在 AutoCAD 命令中，有时需要提供高度、宽度、半径、长度等表示
距离的值。AutoCAD 系统提供了两种输入距离值的方式：一种是用键盘
在命令行中直接输入数值；另一种是在绘图区选择两点，以两点的距离值确定出所需数值。

图 1-41　绘制直线

1.7　上机操作

【实例 1】设置绘图环境。

1．目的要求

任何一个图形文件都有一个特定的绘图环境，包括图形边界、绘图单位、角度等。设置绘图
环境通常有两种方法：设置向导与单独的命令设置方法。通过学习设置绘图环境，可以促进读者
对图形总体环境的认识。

2．操作提示

（1）单击快速访问工具栏中的"新建"按钮，系统打开"选择样板"对话框，单击"打开"
按钮，进入绘图界面。

（2）在命令行输入命令"limits"，设置模型空间界限为"（0,0），（297,210）"。

（3）在命令行输入快捷命令"un"，系统打开"图形单位"对话框，设置长度类型为"小数"，
精度为"0.00"；角度类型为十进制度数，精度为"0"；用于缩放插入内容的单位为"毫米"，用于
指定光源强度的单位为"国际"；角度方向为"顺时针"。

（4）在状态栏上单击"切换工作空间"按钮，然后选择"草图与注释"，进入工作空间。

【实例 2】熟悉操作界面。

1．目的要求

操作界面是用户绘制图形的平台，操作界面的各个部分都有其独特的功能，熟悉操作界面有
助于用户方便、快速地进行绘图。本例要求了解操作界面各部分的功能，掌握改变绘图区颜色和
光标大小的方法，能够熟练地打开、移动、关闭工具栏。

2．操作提示

（1）启动 AutoCAD 2015，进入操作界面。

（2）调整操作界面大小。

（3）设置绘图区颜色与光标大小。

（4）打开、移动、关闭工具栏。

（5）尝试同时利用命令行、菜单命令和工具栏绘制一条线段。

【实例 3】 管理图形文件。

1．目的要求

图形文件管理包括文件的新建、打开、保存、加密、退出等。本例要求读者熟练掌握 DWG 文件的赋名保存、自动保存、加密及打开的方法。

2．操作提示

（1）启动 AutoCAD 2015，进入操作界面。

（2）打开一幅已经保存过的图形。

（3）进行自动保存设置。

（4）尝试在图形上绘制任意图线。

（5）将图形以新的名称保存。

（6）退出该图形。

【实例 4】 数据操作。

1．目的要求

AutoCAD 2015 人机交互的最基本内容就是数据输入。本例要求用户熟练地掌握各种数据的输入方法。

2．操作提示

（1）在命令行输入"LINE"命令。

（2）输入起点在直角坐标方式下的绝对坐标值。

（3）输入下一点在直角坐标方式下的相对坐标值。

（4）输入下一点在极坐标方式下的绝对坐标值。

（5）输入下一点在极坐标方式下的相对坐标值。

（6）单击直接指定下一点的位置。

（7）按下状态栏中的"正交模式"按钮 ┗，用光标指定下一点的方向，在命令行输入一个数值。

（8）按下状态栏中的"动态输入"按钮 ┿，拖动光标，系统会动态显示角度，拖动到选定角度后，在长度文本框中输入长度值。

（9）按<Enter>键，结束绘制线段的操作。

1.8　模拟真题

1．AutoCAD 软件基本的样板文件为（　　　）。

A．DWG　　　　　B．DWT　　　　　C．DWS　　　　　D．LIN

2. 正常退出 AutoCAD 的方法有（　　　）。

 A.　QUIT 命令　　　　　　　　　　　B.　EXIT 命令

 C.　屏幕右上角的"关闭"按钮　　　　D.　直接关机

3. 在日常工作中贯彻办公和绘图标准时，下列哪种方式最为有效？（　　　）

 A.　应用典型的图形文件　　　　　　B.　应用模板文件

 C.　重复利用已有的二维绘图文件　　D.　在"启动"对话框中选取公制

4. 重复使用刚执行的命令，按（　　　）键。

 A.　Ctrl　　　　　　B.　Alt　　　　　　C.　Enter　　　　　　D.　Shift

5. 如果想要改变绘图区域的背景颜色，应该如何做？（　　　）

 A.　在"选项"对话框的"显示"选项卡的"窗口元素"选项组中单击"颜色"按钮，在弹出的对话框中进行修改

 B.　在 Windows 的"显示属性"对话框的"外观"选项卡中单击"高级"按钮，在弹出的对话框中进行修改

 C.　修改 SETCOLOR 变量的值

 D.　在"特性"面板的"常规"选项组中修改"颜色"值

6. 在 AutoCAD 中，以下哪种操作不能切换工作空间？（　　　）

 A.　通过"菜单浏览器"→"工具"→"工作空间"命令切换工作空间

 B.　通过状态栏上的"工作空间"按钮切换工作空间

 C.　通过"工作空间"工具栏切换工作空间

 D.　通过"菜单浏览器"→"视图"→"工作空间"命令切换工作空间

7. AutoCAD 文件打开时，下面说法不正确的是（　　　）。

 A.　默认情况下打开的图形文件的格式为.dwg

 B.　使用"局部打开"方式可只打开某个图层

 C.　局部打开图形后，可以使用 PARTIALOAD 命令将其他几何图形从视图、选定区域或图层加载到图形中

 D.　当 VISRETAIN 系统变量设置为 0 时保存选定的图形，依赖外部参照的图层才显示在"要加载几何图形的图层"列表中

8. "*.Bmp"文件是怎么创建的？（　　　）

 A.　文件→保存　　　B.　文件→另存为　　C.　文件→输出　　　D.　文件→打印

9. 在 AutoCAD 中，下面哪个对象在操作界面中是可以拖动的？（　　　）

 A.　功能区面板　　　　　　　　　　　B.　菜单浏览器

 C.　快速访问工具栏　　　　　　　　　D.　菜单

第2章

简单二维绘制命令

二维图形是指在二维平面空间绘制的图形，AutoCAD 提供了大量的绘图工具，可以帮助用户完成二维图形的绘制。用户利用 AutoCAD 提供的二维绘图命令，可以快速、方便地完成某些图形的绘制。本章主要介绍直线、圆和圆弧、椭圆和椭圆弧、平面图形和点的绘制。

2.1 直线类命令

直线类命令包括直线段、射线和构造线。这几个命令是 AutoCAD 中最简单的绘图命令。

2.1.1 直线段

【执行方式】

- 命令行：LINE。
- 菜单栏：选择菜单栏中的"绘图"→"直线"命令。
- 工具栏：单击"绘图"工具栏中的"直线"按钮 ╱。
- 功能区：单击"默认"选项卡"绘图"面板中的"直线"按钮 ╱（如图 2-1 所示）。

图 2-1　绘图面板 1

【操作步骤】

命令行提示与操作如下。

```
命令：LINE✓
指定第一个点：输入直线段的起点坐标或在绘图区单击指定点
指定下一点或[放弃(U)]：输入直线段的端点坐标，或利用光标指定一定角度后，直接输入直线的长度
指定下一点或[放弃(U)]：输入下一直线段的端点，或输入选项"U"放弃前面的输入；单击鼠标右键或按<Enter>键，结束命令
指定下一点或[闭合(C)/放弃(U)]：输入下一直线段的端点，或输入选项"C"使图形闭合，结束命令
```

【选项说明】

（1）若采用按<Enter>键响应"指定第一个点"提示，系统会把上次绘制图线的终点作为本次图线的起始点。若上次操作为绘制圆弧，按<Enter>键响应后绘出通过圆弧终点并与该圆弧相切的直线段，该线段的长度为光标在绘图区指定的一点与切点之间线段的距离。

（2）在"指定下一点"提示下，用户可以指定多个端点，从而绘出多条直线段。但是，每一段直线是一个独立的对象，可以进行单独的编辑操作。

（3）绘制两条以上直线段后，若采用输入选项"C"响应"指定下一点"提示，系统会自动连接起始点和最后一个端点，从而绘出封闭的图形。

（4）若采用输入选项"U"响应提示，则删除最近一次绘制的直线段。

（5）若设置正交方式（按下状态栏中的"正交模式"按钮 ⌐），只能绘制水平线段或垂直线段。

（6）若设置动态数据输入方式（按下状态栏中的"动态输入"按钮 ⊢），则可以动态输入坐标或长度值，效果与非动态数据输入方式类似。除非特别需要，以后不再强调，而只按非动态数据输入方式输入相关数据。

2.1.2 实例——粗糙度符号的绘制

绘制如图 2-2 所示的粗糙度符号。

单击"默认"选项卡"绘图"面板中的"直线"按钮 ╱，绘制粗糙度符号，命令行提示与操作如下。

```
命令：_line
指定第一个点：150,240  点 1
指定下一点或 [放弃(U)]：@80<-60  点 2，也可以按下状态栏上"DYN"按钮，在鼠标位置为 60°
时，动态输入 80，如图 2-3 所示，下同
指定下一点或 [放弃(U)]：@160<45  点 3
指定下一点或 [闭合(C)/放弃(U)]：✓
命令：✓  再次执行直线命令
指定第一个点：✓  以上次命令的最后一点即点 3 为起点
指定下一点或 [放弃(U)]：@80,0  点 4
指定下一点或 [放弃(U)]：✓
```

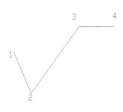

图 2-2　粗糙度符号

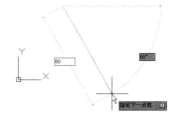

图 2-3　动态输入

2.1.3 构造线

📏【执行方式】

- 命令行：XLINE。
- 菜单栏：选择菜单栏中的"绘图"→"构造线"命令。
- 工具栏：单击"绘图"工具栏中的"构造线"按钮☑。
- 功能区：单击"默认"选项卡"绘图"面板中的"构造线"按钮☑

  （如图 2-4 所示）。

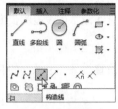

图 2-4　绘图面板 2

🖱【操作步骤】

命令行提示与操作如下。

> 命令：XLINE↙
> 指定点或 [水平(H)/垂直(V)/角度(A)/二等分(B)/偏移(O)]：指定起点
> 指定通过点：指定通过点，绘制一条双向无限长直线
> 指定通过点：继续指定通过点，如图 2-5（a）所示，按<Enter>键结束命令

🗂【选项说明】

（1）执行选项中有"指定点"、"水平"、"垂直"、"角度"、"二等分"和"偏移"6 种方式绘制构造线，分别如图 2-5（a）~（f）所示。

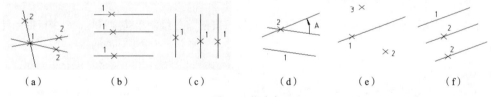

| (a) | (b) | (c) | (d) | (e) | (f) |

图 2-5　构造线

（2）构造线模拟手工作图中的辅助作图线，用特殊的线型显示，在图形输出时可不作输出。应用构造线作为辅助线绘制机械图中的三视图是构造线的最主要用途，构造线的应用保证了三视图之间"主、俯视图长对正，主、左视图高平齐，俯、左视图宽相等"的对应关系。如图 2-6 所示为应用构造线作为辅助线绘制机械图中三视图的示例。图中细线为构造线，粗线为三视图轮廓线。

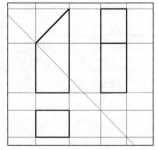

图 2-6　构造线辅助绘制三视图

2.2 点

点在 AutoCAD 中有多种不同的表示方式，用户可以根据需要进行设置，也可以设置等分点和测量点。

2.2.1　点

✎【执行方式】

- 命令行：POINT。
- 菜单栏：选择菜单栏中的"绘图"→"点"→"单点或多点"命令。
- 工具栏：单击"绘图"工具栏中的"点"按钮 ·。
- 功能区：单击"默认"选项卡"绘图"面板中的"多点"按钮 ·。

🖱【操作步骤】

命令行提示与操作如下。

命令：POINT↙

当前点模式：PDMODE=0　PDSIZE=0.0000

指定点：指定点所在的位置

👆【选项说明】

（1）通过功能区方法操作时（如图 2-7 所示），"单点"命令表示只输入一个点，"多点"命令表示可输入多个点。

（2）可以按下状态栏中的"对象捕捉"按钮 □，设置点捕捉模式，帮助用户选择点。

（3）点在图形中的表示样式共有 20 种。可通过"DDPTYPE"命令或单击"默认"选项卡"实用工具"面板中的"点样式"按钮 ✐，通过打开的"点样式"对话框来设置，如图 2-8 所示。

图 2-7　"点"的子菜单

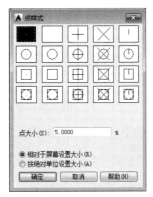

图 2-8　"点样式"对话框

2.2.2 等分点与测量点

1. 等分点

【执行方式】

- 命令行：DIVIDE（快捷命令：DIV）。
- 菜单栏：选择菜单栏中的"绘图"→"点"→"定数等分"命令。
- 功能区：单击"默认"选项卡"绘图"面板中的"定数等分"按钮 。

【操作步骤】

命令行提示与操作如下。

```
命令：DIVIDE↙
选择要定数等分的对象：
输入线段数目或 [块(B)]：指定实体的等分数
```

如图 2-9（a）所示为绘制等分点的图形。

【选项说明】

（1）等分数目范围为 2 ~ 32 767。

（2）在等分点处，按当前点样式设置画出等分点。

（3）在第二提示行选择"块（B）"选项时，表示在等分点处插入指定的块。

2. 测量点

【执行方式】

- 命令行：MEASURE（ME）。
- 菜单：选择菜单栏中的"绘图"→"点"→"定距等分"命令。
- 功能区：单击"默认"选项卡"绘图"面板中的"定距等分"按钮 。

【操作步骤】

命令行提示与操作如下。

```
命令：MEASURE↙
选择要定距等分的对象：选择要设置测量点的实体
指定线段长度或 [块(B)]：指定分段长度
```

如图 2-9（b）所示为绘制测量点的图形。

【选项说明】

（1）设置的起点一般是指定线的绘制起点。

（2）在第二提示行选择"块（B）"选项时，表示在测量点处插入指定的块。

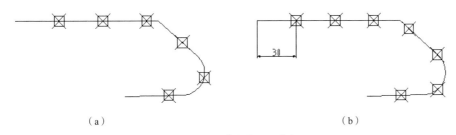

（a）　　　　　　　　　　　　　　　　（b）

图 2-9　绘制等分点和测量点

（3）在等分点处，按当前点样式设置绘制测量点。

（4）最后一个测量段的长度不一定等于指定分段长度。

2.2.3　实例——楼梯的绘制

绘制如图 2-10 所示的楼梯。

（1）单击"默认"选项卡"绘图"面板中的"直线"按钮 ，绘制墙体与扶手，如图 2-11 所示。

（2）单击"默认"选项卡"实用工具"面板中的"点样式"按钮 ，在打开的"点样式"对话框中选择"×"样式。

（3）单击"默认"选项卡"绘图"面板中的"定数等分"按钮 ，将左边扶手的外面线段 8 等分，如图 2-12 所示。

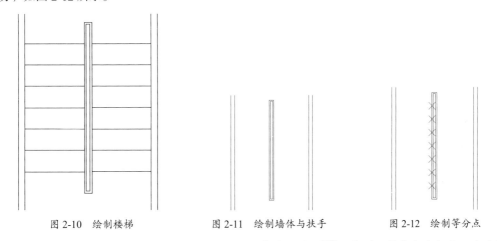

图 2-10　绘制楼梯　　　　　图 2-11　绘制墙体与扶手　　　　　图 2-12　绘制等分点

（4）单击"默认"选项卡"绘图"面板中的"直线"按钮 ，分别以等分点为起点、左边墙体上的点为终点绘制水平线段，如图 2-13 所示。

（5）按<Delete>键，删除绘制的点，如图 2-14 所示。

（6）用相同的方法绘制另一侧楼梯，最终结果如图 2-10 所示。

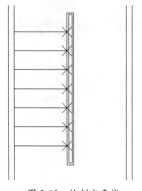

图 2-13 绘制水平线

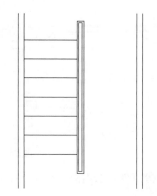

图 2-14 删除点

2.3 圆类命令

圆类命令主要包括"圆"、"圆弧"、"圆环"及"椭圆"命令，这几个命令是 AutoCAD 中最简单的曲线命令。

2.3.1 圆

【执行方式】

- 命令行：CIRCLE（快捷命令：C）。
- 菜单栏：选择菜单栏中的"绘图"→"圆"命令。
- 工具栏：单击"绘图"工具栏中的"圆"按钮⊙。
- 功能区：单击"默认"选项卡"绘图"面板中的"圆"下拉菜单（如图 2-15 所示）。

图 2-15 "圆"下拉菜单

【操作步骤】

命令行提示与操作如下。

```
命令：CIRCLE↙
指定圆的圆心或 [三点(3P)/两点(2P)/切点、切点、半径(T)]：指定圆心
指定圆的半径或 [直径(D)]：直接输入半径值或在绘图区单击指定半径长度
指定圆的直径 <默认值>：输入直径值或在绘图区单击指定直径长度
```

【选项说明】

（1）三点（3P）：通过指定圆周上的三点绘制圆。

（2）两点（2P）：通过指定直径的两端点绘制圆。

（3）切点、切点、半径（T）：通过先指定两个相切对象，再给出半径的方法绘制圆。如图 2-16（a）～（d）所示给出了以"切点、切点、半径"方式绘制圆的各种情形（加粗的圆为最后绘制的圆）。

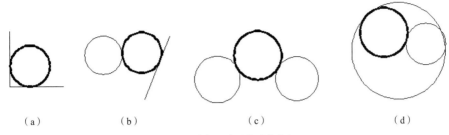

（a）　　　　　　（b）　　　　　　　（c）　　　　　　　　　（d）

图 2-16　圆与另外两个对象相切

选择菜单栏中的"绘图"→"圆"命令，其子菜单中多了一种"相切，相切，相切"的绘制方法，当选择此方式时（如图 2-17 所示），命令行提示与操作如下。

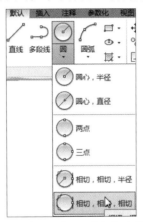

图 2-17　"相切，相切，相切"绘制方法

```
指定圆的圆心或 [三点(3P)/两点(2P)/切点、切点、半径(T)]：_3p
指定圆上的第一个点：_tan 到：选择相切的第一条圆弧
指定圆上的第二个点：_tan 到：选择相切的第二条圆弧
指定圆上的第三个点：_tan 到：选择相切的第三条圆弧
```

【技巧荟萃】

对于圆心点的选择，除了直接输入圆心点外，还可以利用圆心点与中心线的对应关系，利用对象捕捉的方法选择。

按下状态栏中的"对象捕捉"按钮，命令行中会提示"命令：<对象捕捉 开>"。

2.3.2　实例——连环圆的绘制

绘制如图 2-18 所示的连环圆。

（1）在命令行输入"NEW"，或单击"主菜单"下的 "新建"按钮，或单击快速访问工具栏中的"新建"按钮，系统创建一个新图形文件。

（2）单击"默认"选项卡"绘图"面板中的"圆心，半径"按钮，绘制 A 圆，命令行提示与操作如下。

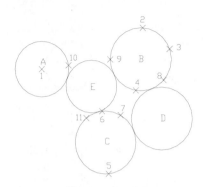

图 2-18 连环圆

> 命令：_circle 指定圆的圆心或 [三点(3P)/两点(2P)/切点、切点、半径(T)]：150,160✓ 确定
> 点 1
> 指定圆的半径或 [直径(D)]：40✓ 绘制出 A 圆

（3）单击"默认"选项卡"绘图"面板中的"三点"按钮 ◉，绘制 B 圆，命令行提示与操作如下。

> 命令：_circle 指定圆的圆心或 [三点(3P)/两点(2P)/切点、切点、半径(T)]：3P✓
> 指定圆上的第一点：300,220✓ 确定点 2
> 指定圆上的第二点：340,190✓ 确定点 3
> 指定圆上的第三点：290,130✓ 确定点 4，绘制出 B 圆

（4）单击"默认"选项卡"绘图"面板中的"两点"按钮 ◉，绘制 C 圆，命令行提示与操作如下。

> 命令：_circle 指定圆的圆心或 [三点(3P)/两点(2P)/切点、切点、半径(T)]：2P✓
> 指定圆直径的第一个端点：250,10✓ 确定点 5
> 指定圆直径的第二个端点：240,100✓ 确定点 6，绘制出 C 圆

绘制结果如图 2-19 所示。

（5）单击"默认"选项卡"绘图"面板中的"相切，相切，半径"按钮 ◉，绘制 D 圆，命令行提示与操作如下。

> 命令：_circle 指定圆的圆心或 [三点(3P)/两点(2P)/切点、切点、半径(T)]：T✓
> 指定对象与圆的第一个切点：在点 7 附近选中 C 圆
> 指定对象与圆的第二个切点：在点 8 附近选中 B 圆
> 指定圆的半径：<45.2769>：45✓ 绘制出 D 圆

绘制结果如图 2-20 所示。

（6）单击"默认"选项卡"绘图"面板中的"相切，相切，相切"按钮 ◉，绘制 E 圆，命令行提示与操作如下。

> 命令：_circle 指定圆的圆心或 [三点(3P)/两点(2P)/切点、切点、半径(T)]：_3p
> 指定圆上的第一个点：_tan 到：按下状态栏中的"对象捕捉"按钮 ▢，选择点 9

指定圆上的第二个点：_tan 到：选择点 10
指定圆上的第三个点：_tan 到：选择点 11，绘制出 E 圆

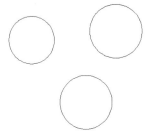

图 2-19　绘制 C 圆

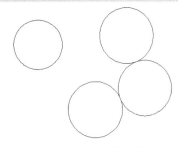

图 2-20　绘制 D 圆

最终绘制结果如图 2-18 所示。

（7）在命令行输入"QSAVE"，或单击"主菜单"下的"保存"按钮 ，或单击快速访问工具栏中的"保存"按钮 ，在打开的"图形另存为"对话框中输入文件名保存即可。

2.3.3　圆弧

【执行方式】

- 命令行：ARC（快捷命令：A）。
- 菜单栏：选择菜单栏中的"绘图"→"圆弧"命令。
- 工具栏：单击"绘图"工具栏中的"圆弧"按钮 。
- 功能区：单击"默认"选项卡"绘图"面板中的"圆弧"下拉菜单（如图 2-21 所示）。

【操作步骤】

命令行提示与操作如下。

命令：ARC↙
指定圆弧的起点或 [圆心(C)]：指定起点
指定圆弧的第二个点或 [圆心(C)/端点(E)]：指定第二点
指定圆弧的端点：指定末端点

【选项说明】

（1）用命令行方式绘制圆弧时，可以根据系统提示选择不同的选项，具体功能和利用菜单栏中的"绘图"→"圆弧"子菜单中提供的 11 种方式相似。这 11 种方式绘制的圆弧分别如图 2-22（a）～（k）所示。

图 2-21　"圆弧"下拉菜单

（2）需要强调的是"连续"方式，采用这种方式绘制的圆弧与上一段圆弧相切。连续绘制圆弧段，只提供端点即可。

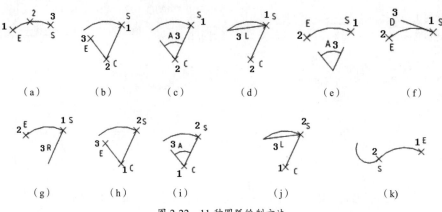

图 2-22　11 种圆弧绘制方法

🔍**【技巧荟萃】**

绘制圆弧时，注意圆弧的曲率是遵循逆时针方向的，所以在选择指定圆弧两个端点和半径模式时，需要注意端点的指定顺序，否则有可能导致圆弧的凹凸形状与预期相反。

2.3.4　实例——椅子的绘制

绘制如图 2-23 所示的椅子。

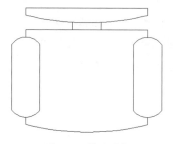

图 2-23　椅子图案

（1）单击"默认"选项卡"绘图"面板中的"直线"按钮 ，绘制初步轮廓，结果如图 2-24 所示。

（2）单击"默认"选项卡"绘图"面板中的"三点"按钮 ，绘制一段圆弧，命令行提示与操作如下。

```
命令：_arc
指定圆弧的起点或 [圆心(C)]：用鼠标指定左上方竖线段端点 1，如图 2-24 所示
指定圆弧的第二个点或 [圆心(C)/端点(E)]：用鼠标在上方两竖线段正中间指定一点 2
指定圆弧的端点：用鼠标指定右上方竖线段端点 3
```

（3）单击"默认"选项卡"绘图"面板中的"直线"按钮 ，绘制两条竖直直线，命令行提示与操作如下。

```
命令：_line
指定第一点：用鼠标在刚才绘制的圆弧上指定一点
```

指定下一点或 [放弃(U)]：在垂直方向上用鼠标在中间水平线段上指定一点

指定下一点或 [放弃(U)]：✓

使用同样的方法在另一侧绘制竖直直线。

（4）继续单击"默认"选项卡"绘图"面板中的"直线"按钮 ✓，再以图 2-24 中 1、3 两点下面的水平线段的端点为起点各向下适当距离绘制两条竖直线段，如图 2-25 所示。

（5）单击"默认"选项卡"绘图"面板中的"三点"按钮 ✓，在左边扶手处绘制一段圆弧，命令行提示与操作如下。

命令：_arc

指定圆弧的起点或 [圆心(C)]：选择左边第一条竖线段上端点 4，如图 2-25 所示

指定圆弧的第二点或 [圆心(C)/端点(E)]：选择上面刚绘制的竖线段上端点 5

指定圆弧的端点：选择左下方第二条竖线段上端点 6

使同样的方法绘制扶手位置另外 3 段圆弧。

图 2-24 椅子初步轮廓

图 2-25 绘制过程

（6）单击"默认"选项卡"绘图"面板中的"直线"按钮 ✓，绘制直线，命令行提示与操作如下。

命令：_line

指定第一点：用鼠标在刚才绘制的圆弧正中间指定一点

指定下一点或 [放弃(U)]：在垂直方向上用鼠标指定一点

指定下一点或 [放弃(U)]：✓

使用同样的方法绘制另一条竖线段。

（7）单击"默认"选项卡"绘图"面板中的"三点"按钮 ✓，绘制圆弧，命令行提示与操作如下。

命令：_arc

指定圆弧的起点或 [圆心(C)]：选择刚才绘制线段的下端点

指定圆弧的第二个点或 [圆心(C)/端点(E)]：E✓

指定圆弧的端点：选择刚才绘制另一线段的下端点

指定圆弧的圆心或 [角度(A)/方向(D)/半径(R)]：D✓

指定圆弧的起点切向：用鼠标指定圆弧起点切向

最后完成图形如图 2-23 所示。

2.3.5 圆环

📏【执行方式】

- 命令行：DONUT（快捷命令：DO）。
- 菜单栏：选择菜单栏中的"绘图"→"圆环"命令。
- 功能区：单击"默认"选项卡"绘图"面板中的"圆环"按钮◎。

🖱【操作步骤】

命令行提示与操作如下。

命令：DONUT↙
指定圆环的内径 <默认值>：指定圆环内径
指定圆环的外径 <默认值>：指定圆环外径
指定圆环的中心点或 <退出>：指定圆环的中心点
指定圆环的中心点或 <退出>：继续指定圆环的中心点，则继续绘制相同内、外径的圆环

按<Enter>、<Space>键或单击鼠标右键，结束命令，如图 2-26（a）所示。

📑【选项说明】

（1）若指定内径为零，则画出实心填充圆，如图 2-26（b）所示。

（2）用命令 FILL 可以控制圆环是否填充，具体方法如下。

命令：FILL↙
输入模式 [开(ON)/关(OFF)] <开>：选择"开"表示填充，选择"关"表示不填充，如图 2-26（c）
所示

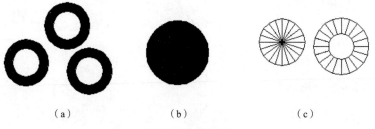

（a）　　　　　　（b）　　　　　　（c）

图 2-26　绘制圆环

2.3.6 椭圆与椭圆弧

📏【执行方式】

- 命令行：ELLIPSE（快捷命令：EL）。
- 菜单栏：选择菜单栏中的"绘图"→"椭圆"→"圆弧"命令。
- 工具栏：单击"绘图"工具栏中的"椭圆"按钮◯或"椭圆弧"按钮◯。
- 功能区：单击"默认"选项卡"绘图"面板中的"椭圆"下拉菜单（如图 2-27 所示）。

🖱【操作步骤】

命令行提示与操作如下。

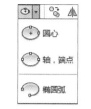

> 命令：ELLIPSE↙
> 指定椭圆的轴端点或 [圆弧(A)/中心点(C)]：指定轴端点1，如图2-28
> （a）所示
> 指定轴的另一个端点：指定轴端点2，如图2-28（a）所示
> 指定另一条半轴长度或 [旋转(R)]：

图 2-27　"椭圆"下拉菜单

📄【选项说明】

（1）指定椭圆的轴端点：根据两个端点定义椭圆的第一条轴，第一条轴的角度确定了整个椭圆的角度。第一条轴既可定义椭圆的长轴，也可定义其短轴。

（2）圆弧（A）：用于创建一段椭圆弧，与单击"默认"选项卡"绘图"面板中的"椭圆弧"按钮 功能相同。其中第一条轴的角度确定了椭圆弧的角度。第一条轴既可定义椭圆弧的长轴，也可定义其短轴。选择该项，系统命令行中继续提示如下。

> 指定椭圆弧的轴端点或 [中心点(C)]：指定端点或输入 "C" ↙
> 指定轴的另一个端点：指定另一端点
> 指定另一条半轴长度或 [旋转(R)]：指定另一条半轴长度或输入 "R" ↙
> 指定起点角度或 [参数(P)]：指定起始角度或输入 "P" ↙
> 指定端点角度或 [参数(P)/夹角(I)]：

其中各选项含义如下。

① 起点角度：指定椭圆弧端点的两种方式之一，光标与椭圆中心点连线的夹角为椭圆端点位置的角度，如图 2-28（b）所示。

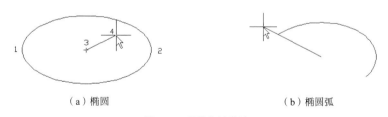

（a）椭圆　　　　　　　　　　　　　　　　（b）椭圆弧

图 2-28　椭圆和椭圆弧

② 参数（P）：指定椭圆弧端点的另一种方式，该方式同样是指定椭圆弧端点的角度，但通过以下矢量参数方程式创建椭圆弧。

$$p(u) = c + a \times \cos(u) + b \times \sin(u)$$

其中，c 是椭圆的中心点，a 和 b 分别是椭圆的长轴和短轴，u 为光标与椭圆中心点连线的夹角。

③ 夹角（I）：定义从起点角度开始的包含角度。

（3）中心点（C）：通过指定的中心点创建椭圆。

（4）旋转（R）：通过绕第一条轴旋转圆来创建椭圆。相当于将一个圆绕椭圆轴翻转一个角度后的投影视图。

🔍【技巧荟萃】

使用椭圆命令生成的椭圆是以多义线还是以椭圆为实体，是由系统变量 PELLIPSE 决定的，当其为 1 时，生成的椭圆就是以多义线形式存在的。

2.3.7　实例——洗脸盆的绘制

绘制如图 2-29 所示的洗脸盆。

（1）单击"默认"选项卡"绘图"面板中的"直线"按钮 ⁄，绘制水龙头图形，绘制结果如图 2-30 所示。

（2）单击"默认"选项卡"绘图"面板中的"圆心，半径"按钮 ⊘，绘制两个水龙头旋钮，绘制结果如图 2-31 所示。

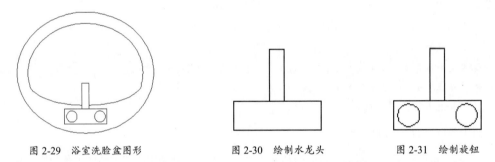

图 2-29　浴室洗脸盆图形　　　　　图 2-30　绘制水龙头　　　　　图 2-31　绘制旋钮

（3）单击"默认"选项卡"绘图"面板中的"轴，端点"按钮 ⬭，绘制脸盆外沿，命令行提示与操作如下。

```
命令：_ellipse
指定椭圆的轴端点或 [圆弧(A)/中心点(C)]：指定椭圆轴端点
指定轴的另一个端点：指定另一端点
指定另一条半轴长度或 [旋转(R)]：在绘图区拉出另一半轴长度
```

绘制结果如图 2-32 所示。

（4）单击"默认"选项卡"绘图"面板中的"椭圆弧"按钮 ⬭，绘制脸盆部分内沿，命令行提示与操作如下。

```
命令：_ellipse
指定椭圆的轴端点或 [圆弧(A)/中心点(C)]：_A
指定椭圆弧的轴端点或 [中心点(C)]：C↙
指定椭圆弧的中心点：按下状态栏中的"对象捕捉"按钮 ▢，捕捉绘制的椭圆中心点
指定轴的端点：适当指定一点
指定另一条半轴长度或 [旋转(R)]：R↙
指定绕长轴旋转的角度：在绘图区指定椭圆轴端点
```

指定起点角度或 [参数(P)]：在绘图区拉出起始角度
指定端点角度或 [参数(P)/夹角(I)]：在绘图区拉出终止角度

绘制结果如图 2-33 所示。

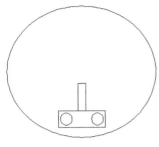

图 2-32　绘制脸盆外沿

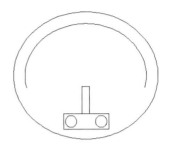

图 2-33　绘制脸盆部分内沿

（5）单击"默认"选项卡"绘图"面板中的"三点"按钮，绘制脸盆内沿其他部分，最终绘制结果如图 2-29 所示。

2.4　平面图形

2.4.1　矩形

【执行方式】

- 命令行：RECTANG（快捷命令：REC）。
- 菜单栏：选择菜单栏中的"绘图"→"矩形"命令。
- 工具栏：单击"绘图"工具栏中的"矩形"按钮。
- 功能区：单击"默认"选项卡"绘图"面板中的"矩形"按钮。

【操作步骤】

命令行提示与操作如下。

命令：RECTANG✓
指定第一个角点或 [倒角(C)/标高(E)/圆角(F)/厚度(T)/宽度(W)]：指定角点
指定另一个角点或 [面积(A)/尺寸(D)/旋转(R)]：

【选项说明】

（1）第一个角点：通过指定两个角点确定矩形，如图 2-34（a）所示。

（2）倒角（C）：指定倒角距离，绘制带倒角的矩形，如图 2-34（b）所示。每一个角点的逆时针和顺时针方向的倒角可以相同，也可以不同。其中第一个倒角距离是指角点逆时针方向倒角距离，第二个倒角距离是指角点顺时针方向倒角距离。

（3）标高（E）：指定矩形标高（Z 坐标），即把矩形放置在标高为 Z 并与 XOY 坐标面平行的平面上，并作为后续矩形的标高值。

（4）圆角（F）：指定圆角半径，绘制带圆角的矩形，如图 2-34（c）所示。

（5）厚度（T）：指定矩形的厚度，如图 2-34（d）所示。

（6）宽度（W）：指定线宽，如图 2-34（e）所示。

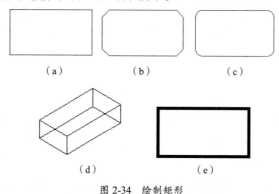

图 2-34　绘制矩形

（7）面积（A）：指定面积和长或宽创建矩形。选择该项，命令行提示与操作如下。

```
输入以当前单位计算的矩形面积 <20.0000>：输入面积值
计算矩形标注时依据 [长度(L)/宽度(W)] <长度>：按<Enter>键或输入 "W"
输入矩形长度 <4.0000>：指定长度或宽度
```

指定长度或宽度后，系统自动计算另一个维度，绘制出矩形。如果矩形带倒角或圆角，则长度或面积计算中也会考虑此设置，如图 2-35 所示。

（8）尺寸（D）：使用长和宽创建矩形，第二个指定点将矩形定位在与第一个角点相关的 4 个位置之一。

（9）旋转（R）：使所绘制的矩形旋转一定角度。选择该项，命令行提示与操作如下。

```
指定旋转角度或 [拾取点(P)] <135>：指定角度
指定另一个角点或 [面积(A)/尺寸(D)/旋转(R)]：指定另一个角点或选择其他选项
```

指定旋转角度后，系统按指定角度创建矩形，如图 2-36 所示。

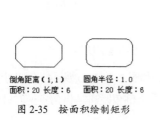

倒角距离（1,1） 圆角半径：1.0
面积：20 长度：6 面积：20 长度：6

图 2-35　按面积绘制矩形

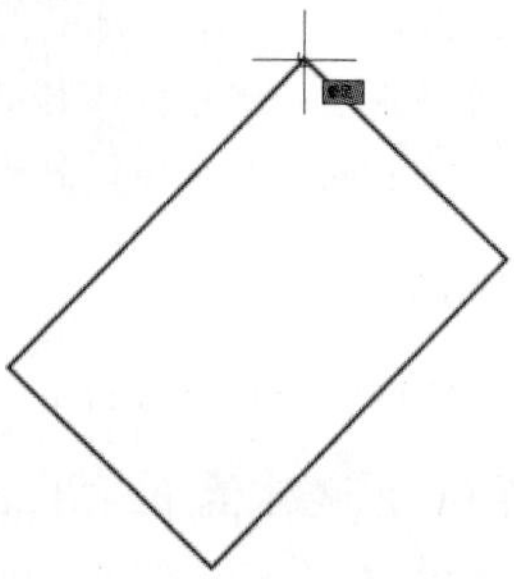

图 2-36　按指定旋转角度绘制矩形

2.4.2　实例——方头平键的绘制

绘制如图 2-37 所示的方头平键。

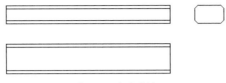

图 2-37　方头平键

（1）单击"默认"选项卡"绘图"面板中的"矩形"按钮▭，绘制主视图外形，命令行提示与操作如下。

```
命令：_rectang
指定第一个角点或 [倒角(C)/标高(E)/圆角(F)/厚度(T)/宽度(W)]：0,30✓
指定另一个角点或 [面积(A)/尺寸(D)/旋转(R)]：@100,11✓
```

绘制结果如图 2-38 所示。

（2）单击"默认"选项卡"绘图"面板中的"直线"按钮／，绘制主视图两条棱线。一条棱线端点的坐标值为（0,32）和（@100,0），另一条棱线端点的坐标值为（0,39）和（@100,0），绘制结果如图 2-39 所示。

图 2-38　绘制主视图外形　　　　　　　　　　图 2-39　绘制主视图棱线

（3）单击"默认"选项卡"绘图"面板中的"构造线"按钮☒，绘制构造线，命令行提示与操作如下。

```
命令：_xline 指定点或 [水平(H)/垂直(V)/角度(A)/二等分(B)/偏移(O)]：指定主视图左边竖
线上一点
指定通过点：指定竖直位置上一点
指定通过点：✓
```

采用同样的方法绘制右边竖直构造线，绘制结果如图 2-40 所示。

（4）单击"默认"选项卡"绘图"面板中的"矩形"按钮▭，绘制俯视图，命令行提示与操作如下。

```
命令：_rectang
指定第一个角点或 [倒角(C)/标高(E)/圆角(F)/厚度(T)/宽度(W)]：0,0✓
指定另一个角点或 [面积(A)/尺寸(D)/旋转(R)]：@100,18
```

（5）单击"默认"选项卡"绘图"面板中的"直线"按钮／，接着绘制两条直线，端点分别为｛（0,2），（@100,0）｝和｛（0,16），（@100,0）｝，绘制结果如图 2-41 所示。

图 2-40　绘制竖直构造线　　　　　　　　　　图 2-41　绘制俯视图

（6）单击"默认"选项卡"绘图"面板中的"构造线"按钮 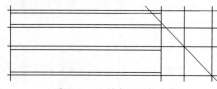，绘制左视图构造线，命令行提示与操作如下。

```
命令：_xline 指定点或 [水平(H)/垂直(V)/角度(A)/二等分(B)/偏移(O)]：H↙
指定通过点：指定主视图上右上端点
指定通过点：指定主视图上右下端点
指定通过点：指定俯视图上右上端点
指定通过点：指定俯视图上右下端点
指定通过点：↙
命令：↙  按<Enter>键表示重复绘制构造线命令
指定点或 [水平(H)/垂直(V)/角度(A)/二等分(B)/偏移(O)]：A↙
输入构造线的角度 (0) 或 [参照(R)]：-45↙
指定通过点：任意指定一点
指定通过点：↙
命令：↙
指定点或 [水平(H)/垂直(V)/角度(A)/二等分(B)/偏移(O)]：V↙
指定通过点：指定斜线与向下数第 3 条水平线的交点
指定通过点：指定斜线与向下数第 4 条水平线的交点
```

绘制结果如图 2-42 所示。

（7）设置矩形两个倒角距离为 2，绘制左视图，命令行提示与操作如下。

```
命令：_rectang
指定第一个角点或 [倒角(C)/标高(E)/圆角(F)/厚度(T)/宽度(W)]：C↙
指定矩形的第一个倒角距离 <0.0000>：2
指定矩形的第二个倒角距离 <2.0000>：↙
指定第一个角点或 [倒角(C)/标高(E)/圆角(F)/厚度(T)宽度(W)]：按构造线确定位置指定一个角点
指定另一个角点或 [面积(A)/尺寸(D)/旋转(R)]：按构造线确定位置指定另一个角点
```

绘制结果如图 2-43 所示。

图 2-42　绘制左视图构造线

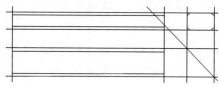

图 2-43　绘制左视图

（8）删除构造线，最终绘制结果如图 2-37 所示。

2.4.3　正多边形

📏【执行方式】

- 命令行：POLYGON（快捷命令：POL）。
- 菜单栏：选择菜单栏中的"绘图"→"多边形"命令。

- 工具栏：单击"绘图"工具栏中的"多边形"按钮⬠。
- 功能区：单击"默认"选项卡"绘图"面板中的"多边形"按钮⬠。

🖱 【操作步骤】

命令行提示与操作如下。

命令：POLYGON↙
输入边的数目 <4>：指定多边形的边数，默认值为 4
指定正多边形的中心点或 [边(E)]：指定中心点
输入选项 [内接于圆(I)/外切于圆(C)] <I>：指定是内接于圆还是外切于圆
指定圆的半径：指定外接圆或内切圆的半径

📂 【选项说明】

（1）边（E）：选择该选项，则只要指定多边形的一条边，系统就会按逆时针方向创建该正多边形，如图 2-44（a）所示。

（2）内接于圆（I）：选择该选项，绘制的多边形内接于圆，如图 2-44（b）所示。

（3）外切于圆（C）：选择该选项，绘制的多边形外切于圆，如图 2-44（c）所示。

（a）　　　　　　　　（b）　　　　　　　　（c）

图 2-44　绘制正多边形

2.4.4　实例——卡通造型的绘制

绘制如图 2-45 所示的卡通造型。

（1）分别单击"默认"选项卡"绘图"面板中的"圆心，半径"按钮⊙和"圆环"按钮◎，绘制左边头部的小圆及圆环，命令行提示与操作如下。

命令：_circle 指定圆的圆心或 [三点(3P)/两点(2P)/切点、切点、半径(T)]：230,210↙
指定圆的半径或 [直径(D)]：30↙
命令：_donut
指定圆环的内径 <10.0000>：5↙
指定圆环的外径 <20.0000>：15↙
指定圆环的中心点 <退出>：230,210↙
指定圆环的中心点 <退出>：↙

（2）单击"默认"选项卡"绘图"面板中的"矩形"按钮▭，绘制一个矩形，命令行提示与操作如下。

命令：_rectang

指定第一个角点或 [倒角(C)/标高(E)/圆角(F)/厚度(T)/宽度(W)]:200,122↙　指定矩形左上
角点坐标值

指定另一个角点:420,88↙　指定矩形右上角点坐标值

（3）依次单击"默认"选项卡"绘图"面板中的"圆"按钮、"椭圆"按钮和"正多边形"按钮，绘制右边身体的大圆、小椭圆及正六边形，命令行提示与操作如下。

命令:_circle
指定圆的圆心或 [三点(3P)/两点(2P)/切点、切点、半径(T)]:T↙
指定对象与圆的第一个切点:如图2-46所示，在点1附近选择小圆
指定对象与圆的第二个切点:如图2-46所示，在点2附近选择矩形
指定圆的半径:<30.0000>:70↙
命令:_ellipse
指定椭圆的轴端点或 [圆弧(A)/中心点(C)]:C↙　用指定椭圆圆心的方式绘制椭圆
指定椭圆的中心点:330,222↙　椭圆中心点的坐标值
指定轴的端点:360,222↙　椭圆长轴右端点的坐标值
指定另一条半轴长度或 [旋转(R)]:20↙　椭圆短轴的长度
命令:_polygon
输入边的数目 <4>:6↙　正多边形的边数
指定正多边形的中心点或 [边(E)]:330,165↙　正六边形中心点的坐标值
输入选项 [内接于圆(I)/外切于圆(C)] <I>:↙　用内接于圆的方式绘制正六边形
指定圆的半径:30↙　内接圆正六边形的半径

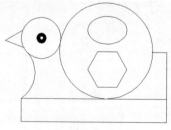

图 2-45　卡通造型

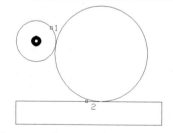

图 2-46　绘制大圆

（4）单击"默认"选项卡"绘图"面板中的"直线"按钮和"圆弧"按钮，绘制左边嘴部折线和颈部圆弧，命令行提示与操作如下。

命令:_line指定第一个点:202,221
指定下一点或 [放弃(U)]:@30<-150↙　用相对极坐标值给定下一点的坐标值
指定下一点或 [放弃(U)]:@30<-20↙　用相对极坐标值给定下一点的坐标值
指定下一点或 [闭合(C)/放弃(U)]:↙
命令:_arc指定圆弧的起点或 [圆心(CE)]:200,122↙
指定圆弧的第二点或 [圆心(C)/端点(E)]:E↙　用给出圆弧端点的方式画圆弧
指定圆弧的端点:210,188↙　给出圆弧端点的坐标值
指定圆弧的中心点(按住<Ctrl>键以切换方向)或 [角度(A)/方向(D)/半径(R)]:R↙　用给出圆弧半径的方式画圆弧
指定圆弧的半径(按住<Ctrl>键以切换方向):45 ↙　圆弧半径值

（5）单击"默认"选项卡"绘图"面板中的"直线"按钮 ∕，绘制右边折线，命令行提示与操作如下。

```
命令: _line 指定第一个点: 420,122↙
指定下一点或 [放弃(U)]: @68<90↙
指定下一点或 [放弃(U)]: @23<180↙
指定下一点或 [闭合(C)/放弃(U)]: ↙
```

最终绘制结果如图 2-45 所示。

2.5　上机操作

【实例 1】 绘制如图 2-47 所示的螺栓。

1．目的要求

本例图形涉及的命令主要是"直线"。为了做到准确无误，要求通过坐标值的输入指定直线的相关点，从而使读者灵活掌握直线的绘制方法。

2．操作提示

（1）利用"直线"命令绘制螺帽。

（2）利用"直线"命令绘制螺杆。

【实例 2】 绘制如图 2-48 所示的哈哈猪。

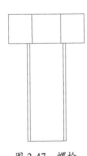

图 2-47　螺栓

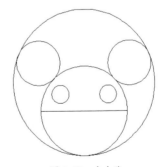

图 2-48　哈哈猪

1．目的要求

本例图形涉及的命令主要是"直线"和"圆"。为了做到准确无误，要求通过坐标值的输入指定线段的端点和圆弧的相关点，从而使读者灵活掌握线段及圆弧的绘制方法。

2．操作提示

（1）利用"圆"命令绘制哈哈猪的两只眼睛。

（2）利用"圆"命令绘制哈哈猪的嘴巴。

（3）利用"圆"命令绘制哈哈猪的头部。

（4）利用"直线"命令绘制哈哈猪的上下颌分界线。

（5）利用"圆"命令绘制哈哈猪的鼻子。

【**实例 3**】绘制如图 2-49 所示的五瓣梅。

1．目的要求

本例图形涉及的命令主要是"圆弧"。为了做到准确无误，要求通过坐标值的输入指定线段的端点和圆弧的相关点，从而使读者灵活掌握圆弧的绘制方法。

2．操作提示

（1）利用"圆弧"命令绘制第一段圆弧。

（2）利用"圆弧"命令绘制其他圆弧。

【**实例 4**】绘制如图 2-50 所示的螺母。

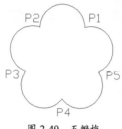

图 2-49　五瓣梅

图 2-50　螺母

1．目的要求

本例绘制的是一个机械零件图形，涉及的命令有"正多边形"和"圆"。通过本例，要求读者掌握正多边形的绘制方法，同时复习圆的绘制方法。

2．操作提示

（1）利用"圆"命令绘制外面圆。

（2）利用"正多边形"命令绘制六边形。

（3）利用"圆"命令绘制里面圆。

2.6　模拟真题

1．在绘制圆时，采用"两点（2P）"选项，两点之间的距离是（　　）。

　　A．最短弦长　　　　　　　　B．周长

　　C．半径　　　　　　　　　　D．直径

2．如图 2-51 所示图形 1，正五边形的内切圆半径 $R=$（　　）。

　　A．64.348　　　　　　　　　B．61.937

　　C．72.812　　　　　　　　　D．45

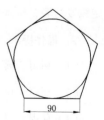

图 2-51　图形 1

3. 绘制圆环时，若将内径指定为 0，则会（　　　）。

    A. 绘制一个线宽为 0 的圆　　　　　　B. 绘制一个实心圆

    C. 提示重新输入数值　　　　　　　　D. 提示错误，退出该命令

4. 绘制带有圆角的矩形，首先要（　　　）。

    A. 确定一个角点　　　　　　　　　　B. 绘制矩形再倒圆角

    C. 设置圆角再确定角点　　　　　　　D. 设置倒角再确定角点

5. 绘直线，起点坐标为（57,79），直线长度为 173，与 X 轴正向的夹角为 71°。将直线 5 等分，从起点开始的第一个等分点的坐标为（　　　）。

    A. $X = 113.3233$，$Y = 242.5747$　　　　　B. $X = 79.7336$，$Y = 145.0233$

    C. $X = 90.7940$，$Y = 177.1448$　　　　　D. $X = 68.2647$，$Y = 111.7149$

6. 半径为 50 的圆将它平均分成 5 段，每段弧长为（　　　）。

    A. 62.85　　　　　　B. 62.83　　　　　　C. 63.01　　　　　　D. 62.8

7. 绘制如图 2-52 所示的图形 1。

8. 绘制如图 2-53 所示的图形 2。其中，三角形为边长为 81 的等边三角形，3 个圆分别与三角形相切。

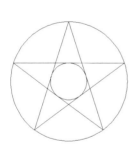

图 2-52　图形 1

图 2-53　图形 2

第3章

复杂二维绘图命令

面域与图案填充属于一类特殊的图形区域，在这个图形区域中，AutoCAD 赋予其共同的特殊性质，如相同的图案、计算面积、重心、布尔运算等。本章主要介绍多段线、样条曲线、多线、面域和图案填充的相关命令。

3.1 面域

面域是具有边界的平面区域，内部可以包含孔。用户可以将由某些对象围成的封闭区域转变为面域，这些封闭区域可以是圆、椭圆、封闭二维多段线、封闭样条曲线等，也可以是由圆弧、直线、二维多段线和样条曲线等构成的封闭区域。

3.1.1 创建面域

【执行方式】

- 命令行：REGION（快捷命令：REG）。
- 功能区：单击"默认"选项卡"绘图"面板中的"面域"按钮 ◎ 。
- 菜单栏：选择菜单栏中的"绘图"→"面域"命令。
- 工具栏：单击"绘图"工具栏中的"面域"按钮 ◎ 。

【操作步骤】

```
命令：REGION✓
选择对象：
```

选择对象后，系统自动将所选择的对象转换成面域。

3.1.2 面域的布尔运算

布尔运算是数学中的一种逻辑运算，用在 AutoCAD 绘图中，能够极大地提高绘图效率。布尔运算包括并集、交集和差集 3 种，其操作方法类似，一并介绍如下。

【执行方式】

- 命令行：UNION（并集，快捷命令：UNI）或 INTERSECT（交集，快捷命令：IN）或 SUBTRACT

（差集，快捷命令：SU）。

- 功能区：单击"三维工具"选项卡"实体编辑"面板中的"并集"按钮◎◎（"交集"按钮◎◎、"差集"按钮◎◎）。
- 菜单栏：选择菜单栏中的"修改"→"实体编辑"→"并集"（"差集"、"交集"）命令。
- 工具栏：单击"实体编辑"工具栏中的"并集"按钮◎◎（"差集"按钮◎◎、"交集"按钮◎◎）。

🖱️【操作步骤】

命令行提示与操作如下。

命令：UNION（或 INTERSECT）↙
选择对象：

选择对象后，系统对所选择的面域做并集（交集）计算。

命令：SUBTRACT↙
选择要从中减去的实体、曲面和面域
选择对象：选择差集运算的主体对象
选择对象：单击鼠标右键结束选择
选择要减去的实体、曲面和面域
选择对象：选择差集运算的参照体对象
选择对象：单击鼠标右键结束选择

选择对象后，系统对所选择的面域做差集运算，运算逻辑是在主体对象上减去与参照体对象重叠的部分。

布尔运算的结果如图 3-1 所示。

（a）面域原图　　　（b）并集　　　（c）交集　　　（d）差集

图 3-1　布尔运算的结果

🔍【技巧荟萃】

布尔运算的对象只包括实体和共面面域，对于普通的线条对象无法使用布尔运算。

3.1.3　实例——扳手的绘制

绘制如图 3-2 所示的扳手。

（1）单击"默认"选项卡"绘图"面板中的"矩形"按钮▭，绘制矩形。矩形的两个对角点坐标分别为（50,50）和（100,40），绘制结果如图 3-3 所示。

图 3-2　扳手　　　　　　　　　　　图 3-3　绘制矩形

（2）单击"默认"选项卡"绘图"面板中的"圆心，半径"按钮，绘制圆。圆心坐标为（50,45），半径为10。再以点（100,45）为圆心、以10为半径绘制另一个圆，绘制结果如图3-4所示。

（3）单击"默认"选项卡"绘图"面板中的"多边形"按钮，绘制正六边形。以点（42.5,41.5）为正多边形的中心、以 5.8 为外切圆半径绘制一个正多边形；再以点（107.4,48.2）为正多边形中心、以5.8为外切圆半径绘制另一个正多边形，绘制结果如图3-5所示。

图 3-4　绘制圆　　　　　　　　　　图 3-5　绘制正多边形

（4）单击"默认"选项卡"绘图"面板中的"面域"按钮，将所有图形转换成面域，命令行提示与操作如下。

```
命令：_region↙
选择对象：依次选择矩形、正多边形和圆
...
找到 5 个
选择对象：↙
已提取 5 个环
已创建 5 个面域
```

（5）在命令行中输入"UNION"命令，将矩形分别与两个圆进行并集处理，命令行提示与操作如下。

```
命令：_union
选择对象：选择矩形
选择对象：选择一个圆
选择对象：选择另一个圆
选择对象：↙
```

并集处理结果如图 3-6 所示。

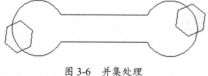

图 3-6　并集处理

🔍【技巧荟萃】

同时选择并集处理的两个对象，在选择对象时要按住<Shift>键。

（6）在命令行中输入"SUBTRACT"命令，以并集对象为主体对象，正多边形为参照体，进行差集处理，命令行提示与操作如下。

```
命令: SUBTRACT
选择要从中减去的实体、曲面和面域...
选择对象: 选择并集对象
找到 1 个
选择对象: ↙
选择要减去的实体、曲面和面域 ..
选择对象: 选择一个正多边形
选择对象: 选择另一个正多边形
选择对象: ↙
```

绘制结果如图 3-2 所示。

3.2　多线

多线是一种复合线，由连续的直线段复合组成。多线的突出优点是能够大大提高绘图效率，保证图线之间的统一性。

3.2.1　绘制多线

✏【执行方式】

- 命令行：MLINE（快捷命令：ML）。
- 菜单栏：选择菜单栏中的"绘图"→"多线"命令。

🖱【操作步骤】

命令行提示与操作如下。

```
命令: MLINE↙
当前设置: 对正 = 上, 比例 = 20.00, 样式 = STANDARD
指定起点或 [对正(J)/比例(S)/样式(ST)]: 指定起点
指定下一点: 指定下一点
指定下一点或 [放弃(U)]: 继续指定下一点绘制线段; 输入"U", 则放弃前一段多线的绘制; 单击
鼠标右键或按<Enter>键, 结束命令
指定下一点或 [闭合(C)/放弃(U)]: 继续指定下一点绘制线段; 输入"C", 则闭合线段, 结束命令
```

📁【选项说明】

（1）对正（J）：该项用于指定绘制多线的基准。共有 3 种对正类型："上"、"无"和"下"。其中，"上"表示以多线上侧的线为基准，其他两项依此类推。

（2）比例（S）：选择该项，要求用户设置平行线的间距。输入值为零时，平行线重合；输入值为负时，多线的排列倒置。

（3）样式（ST）：用于设置当前使用的多线样式。

3.2.2 定义多线样式

【执行方式】

- 命令行：MLSTYLE。
- 菜单栏：选择菜单栏中的"格式"→"多线样式"命令。

执行上述命令后，系统打开如图 3-7 所示的"多线样式"对话框。在该对话框中，用户可以对多线样式进行定义、保存和加载等操作。下面通过定义一个新的多线样式来介绍该对话框的使用方法。要定义的多线样式由 3 条平行线组成，中心轴线和两条平行的实线相对于中心轴线上、下各偏移 0.5，其操作步骤如下。

（1）在"多线样式"对话框中单击"新建"按钮，系统打开"创建新的多线样式"对话框，如图 3-8 所示。

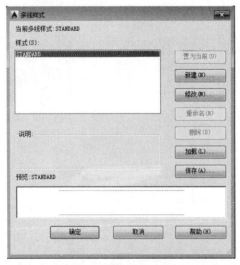

图 3-7 "多线样式"对话框

图 3-8 "创建新的多线样式"对话框

（2）在"创建新的多线样式"对话框的"新样式名"文本框中输入"THREE"，单击"继续"按钮。

（3）系统打开"新建多线样式"对话框，如图 3-9 所示。

（4）在"封口"选项组中可以设置多线起点和端点的特性，包括直线、外弧、内弧封口，以及封口线段或圆弧的角度。

（5）在"填充颜色"下拉列表框中可以选择多线填充的颜色。

（6）在"图元"选项组中可以设置组成多线元素的特性。单击"添加"按钮，可以为多线添加元素；反之，单击"删除"按钮，可以为多线删除元素。在"偏移"文本框中可以设置选中元素的位置偏移值。在"颜色"下拉列表框中可以为选中的元素选择颜色。单击"线型"按钮，系统打开"选择线型"对话框，可以为选中的元素设置线型。

（7）设置完毕后，单击"确定"按钮，返回到如图 3-7 所示的"多线样式"对话框，在"样式"列表中会显示刚设置的多线样式名。选择该样式，单击"置为当前"按钮，则将刚设置的多线样式设置为当前样式，下面的预览框中会显示所选的多线样式。

（8）单击"确定"按钮，完成多线样式设置。

如图 3-10 所示为按设置后的多线样式绘制的多线。

图 3-9 "新建多线样式"对话框

图 3-10 绘制的多线

3.2.3 编辑多线

【执行方式】

- 命令行：MLEDIT。
- 菜单栏：选择菜单栏中的"修改"→"对象→"多线"命令。

选择该命令后，弹出"多线编辑工具"对话框，如图 3-11 所示。

图 3-11 "多线编辑工具"对话框

利用该对话框，可以创建或修改多线的模式。对话框中分 4 列显示示例图形。其中，第一列管理十字交叉形多线，第二列管理 T 形多线，第三列管理拐角结合点和节点，第四列管理多线被剪切或连接的形式。

单击选择某个示例图形，就可以调用该项编辑功能。

下面以"十字打开"为例，介绍多线编辑的方法，把选择的两条多线进行打开交叉。命令行提示与操作如下。

> 选择第一条多线：选择第一条多线
> 选择第二条多线：选择第二条多线

选择完毕后，第二条多线被第一条多线横断交叉，命令行提示如下。

> 选择第一条多线：

可以继续选择多线进行操作。选择"放弃"选项会撤销前次操作。执行结果如图 3-12 所示。

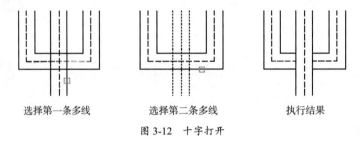

选择第一条多线　　　　　选择第二条多线　　　　　执行结果

图 3-12　十字打开

3.2.4　实例——墙体的绘制

绘制如图 3-13 所示的墙体。

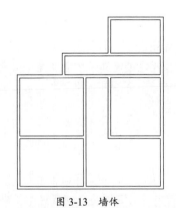

图 3-13　墙体

（1）单击"默认"选项卡"绘图"面板中的"构造线"按钮，绘制一条水平构造线和一条竖直构造线，组成"十"字辅助线，如图 3-14 所示。继续绘制辅助线，命令行提示与操作如下。

> 命令：_xline 指定点或 [水平(H)/垂直(V)/角度(A)/二等分(B)/偏移(O)]：O✓
> 指定偏移距离或[通过(T)]<通过>：4200✓
> 选择直线对象：选择水平构造线

> 指定向哪侧偏移：指定上边一点
>
> 选择直线对象：继续选择水平构造线

　　采用相同的方法将偏移得到的水平构造线依次向上偏移 5100、1800 和 3000，绘制的水平构造线如图 3-15 所示。采用同样的方法绘制竖直构造线，然后依次向右偏移 3900、1800、2100 和 4500。绘制完成的居室辅助线网格如图 3-16 所示。

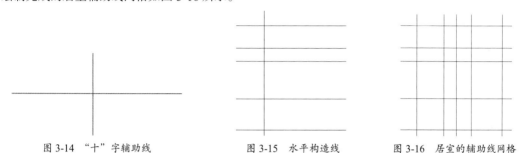

　　图 3-14　"十"字辅助线　　　　　图 3-15　水平构造线　　　　图 3-16　居室的辅助线网格

（2）定义多线样式。在命令行输入"MLSTYLE"，系统打开"多线样式"对话框。单击"新建"按钮，系统打开"创建新的多线样式"对话框，在该对话框的"新样式名"文本框中输入"墙体线"，单击"继续"按钮。

（3）系统打开"新建多线样式"对话框，进行如图 3-17 所示的多线样式设置。

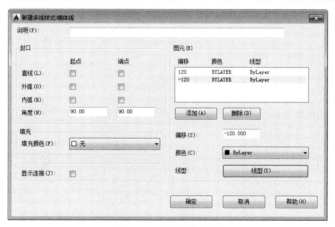

图 3-17　设置多线样式

（4）在命令行中输入"MLINE"命令，绘制多线墙体，命令行提示与操作如下。

```
命令：_mline
当前设置：对正 = 上，比例 = 20.00，样式 = STANDARD
指定起点或 [对正(J)/比例(S)/样式(ST)]：S↙
输入多线比例 <20.00>：1↙
当前设置：对正 = 上，比例 = 1.00，样式 = STANDARD
指定起点或 [对正(J)/比例(S)/样式(ST)]：J↙
输入对正类型 [上(T)/无(Z)/下(B)] <上>：Z↙
当前设置：对正 = 无，比例 = 1.00，样式 = STANDARD
```

指定起点或 [对正(J)/比例(S)/样式(ST)]: 在绘制的辅助线交点上指定一点
指定下一点: 在绘制的辅助线交点上指定下一点
指定下一点或 [放弃(U)]: 在绘制的辅助线交点上指定下一点
指定下一点或 [闭合(C)/放弃(U)]: 在绘制的辅助线交点上指定下一点
...
指定下一点或 [闭合(C)/放弃(U)]: C✓

采用相同的方法根据辅助线网格绘制多线,绘制结果如图 3-18 所示。

(5)编辑多线。在命令行中输入"MLEDIT"命令,系统打开"多线编辑工具"对话框,如图 3-19 所示。选择"T 形合并"选项,命令行提示与操作如下。

命令: _mledit
选择第一条多线: 选择多线
选择第二条多线: 选择多线
选择第一条多线或 [放弃(U)]: 选择多线
...
选择第一条多线或 [放弃(U)]: ✓

采用同样的方法继续进行多线编辑,然后将辅助线删除,最终结果如图 3-13 所示。

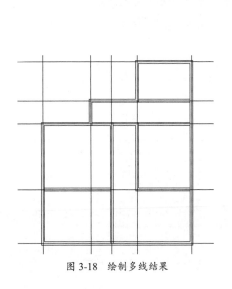

图 3-18 绘制多线结果

图 3-19 "多线编辑工具"对话框

3.3 多段线

多段线是一种由线段和圆弧组合而成的,可以有不同线宽的多线。由于多段线组合形式多样,线宽可以变化,弥补了直线或圆弧功能的不足,适合绘制各种复杂的图形轮廓,因而得到了广泛的应用。

3.3.1 绘制多段线

【执行方式】

- 命令行：PLINE（快捷命令：PL）。
- 菜单栏：选择菜单栏中的"绘图"→"多段线"命令。
- 工具栏：单击"绘图"工具栏中的"多段线"按钮 ⏎ 。
- 功能区：单击"默认"选项卡"绘图"面板中的"多段线"按钮 ⏎ 。

【操作步骤】

命令行提示与操作如下。

```
命令：PLINE✓
指定起点：指定多段线的起点
当前线宽为 0.0000
指定下一个点或 [圆弧(A)/半宽(H)/长度(L)/放弃(U)/宽度(W)]：指定多段线的下一个点
```

【选项说明】

多段线主要由连续且不同宽度的线段或圆弧组成，如果在上述提示中选择"圆弧（A）"选项，则命令行提示如下。

```
指定圆弧的端点(按住<Ctrl>键以切换方向)或[角度(A)/圆心(CE)/方向(D)/半宽(H)/直线(L)/
半径(R)/第二个点(S)/放弃(U)/宽度(W)]：
```

绘制圆弧的方法与"圆弧"命令相似。

3.3.2 实例——浴缸的绘制

绘制如图 3-20 所示的浴缸。

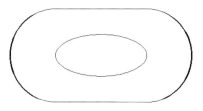

图 3-20 浴缸

（1）单击"默认"选项卡"绘图"面板中的"多段线"按钮 ⏎ ，绘制外沿线，命令行提示与操作如下。

```
命令：_pline
指定起点：200,100✓
当前线宽为 0.0000
指定下一个点或 [圆弧(A)/半宽(H)/长度(L)/放弃(U)/宽度(W)]：500,100✓
指定下一点或 [圆弧(A)/闭合(C)/半宽(H)/长度(L)/放弃(U)/宽度(W)]：h✓
```

指定起点半宽 <0.0000>: 0✓

指定端点半宽 <0.0000>: 2✓

指定下一点或 [圆弧(A)/闭合(C)/半宽(H)/长度(L)/放弃(U)/宽度(W)]: a✓

指定圆弧的端点或

[角度(A)/圆心(CE)/闭合(CL)/方向(D)/半宽(H)/直线(L)/半径(R)/第二个点(S)/放弃(U)/宽度(W)]: a✓

指定包含角: 90✓

指定圆弧的端点或 [圆心(CE)/半径(R)]: ce✓

指定圆弧的圆心: 500,250✓

指定圆弧的端点或

[角度(A)/圆心(CE)/闭合(CL)/方向(D)/半宽(H)/直线(L)/半径(R)/第二个点(S)/放弃(U)/宽度(W)]: h✓

指定起点半宽 <2.0000>: 2✓

指定端点半宽 <2.0000>: 0✓

指定圆弧的端点或

[角度(A)/圆心(CE)/闭合(CL)/方向(D)/半宽(H)/直线(L)/半径(R)/第二个点(S)/放弃(U)/宽度(W)]: d✓

指定圆弧的起点切向: 垂直向上拖动鼠标

指定圆弧的端点: 500,400✓

指定圆弧的端点或

[角度(A)/圆心(CE)/闭合(CL)/方向(D)/半宽(H)/直线(L)/半径(R)/第二个点(S)/放弃(U)/宽度(W)]: l✓

指定下一点或 [圆弧(A)/闭合(C)/半宽(H)/长度(L)/放弃(U)/宽度(W)]: 200,400✓

指定下一点或 [圆弧(A)/闭合(C)/半宽(H)/长度(L)/放弃(U)/宽度(W)]: h✓

指定起点半宽 <0.0000>: 0✓

指定端点半宽 <0.0000>: 2✓

指定下一点或 [圆弧(A)/闭合(C)/半宽(H)/长度(L)/放弃(U)/宽度(W)]: a✓

指定圆弧的端点或

[角度(A)/圆心(CE)/闭合(CL)/方向(D)/半宽(H)/直线(L)/半径(R)/第二个点(S)/放弃(U)/宽度(W)]: ce✓

指定圆弧的圆心: 200,250✓

指定圆弧的端点或 [角度(A)/长度(L)]: a✓

指定包含角: 90✓

指定圆弧的端点或

[角度(A)/圆心(CE)/闭合(CL)/方向(D)/半宽(H)/直线(L)/半径(R)/第二个点(S)/放弃(U)/宽度(W)]: h✓

指定起点半宽 <2.0000>: 2✓

指定端点半宽 <2.0000>: 0✓

指定圆弧的端点或 [角度(A)/圆心(CE)/闭合(CL)/方向(D)/半宽(H)/直线(L)/半径(R)/第二个点(S)/放弃(u)/宽度(W): cl✓

（2）单击"默认"选项卡"绘图"面板中的"椭圆"按钮 ⬡，绘制缸底，结果如图 3-20 所示。

3.4　样条曲线

在 AutoCAD 中使用的样条曲线为非一致有理 B 样条（NURBS）曲线，使用 NURBS 曲线能够在控制点之间产生一条光滑的曲线，如图 3-21 所示。样条曲线可用于绘制形状不规则的图形，如为地理信息系统（GIS）或汽车设计绘制轮廓线。

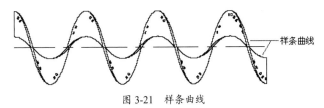

图 3-21　样条曲线

3.4.1　绘制样条曲线

【执行方式】

- 命令行：SPLINE。
- 菜单栏：选择菜单栏中的"绘图"→"样条曲线"命令。
- 工具栏：单击"绘图"工具栏中的"样条曲线"按钮～。
- 功能区：单击"默认"选项卡"绘图"面板中的"样条曲线拟合"按钮～或"样条曲线控制点"按钮～（如图 3-22 所示）。

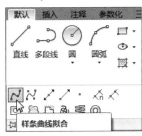

图 3-22　"绘图"面板

【操作步骤】

命令行提示与操作如下。

```
命令：SPLINE✓
当前设置：方式=拟合　节点=弦
指定第一个点或 [方式(M)/节点(K)/对象(O)]：指定一点或选择"对象(O)"选项
输入下一个点或 [起点切向(T)/公差(L)]：
输入下一个点或 [端点相切(T)/公差(L)/放弃(U)]：
输入下一个点或 [端点相切(T)/公差(L)/放弃(U)/闭合(C)]：
```

【选项说明】

（1）方式（M）：控制是使用拟合点还是使用控制点来创建样条曲线。选项会因用户选择的是使用拟合点还是控制点创建样条曲线而异。

（2）节点（K）：指定节点参数化，它会影响曲线在通过拟合点时的形状。

（3）对象（O）：将二维或三维的二次或三次样条曲线拟合多段线转换为等价的样条曲线，然后（根据 DELOBJ 系统变量的设置）删除该多段线。

（4）起点切向（T）：定义样条曲线的第一点和最后一点的切向。如果在样条曲线的两端都指定切向，可以输入一个点或使用"切点"和"垂足"对象捕捉模式使样条曲线与已有的对象相切或垂直。如果按<Enter>键，系统将计算默认切向。

（5）端点相切（T）：停止基于切向创建曲线。可通过指定拟合点继续创建样条曲线。

（6）公差（L）：指定距样条曲线必须经过的指定拟合点的距离。公差应用于除起点和端点外的所有拟合点。

（7）闭合（C）：将最后一点定义与第一点一致，并使其在连接处相切，以闭合样条曲线。选择该项，命令行提示如下。

```
指定切向：指定点或按<Enter>键
```

用户可以指定一点来定义切向矢量，或按下状态栏中的"对象捕捉"按钮🔲，使用"切点"和"垂足"对象捕捉模式使样条曲线与现有对象相切或垂直。

3.4.2 实例——雨伞的绘制

绘制如图 3-23 所示的雨伞。

图 3-23　雨伞图形

（1）单击"默认"选项卡"绘图"面板中的"三点"按钮 ⌒，绘制伞的外框（半圆）。

（2）单击"默认"选项卡"绘图"面板中的"样条曲线拟合"按钮 ～，绘制伞的底边，命令行提示与操作如下。

```
命令：_spline
当前设置：方式=拟合 节点=弦
指定第一个点或 [方式(M)/节点(K)/对象(O)]：指定样条曲线的第一个点 1，如图 3-24 所示
输入下一个点或 [起点切向(T)/公差(L)]：指定样条曲线的下一个点 2
输入下一个点或 [端点相切(T)/公差(L)/放弃(U)]：指定样条曲线的下一个点 3
输入下一个点或 [端点相切(T)/公差(L)/放弃(U)/闭合(C)]：指定样条曲线的下一个点 4
输入下一个点或 [端点相切(T)/公差(L)/放弃(U)/闭合(C)]：指定样条曲线的下一个点 5
```

```
输入下一个点或 [端点相切(T)/公差(L)/放弃(U)/闭合(C)]：指定样条曲线的下一个点6
输入下一个点或 [端点相切(T)/公差(L)/放弃(U)/闭合(C)]：指定样条曲线的下一个点7
输入下一个点或 [端点相切(T)/公差(L)/放弃(U)/闭合(C)]：↙
```

（3）单击"默认"选项卡"绘图"面板中的"三点"按钮 ，绘制伞面辐条，命令行提示与操作如下。

```
命令：_arc
指定圆弧的起点或 [圆心(C)]：在圆弧大约正中点8位置指定圆弧的起点，如图 3-25 所示
指定圆弧的第二个点或 [圆心(C)/端点(E)]：在点9位置指定圆弧的第二个点
指定圆弧的端点：在点2位置指定圆弧的端点
```

同样的方法，利用圆弧命令绘制其他雨伞辐条，绘制结果如图 3-26 所示。

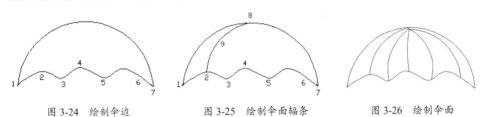

图 3-24　绘制伞边　　　　　　图 3-25　绘制伞面辐条　　　　　　图 3-26　绘制伞面

（4）单击"默认"选项卡"绘图"面板中的"多段线"按钮 ，绘制伞顶和伞把，命令行提示与操作如下。

```
命令：_pline
指定起点：在点8位置指定伞顶起点
当前线宽为 3.0000
指定下一个点或 [圆弧(A)/半宽(H)/长度(L)/放弃(U)/宽度(W)]：W↙
指定起点宽度 <3.0000>：4↙
指定端点宽度 <4.0000>：2↙
指定下一个点或 [圆弧(A)/半宽(H)/长度(L)/放弃(U)/宽度(W)]：指定伞顶终点
指定下一点或 [圆弧(A)/闭合(C)/半宽(H)/长度(L)/放弃(U)/宽度(W)]：单击鼠标右键确认
命令：↙　重复执行多段线命令
指定起点：在点8正下方点4位置附近指定伞把起点
当前线宽为 2.0000
指定下一个点或 [圆弧(A)/半宽(H)/长度(L)/放弃(U)/宽度(W)]：H↙
指定起点半宽 <1.0000>：1.5↙
指定端点半宽 <1.5000>：↙
指定下一个点或 [圆弧(A)/半宽(H)/长度(L)/放弃(U)/宽度(W)]：往下适当位置指定下一点
指定下一点或 [圆弧(A)/闭合(C)/半宽(H)/长度(L)/放弃(U)/宽度(W)]：A↙
指定圆弧的端点或[角度(A)/圆心(CE)/闭合(CL)/方向(D)/半宽(H)/直线(L)/半径(R)/第二个
点(S)/放弃(U)/宽度(W)]：指定圆弧的端点
指定圆弧的端点或[角度(A)/圆心(CE)/闭合(CL)/方向(D)/半宽(H)/直线(L)/半径(R)/第二个
点(S)/放弃(U)/宽度(W)]：单击鼠标右键确认
```

最终绘制的图形如图 3-23 所示。

3.5 图案填充

当用户需要用一个重复的图案（Pattern）填充一个区域时，可以使用"BHATCH"命令，创建一个相关联的填充阴影对象，即所谓的图案填充。

3.5.1 基本概念

1. 图案边界

当进行图案填充时，首先要确定填充图案的边界。定义边界的对象只能是直线、双向射线、单向射线、多段线、样条曲线、圆弧、圆、椭圆、椭圆弧、面域等对象或用这些对象定义的块，而且作为边界的对象在当前图层上必须全部可见。

2. 孤岛

在进行图案填充时，把位于总填充区域内的封闭区称为孤岛，如图 3-27 所示。在使用"BHATCH"命令填充时，AutoCAD 系统允许用户以拾取点的方式确定填充边界，即在希望填充的区域内任意拾取一点，系统会自动确定出填充边界，同时确定该边界内的岛。如果用户以选择对象的方式确定填充边界，则必须确切地选取这些岛（有关知识将在 3.5.2 节中介绍）。

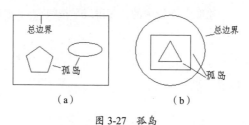

（a） （b）

图 3-27 孤岛

3. 填充方式

在进行图案填充时，需要控制填充的范围。AutoCAD 系统为用户设置了以下 3 种填充方式以实现对填充范围的控制。

（1）普通方式。如图 3-28（a）所示，该方式从边界开始，从每条填充线或每个填充符号的两端向里填充，遇到内部对象与之相交时，填充线或符号断开，直到遇到下一次相交时再继续填充。采用这种填充方式时，要避免剖面线或符号与内部对象的相交次数为奇数。该方式为系统内部的默认方式。

（2）最外层方式。如图 3-28（b）所示，该方式从边界向里填充，只要在边界内部与对象相交，剖面符号就会断开，而不再继续填充。

（3）忽略方式。如图 3-28（c）所示，该方式忽略边界内的对象，所有内部结构都被剖面符号覆盖。

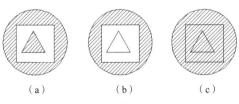

（a）　　　　　（b）　　　　　（c）

图 3-28　填充方式

3.5.2　图案填充的操作

【执行方式】

- 命令行：BHATCH（快捷命令：H）。
- 菜单栏：选择菜单栏中的"绘图"→"图案填充"命令。
- 工具栏：单击"绘图"工具栏中的"图案填充"按钮▨。
- 功能区：单击"默认"选项卡"绘图"面板中的"图案填充"按钮▨。

【操作步骤】

执行上述命令后，系统弹出如图 3-29 所示的"图案填充创建"选项卡，各面板和按钮的含义如下。

图 3-29　"图案填充创建"选项卡 1

1."边界"面板

（1）拾取点：通过选择由一个或多个对象形成的封闭区域内的点，确定图案填充边界，如图 3-30 所示。指定内部点时，可以随时在绘图区域中单击鼠标右键以显示包含多个选项的快捷菜单。

选择一点　　　　　填充区域　　　　　填充结果

图 3-30　边界确定

（2）选择边界对象：指定基于选定对象的图案填充边界。使用该选项时，不会自动检测内部对象，必须选择选定边界内的对象，以按照当前孤岛检测样式填充这些对象，如图 3-31 所示。

（3）删除边界对象：从边界定义中删除之前添加的任何对象，如图 3-32 所示。

（4）重新创建边界：围绕选定的图案填充或填充对象创建多段线或面域，并使其与图案填充对象相关联（可选）。

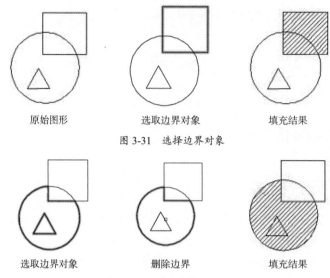

图 3-31　选择边界对象

选取边界对象　　　　　　删除边界　　　　　　填充结果

图 3-32　删除"岛"后的边界

（5）显示边界对象：选择构成选定关联图案填充对象的边界的对象，使用显示的夹点可修改图案填充边界。

（6）保留边界对象：指定如何处理图案填充边界对象。包括如下选项。

① 不保留边界：不创建独立的图案填充边界对象。

② 保留边界 - 多段线：创建封闭图案填充对象的多段线。

③ 保留边界 - 面域：创建封闭图案填充对象的面域对象。

④ 选择新边界集：指定对象的有限集（称为边界集），以便通过创建图案填充时的拾取点进行计算。

2."图案"面板

显示所有预定义和自定义图案的预览图像。

3."特性"面板

（1）图案填充类型：指定是使用纯色、渐变色、图案还是用户定义的填充。

（2）图案填充颜色：替代实体填充和填充图案的当前颜色。

（3）背景色：指定填充图案背景的颜色。

（4）图案填充透明度：设定新图案填充或填充的透明度，替代当前对象的透明度。

（5）图案填充角度：指定图案填充或填充的角度。

（6）填充图案比例：放大或缩小预定义或自定义的填充图案。

（7）相对图纸空间：（仅在布局中可用）相对于图纸空间单位缩放填充图案。使用此选项，可很容易地做到以适合于布局的比例显示填充图案。

（8）双向：（仅当"图案填充类型"设定为"用户定义"时可用）将绘制第二组直线，与原始直线成 90°，从而构成交叉线。

（9）ISO 笔宽：（仅对于预定义的 ISO 图案可用）基于选定的笔宽缩放 ISO 图案。

4."原点"面板

（1）设定原点：直接指定新的图案填充原点。

（2）左下：将图案填充原点设定在图案填充边界矩形范围的左下角。

（3）右下：将图案填充原点设定在图案填充边界矩形范围的右下角。

（4）左上：将图案填充原点设定在图案填充边界矩形范围的左上角。

（5）右上：将图案填充原点设定在图案填充边界矩形范围的右上角。

（6）中心：将图案填充原点设定在图案填充边界矩形范围的中心。

（7）使用当前原点：将图案填充原点设定在 HPORIGIN 系统变量中存储的默认位置。

（8）存储为默认原点：将新图案填充原点的值存储在 HPORIGIN 系统变量中。

5."选项"面板

（1）关联：指定图案填充或填充为关联图案填充。关联的图案填充或填充在用户修改其边界对象时将会更新。

（2）注释性：指定图案填充为注释性。此特性会自动完成缩放注释过程，从而使注释能够以正确的大小在图纸上打印或显示。

（3）特性匹配。

① 使用当前原点：使用选定图案填充对象（除图案填充原点外）设定图案填充的特性。

② 使用源图案填充的原点：使用选定图案填充对象（包括图案填充原点）设定图案填充的特性。

（4）允许的间隙：设定将对象用作图案填充边界时可以忽略的最大间隙。默认值为 0，此值指定对象必须封闭区域而没有间隙。

（5）创建独立的图案填充：控制当指定了几个单独的闭合边界时，是创建单个图案填充对象，还是创建多个图案填充对象。

（6）孤岛检测。

① 普通孤岛检测：从外部边界向内填充。如果遇到内部孤岛，填充将关闭，直到遇到孤岛中的另一个孤岛。

② 外部孤岛检测：从外部边界向内填充。此选项仅填充指定的区域，不会影响内部孤岛。

③ 忽略孤岛检测：忽略所有内部的对象，填充图案时将通过这些对象。

（7）绘图次序：为图案填充或填充指定绘图次序。选项包括不更改、后置、前置、置于边界之后和置于边界之前。

6. "关闭"面板

关闭图案填充创建：退出 HATCH 并关闭上下文选项卡。也可以按<Enter>键或<Esc>键退出 HATCH。

3.5.3 编辑填充的图案

利用 HATCHEDIT 命令，编辑已经填充的图案。

【执行方式】

- 命令行：HATCHEDIT。
- 菜单栏：选择菜单栏中的"修改"→"对象"→"图案填充"命令。
- 工具栏：单击"修改"工具栏中的"编辑图案填充"按钮。
- 功能区：单击"默认"选项卡"修改"面板中的"编辑图案填充"按钮。
- 快捷菜单：选中填充的图案，单击鼠标右键，在打开的快捷菜单中选择"图案填充编辑"命令（如图 3-33 所示）。
- 快捷方法：直接选择填充的图案，打开"图案填充编辑器"选项卡（如图 3-34 所示）。

图 3-33　快捷菜单

图 3-34　"图案填充编辑器"选项卡

3.5.4 渐变色的操作

【执行方式】

- 命令行：GRADIENT。
- 菜单栏：选择菜单栏中的"绘图"→"渐变色"命令。

● 工具栏：单击"绘图"工具栏中的"渐变色"按钮 。

● 功能区：单击"默认"选项卡"绘图"面板中的"渐变色"按钮 。

【操作步骤】

执行上述命令后，系统打开图 3-35 所示的"图案填充创建"选项卡，各面板中的按钮含义与图案填充的类似，这里不再赘述。

图 3-35　"图案填充创建"选项卡 2

3.5.5　实例——小屋的绘制

绘制如图 3-36 所示的田间小屋。

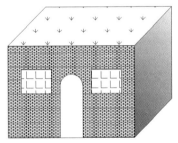

图 3-36　田间小屋

（1）单击"默认"选项卡"绘图"面板中的"矩形"按钮 和"直线"按钮 ，绘制房屋外框。先绘制一个矩形，角点坐标为（210,160）和（400,25）。再绘制连续直线，坐标为{（210,160），（@80<45），（@190<0），（@135<-90），（400,25）}。用同样的方法绘制另一条直线，坐标为{（400,160），（@80<45）}。

（2）单击"默认"选项卡"绘图"面板中的"矩形"按钮 ，绘制窗户。一个矩形的两个角点坐标为（230,125）和（275,90）。另一个矩形的两个角点坐标为（335,125）和（380,90）。

（3）单击"默认"选项卡"绘图"面板中的"多段线"按钮 ，绘制门。命令行提示与操作如下。

```
命令：PL↙
指定起点：288,25↙
当前线宽为 0.0000
指定下一点或 [圆弧(A)/闭合(C)/半宽(H)/长度(L)/放弃(U)/宽度(W)]：288,76↙
指定下一点或 [圆弧(A)/闭合(C)/半宽(H)/长度(L)/放弃(U)/宽度(W)]：a↙
指定圆弧的端点(按住<Ctrl>键以切换方向)或[角度(A)/圆心(CE)/闭合(CL)/方向(D)/半宽
(H)/直线(L)/半径(R)/第二个点(S)/放弃(U)/宽度(W)]：a↙用给定圆弧的包角方式画圆弧
指定夹角：-180↙包角值为负，则顺时针画圆弧；反之，则逆时针画圆弧
```

> 指定圆弧的端点(按住<Ctrl>键以切换方向)或 [圆心(CE)/半径(R)]:322,76✓给出圆弧端点的坐标值
> 指定圆弧的端点(按住<Ctrl>键以切换方向)或[角度(A)/圆心(CE)/闭合(CL)/方向(D)/半宽(H)/直线(L)/半径(R)/第二个点(S)/放弃(U)/宽度(W)]:l✓
> 指定下一点或 [圆弧(A)/闭合(C)/半宽(H)/长度(L)/放弃(U)/宽度(W)]: @51<-90✓
> 指定下一点或 [圆弧(A)/闭合(C)/半宽(H)/长度(L)/放弃(U)/宽度(W)]: ✓

（4）单击"默认"选项卡"绘图"面板中的"图案填充"按钮，进行填充。命令行提示与操作如下。

> 命令：BHATCH✓
> 拾取内部点或 [选择对象(S)/放弃(U)/设置(T)]：正在选择所有对象... 如图 3-37 所示，设置填充图案为 GRASS，填充比例为1，用鼠标在屋顶内拾取一点，如图3-38所示1点
> 正在选择所有可见对象...
> 正在分析所选数据...
> 正在分析内部孤岛...
> 拾取内部点或 [选择对象(S)/放弃(U)/设置(T)]:

图 3-37 "图案填充创建"选项卡

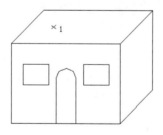

图 3-38 拾取点 1

（5）单击"默认"选项卡"绘图"面板中的"图案填充"按钮，设置图案为"ANGLE"，图案填充比例为"2"，拾取填充区域内一点，如图 3-39 所示，进行填充。

（6）单击"默认"选项卡"绘图"面板中的"图案填充"按钮，设置图案为"BRICK"，图案填充比例为"1"，拾取填充区域内一点，如图 3-40 所示，进行填充。

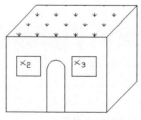

图 3-39 拾取点 2、点 3

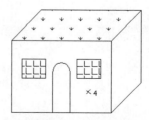

图 3-40 拾取点 4

最后利用"图案填充"命令，按照图 3-41 所示进行设置，拾取如图 3-42 所示 5 位置的点填充小屋侧面的墙。最终结果如图 3-36 所示。

图 3-41　"图案填充编辑器"选项卡

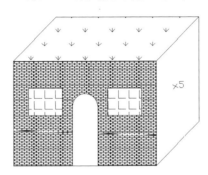

图 3-42　拾取点 5

3.5.6　边界的操作

【执行方式】

- 命令行：BOUNDARY。
- 功能区：单击"默认"选项卡"绘图"面板中的"边界"按钮。

【操作步骤】

执行上述命令后，系统打开图 3-43 所示的"边界创建"对话框，各选项的含义如下。

图 3-43　"边界创建"对话框

【选项说明】

（1）拾取点：根据围绕指定点构成封闭区域的现有对象来确定边界。

（2）孤岛检测：控制 BOUNDARY 命令是否检测内部闭合边界，该边界称为孤岛。

（3）对象类型：控制新边界对象的类型。BOUNDARY 将边界作为面域或多段线对象创建。

（4）边界集：定义通过指定点定义边界时，BOUNDARY 要分析的对象集。

3.6　上机操作

【实例1】 绘制如图 3-44 所示的局部视图。

1. 目的要求

本例涉及的命令有"圆"、"直线"和"样条曲线"。本例对尺寸要求不是很严格，在绘图时可以适当指定位置。通过本例，要求读者掌握样条曲线的绘制方法，同时复习圆和直线命令的使用方法。

2. 操作提示

（1）利用"直线"和"圆"命令绘制局部视图的直线和圆。

（2）利用"样条曲线"命令绘制局部视图的左侧样条曲线。

【实例2】 绘制如图 3-45 所示的墙体。

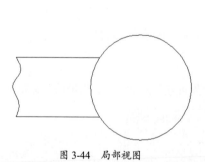

图 3-44　局部视图

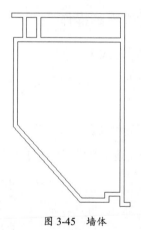

图 3-45　墙体

1. 目的要求

本例绘制的是一个建筑图形，对尺寸要求不太严格，涉及的命令有"多线样式"、"多线"和"多线编辑工具"。通过本例，要求读者掌握多线相关命令的使用方法，同时体会利用多线绘制建筑图形的优点。

2. 操作提示

（1）设置多线格式。

（2）利用"多线"命令绘制多线。

（3）打开"多线编辑工具"对话框。

（4）编辑多线。

【**实例 3**】利用布尔运算绘制如图 3-46 所示的三角铁。

图 3-46　三角铁

1. 目的要求

本例所绘制的图形如果仅利用简单的二维绘制命令进行绘制，将非常复杂；而利用面域相关命令绘制，则可以变得简单。本例要求读者掌握面域相关命令。

2. 操作提示

（1）利用"正多边形"和"圆"命令绘制初步轮廓。

（2）利用"面域"命令将三角形及其边上的 6 个圆转换成面域。

（3）利用"并集"命令，将正三角形分别与 3 个角上的圆进行并集处理。

（4）利用"差集"命令，以三角形为主体对象、3 个边中间位置的圆为参照体，进行差集处理。

【**实例 4**】绘制如图 3-47 所示的春色花园。

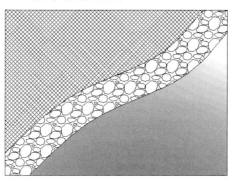

图 3-47　春色花园

1. 目的要求

本例绘制的是一个春色花园，其中有 3 处图案填充。本例要求读者掌握不同图案填充的设置和绘制方法。

2. 操作提示

（1）利用"矩形"和"样条曲线"命令绘制花园外形。

（2）利用"图案填充"命令填充小路，选择预定义的"GRAVEL"图案。

（3）利用"图案填充"命令填充草坪，选择图案"类型"为"用户定义"。

（4）利用"图案填充"命令填充池塘，选择"渐变色"图案。

3.7 模拟考试

1. 同时填充多个区域，如果修改一个区域的填充图案而不影响其他区域，则（　　）。

    A. 将图案分解

    B. 在创建图案填充的时候选择"关联"

    C. 删除图案，重新对该区域进行填充

    D. 在创建图案填充的时候选择"创建独立的图案填充"

2. 若需要编辑已知多段线，使用"多段线"命令的哪个选项可以创建宽度不等的对象？（　　）

    A. 样条(S)   B. 锥形(T)   C. 宽度(W)   D. 编辑顶点(E)

3. 根据图案填充创建边界时，边界类型不可能是以下哪个选项？（　　）

    A. 多段线   B. 样条曲线   C. 三维多段线   D. 螺旋线

4. 可以有宽度的线有（　　）。

    A. 构造线   B. 多段线   C. 直线   D. 样条曲线

5. 绘制如图 3-48 所示的图形 1。

6. 绘制如图 3-49 所示的图形 2。

图 3-48　图形 1

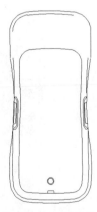

图 3-49　图形 2

第 4 章

图层与显示

AutoCAD 提供了图层工具，对每个图层规定其颜色和线型，并把具有相同特征的图形对象放在同一图层上绘制，这样绘图时不用分别设置对象的线型和颜色，不仅方便绘图，而且保存图形时只需存储其几何数据和所在图层即可，因而既节省了存储空间，又可以提高工作效率。本章将对有关图层的知识及图层上颜色和线型的设置进行介绍。

4.1 设置图层

图层的概念类似投影片，将不同属性的对象分别放置在不同的投影片（图层）上。例如将图形的主要线段、中心线、尺寸标注等分别绘制在不同的图层上，每个图层可设定不同的线型、线条颜色，然后把不同的图层堆栈在一起成为一张完整的视图，这样可使视图层次分明，方便图形对象的编辑与管理。一个完整的图形就是由它所包含的所有图层上的对象叠加在一起构成的，如图 4-1 所示。

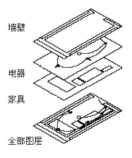

图 4-1 图层效果

4.1.1 利用对话框设置图层

AutoCAD 2015 提供了详细、直观的"图层特性管理器"对话框，用户可以方便地通过对该对话框中的各选项及其二级对话框进行设置，从而实现创建新图层、设置图层颜色及线型的各种操作。

【执行方式】

- 命令行：LAYER。
- 菜单栏：选择菜单栏中的"格式"→"图层"命令。

- 工具栏：单击"图层"工具栏中的"图层特性管理器"按钮 🔄，如图 4-2 所示。

图 4-2 "图层"工具栏

- 功能区：单击"默认"选项卡"图层"面板中的"图层特性"按钮 🔄，或单击"视图"选项卡"选项板"面板中的"图层特性"按钮 🔄。

执行上述操作后，系统打开如图 4-3 所示的"图层特性管理器"选项板。

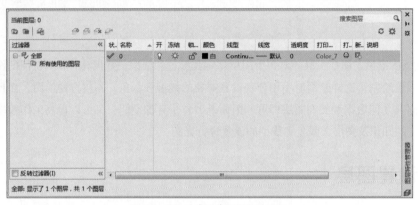

图 4-3 "图层特性管理器"选项板

🖝【选项说明】

（1）"新建特性过滤器"按钮 🔄：单击该按钮，可以打开"图层过滤器特性"对话框，如图 4-4 所示，从中可以基于一个或多个图层特性创建图层过滤器。

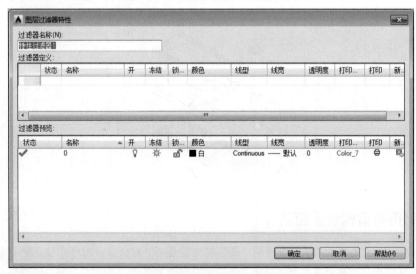

图 4-4 "图层过滤器特性"对话框

（2）"新建组过滤器"按钮 🗀：单击该按钮可以创建一个图层过滤器，其中包含用户选定并添加到该过滤器的图层。

（3）"图层状态管理器"按钮 🔄：单击该按钮，可以打开"图层状态管理器"对话框，如

图 4-5 所示，从中可以将图层的当前特性设置保存到命名图层状态中，以后可以再恢复这些设置。

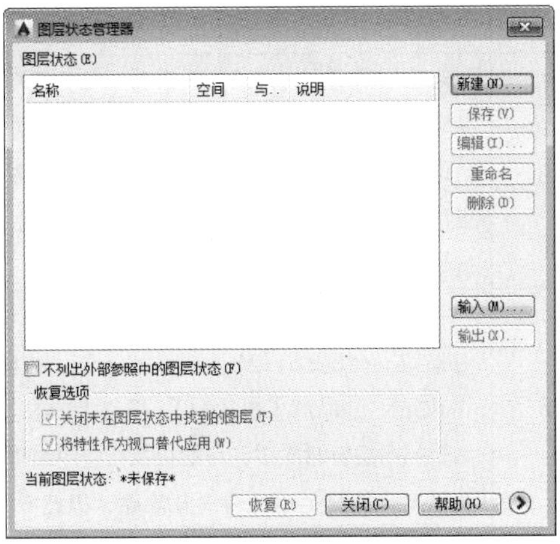

图 4-5 "图层状态管理器"对话框

（4）"新建图层"按钮 ：单击该按钮，图层列表中出现一个新的图层名称"图层 1"，用户可使用此名称，也可改名。要想同时创建多个图层，可选中一个图层名后，输入多个名称，各名称之间以逗号分隔。图层的名称可以包含字母、数字、空格和特殊符号，AutoCAD 2015 支持长达 255 个字符的图层名称。新的图层继承了创建新图层时所选中的已有图层的所有特性（颜色、线型、开/关状态等）。如果新建图层时没有图层被选中，则新图层具有默认的设置。

（5）"在所有视口中都被冻结的新图层视口"按钮 ：单击该按钮，将创建新图层，然后在所有现有布局视口中将其冻结。可以在"模型"空间或"布局"空间上访问此按钮。

（6）"删除图层"按钮 ：在图层列表中选中某一图层，然后单击该按钮，则把该图层删除。

（7）"置为当前"按钮 ：在图层列表中选中某一图层，然后单击该按钮，则把该图层设置为当前图层，并在"当前图层"列中显示其名称。当前层的名称存储在系统变量 CLAYER 中。另外，双击图层名也可将其设置为当前图层。

（8）"搜索图层"文本框：输入字符时，按名称快速过滤图层列表。关闭图层特性管理器时并不保存此过滤器。

（9）"反向过滤器"复选框：勾选该复选框，显示所有不满足选定图层特性过滤器中条件的图层。

（10）图层列表区：显示已有的图层及其特性。要修改某一图层的某一特性，单击它所对应的图标即可。用鼠标右键单击空白区域或利用快捷菜单可快速选中所有图层。列表区中各列的含义如下。

① 状态：指示项目的类型，有图层过滤器、正在使用的图层、空图层和当前图层 4 种。

② 名称：显示满足条件的图层名称。如果要对某图层进行修改，首先要选中该图层的名称。

③ 状态转换图标：在"图层特性管理器"选项板的图层列表中有一列图标，单击这些图标，可以打开或关闭该图标所代表的功能。各图标功能说明如表 4-1 所示。

表 4-1 图标功能

图 示	名 称	功能说明
💡 / 💡	打开 / 关闭	将图层设定为打开或关闭状态。当呈现关闭状态时，该图层上的所有对象将隐藏不显示，只有处于打开状态的图层会在绘图区上显示或由打印机打印出来。因此，绘制复杂的视图时，先将不编辑的图层暂时关闭，可降低图形的复杂性。如图 4-6（a）和（b）分别表示尺寸标注图层打开和关闭的情形
☀ / ❄	解冻 / 冻结	将图层设定为解冻或冻结状态。当图层呈现冻结状态时，该图层上的对象均不会显示在绘图区上，也不能由打印机打出，而且不会执行重生（REGEN）、缩放（EOOM）、平移（PAN）等操作，因此若将视图中不编辑的图层暂时冻结，可加快执行绘图编辑的速度。而 💡 / 💡（打开 / 关闭）功能只是单纯将对象隐藏，因此并不会加快执行速度
🔓 / 🔒	解锁 / 锁定	将图层设定为解锁或锁定状态。被锁定的图层仍然显示在绘图区，但不能编辑修改被锁定的对象，只能绘制新的图形，这样可防止重要的图形被修改
🖨 / 🖨	打印 / 不打印	设定该图层是否可以打印图形

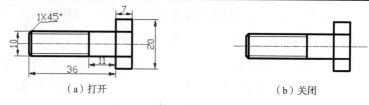

（a）打开　　　　　　　　　　　　　（b）关闭

图 4-6　打开或关闭尺寸标注图层

④ 颜色：显示和改变图层的颜色。如果要改变某一图层的颜色，单击其对应的颜色图标，AutoCAD 系统打开如图 4-7 所示的"选择颜色"对话框，用户可从中选择需要的颜色。

图 4-7　"选择颜色"对话框

⑤ 线型：显示和修改图层的线型。如果要修改某一图层的线型，单击该图层的"线型"项，系统打开"选择线型"对话框，如图 4-8 所示，其中列出了当前可用的线型，用户可从中选择。

⑥ 线宽：显示和修改图层的线宽。如果要修改某一图层的线宽，单击该图层的"线宽"列，打开"线宽"对话框，如图 4-9 所示，其中列出了 AutoCAD 设定的线宽，用户可从中进行选择。其中"线宽"列表框中显示可以选用的线宽值，用户可从中选择需要的线宽。"旧的"显示行显示前面赋予图层的线宽，当创建一个新图层时，采用默认线宽（其值为 0.01in，即 0.25mm），默认线宽的值由系统变量 LWDEFAULT 设置；"新的"显示行显示赋予图层的新线宽。

图 4-8 "选择线型"对话框

图 4-9 "线宽"对话框

⑦ 打印样式：打印图形时各项属性的设置。

【技巧荟萃】

合理利用图层，可以事半功倍。用户在开始绘制图形时，就预先设置一些基本图层。每个图层锁定自己的专门用途，这样做只需绘制一份图形文件，就可以组合出许多需要的图纸，需要修改时也可针对各个图层进行。

4.1.2 利用功能区设置图层

AutoCAD 2015 提供了一个"特性"面板，如图 4-10 所示。用户可以利用该面板上的图标快速地查看和改变所选对象的图层、颜色、线型和线宽特性。"特性"面板上的图层颜色、线型、线宽和打印样式的控制增强了查看和编辑对象属性的命令。在绘图区选择任何对象，都将在"特性"面板上自动显示它所在图层、颜色、线型等属性。"特性"面板各部分的功能介绍如下。

图 4-10 "特性"面板

（1）"颜色控制"下拉列表框：单击右侧的向下箭头，用户可从打开的选项列表中选择一种颜色，使之成为当前颜色。如果选择"选择颜色"选项，系统打开"选择颜色"对话框以选择其他颜色。修改当前颜色后，不论在哪个图层上绘图都采用这种颜色，但对各个图层的颜色没有影响。

（2）"线型控制"下拉列表框：单击右侧的向下箭头，用户可从打开的选项列表中选择一种线型，使之成为当前线型。修改当前线型后，不论在哪个图层上绘图都采用这种线型，但对各个图层的线型设置没有影响。

（3）"线宽控制"下拉列表框：单击右侧的向下箭头，用户可从打开的选项列表中选择一种线宽，使之成为当前线宽。修改当前线宽后，不论在哪个图层上绘图都采用这种线宽，但对各个图层的线宽设置没有影响。

（4）"打印类型控制"下拉列表框：单击右侧的向下箭头，用户可从打开的选项列表中选择一种打印样式，使之成为当前打印样式。

4.2 设置颜色

AutoCAD 绘制的图形对象都具有一定的颜色，为使绘制的图形清晰表达，可把同一类的图形对象用相同的颜色绘制，而使不同类的对象具有不同的颜色，以示区分，这样就需要适当地对颜色进行设置。AutoCAD 允许用户设置图层颜色，为新建的图形对象设置当前颜色，还可以改变已有图形对象的颜色。

✎【执行方式】

- 命令行：COLOR（快捷命令：COL）。
- 菜单栏：选择菜单栏中的"格式"→"颜色"命令。

执行上述操作后，系统打开图 4-11 所示的"选择颜色"对话框。

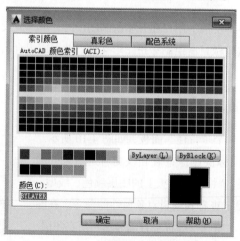

图 4-11 "选择颜色"对话框

👉【选项说明】

1. "索引颜色"选项卡

单击此选项卡，可以在系统所提供的 255 种颜色索引表中选择所需要的颜色。

（1）"AutoCAD 颜色索引"列表框：依次列出了 255 种索引色，在此列表框中选择所需要的颜色。

（2）"颜色"文本框：所选择的颜色代号值显示在"颜色"文本框中，也可以直接在该文本框中输入自己设定的代号值来选择颜色。

（3）"ByLayer"和"ByBlock"按钮：单击这两个按钮，颜色分别按图层和图块设置。这两个按钮只有在设定了图层颜色和图块颜色后才可以使用。

2．"真彩色"选项卡

单击此选项卡，可以选择需要的任意颜色，如图 4-12 所示。可以拖动调色板中的颜色指示光标和亮度滑块选择颜色及其亮度；也可以通过"色调"、"饱和度"和"亮度"的调节钮来选择需要的颜色。所选颜色的红、绿、蓝值显示在下面的"颜色"文本框中，也可以直接在该文本框中输入自己设定的红、绿、蓝值来选择颜色。

在此选项卡中还有一个"颜色模式"下拉列表框，默认的颜色模式为"HSL"模式，即图 4-12 所示的模式。RGB 模式也是常用的一种颜色模式，如图 4-13 所示。

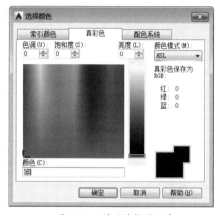

图 4-12　"真彩色"选项卡

图 4-13　RGB 模式

3．"配色系统"选项卡

单击此选项卡，可以从标准配色系统（如 Pantone）中选择预定义的颜色，如图 4-14 所示。在"配色系统"下拉列表框中选择需要的系统，然后拖动右边的滑块来选择具体的颜色，所选颜色编号显示在下面的"颜色"文本框中，也可以直接在该文本框中输入编号值来选择颜色。

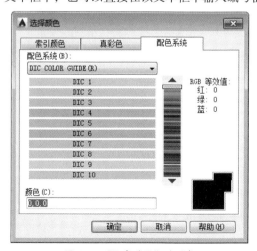

图 4-14　"配色系统"选项卡

4.3 图层的线型

在国家标准 GB/T4457.4—2002 中，对机械图样中使用的各种图线名称、线型、线宽及在图样中的应用做了规定，如表 4-2 所示。其中常用的图线有 4 种，即粗实线、细实线、虚线、细点画线。图线分为粗、细两种，粗线的宽度 b 应按图样的大小和图形的复杂程度，在 0.5 ~ 2mm 之间选择，细线的宽度约为 $b/3$。

表 4-2　图线的形式及应用

图线名称	线　　型	线　宽	主要用途
粗实线		b	可见轮廓线、可见过渡线
细实线		约 $b/3$	尺寸线、尺寸界线、剖面线、引出线、弯折线、牙底线、齿根线、辅助线等
细点画线		约 $b/3$	轴线、对称中心线、齿轮节线等
虚线		约 $b/3$	不可见轮廓线、不可见过渡线
波浪线		约 $b/3$	断裂处的边界线、剖视与视图的分界线
双折线		约 $b/3$	断裂处的边界线
粗点画线		b	有特殊要求的线或面的表示线
双点画线		约 $b/3$	相邻辅助零件的轮廓线、极限位置的轮廓线、假想投影的轮廓线

4.3.1　在"图层特性管理器"选项板中设置线型

单击"默认"选项卡"图层"面板中的"图层特性"按钮，打开"图层特性管理器"选项板，如图 4-3 所示。在图层列表的线型列下单击线型名，系统打开"选择线型"对话框，如图 4-8 所示，对话框中各选项的含义如下。

（1）"已加载的线型"列表框：显示在当前绘图中加载的线型，可供用户选用，其右侧显示线型的形式。

（2）"加载"按钮：单击该按钮，打开"加载或重载线型"对话框，如图 4-15 所示，用户可通过此对话框加载线型并把它添加到线型列中。但要注意，加载的线型必须在线型库（LIN）文件中定义过。标准线型都保存在 acad.lin 文件中。

图 4-15　"加载或重载线型"对话框

4.3.2　直接设置线型

【执行方式】

命令行：LINETYPE。

在命令行输入上述命令后按<Enter>键，系统打开"线型管理器"对话框，如图 4-16 所示，用户可在该对话框中设置线型。该对话框中的选项含义与前面介绍的选项含义相同，此处不再赘述。

图 4-16　"线型管理器"对话框

4.3.3　实例——为零件图设置图层

为如图 4-17 所示的机械零件图形设置图层。

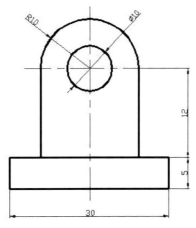

图 4-17　机械零件图形

（1）单击"默认"选项卡"图层"面板中的"图层特性"按钮，打开"图层特性管理器"选项板。

（2）单击"新建"按钮创建一个新层，把该层的名字由默认的"图层 1"改为"中心线"，如图 4-18 所示。

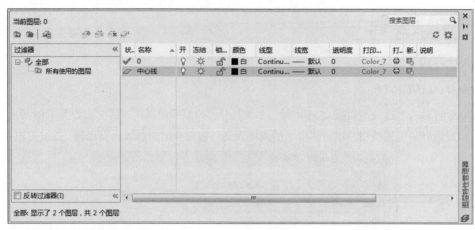

图 4-18 更改图层名

（3）单击"中心线"层对应的"颜色"项，打开"选择颜色"对话框，选择红色为该层颜色，如图 4-19 所示。确认后返回"图层特性管理器"选项板。

（4）单击"中心线"层对应的"线型"项，打开"选择线型"对话框，如图 4-20 所示。

图 4-19 "选择颜色"对话框

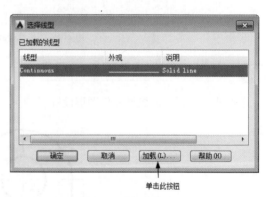

图 4-20 "选择线型" 对话框

（5）在"选择线型"对话框中，单击"加载"按钮，系统打开"加载或重载线型"对话框，选择 CENTER 线型，如图 4-21 所示。确认退出。

（6）在"选择线型"对话框中选择 CENTER（点画线）为该层线型，确认返回"图层特性管理器"选项板。

（7）单击"中心线"层对应的"线宽"项，打开"线宽"对话框，选择 0.09mm 线宽，如图 4-22 所示。确认退出。

（8）用相同的方法再建立两个新层，分别命名为"轮廓线"和"尺寸线"。"轮廓线"层的颜色设置为白色，线型为 Continuous（实线），线宽为 0.30mm。"尺寸线"层的颜色设置为蓝色，线型为 Continuous，线宽为 0.09mm。并且让 3 个图层均处于打开、解冻和解锁状态，各项设置如图 4-23 所示。

图 4-21 "加载或重载线型"对话框

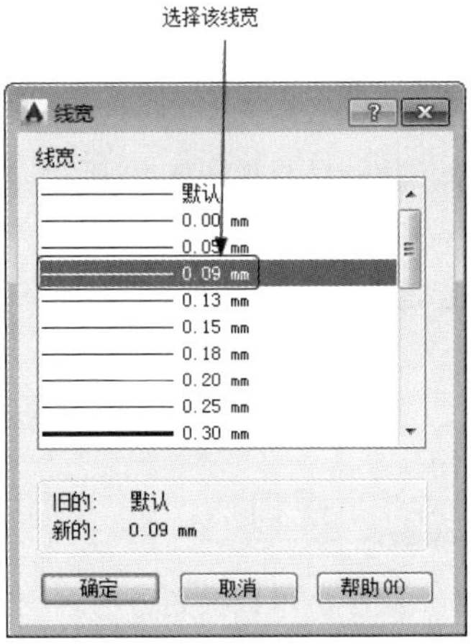

图 4-22 "线宽"对话框

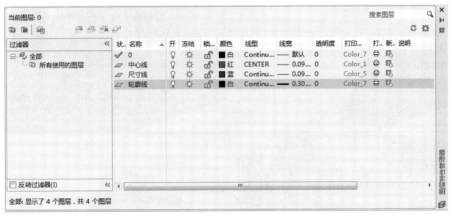

图 4-23 设置图层

（9）选中"中心线"层，单击"当前"按钮，将其设置为当前层，然后确认关闭"图层特性管理器"选项板。

（10）在当前层"中心线"层上绘制两条中心线，如图 4-24（a）所示。

（11）单击"图层"工具栏中"图层"下拉按钮，将"轮廓线"层设置为当前层，并在其上绘制图 4-17 中的主体图形，如图 4-24（b）所示。

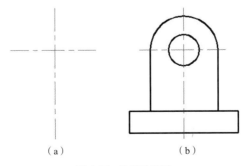

（a）　　　　　　　　　　（b）

图 4-24 绘制过程图

（12）将当前层设置为"尺寸线"层，并在"尺寸线"层上进行尺寸标注（尺寸的标注方法在后面章节中讲述）。

执行结果如图 4-17 所示。

4.4 视口与空间

视口和空间是有关图形显示和控制的两个重要概念，下面进行简要介绍。

4.4.1 视口

绘图区可以被划分为多个相邻的非重叠视口。在每个视口中可以进行平移和缩放操作，也可以进行三维视图设置与三维动态观察，如图 4-25 所示。

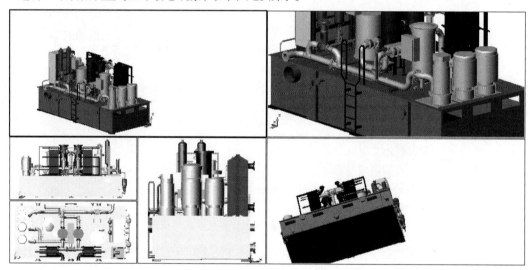

图 4-25 视口

1. 新建视口

【执行方式】

- 命令行：VPORTS。
- 菜单栏：选择菜单栏中的"视图"→"视口"→"新建视口"命令。
- 功能区：单击"视图"选项卡"模型视口"面板中的"命名"按钮，选择"新建视口"。
- 工具栏：单击"视口"工具栏中的"显示'视口'对话框"按钮。

执行上述操作后，系统打开如图 4-26 所示的"视口"对话框的"新建视口"选项卡，该选项卡中列出了一个标准视口配置列表，可用来创建层叠视口。如图 4-27 所示为按图 4-26 所示设置创建的新图形视口，可以在多视口的单个视口中再创建多视口。

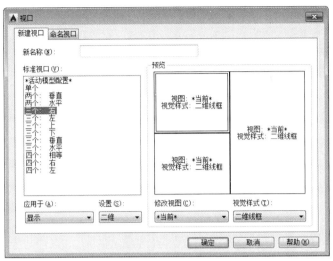

图 4-26　"新建视口"选项卡

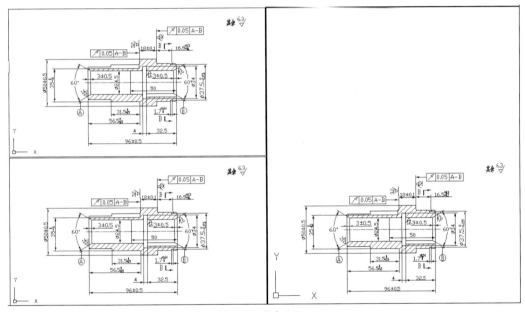

图 4-27　创建的视口

2. 命名视口

【执行方式】

- 菜单栏：选择菜单栏中的"视图"→"视口"→"命名视口"命令。
- 工具栏：单击"视口"工具栏中的"显示'视口'对话框"按钮 。
- 功能区：单击"视图"选项卡"模型视口"面板中的"命名"按钮 。

执行上述操作后，系统打开如图 4-28 所示的"视口"对话框的"命名视口"选项卡，该选项卡用来显示保存在图形文件中的视口配置。其中，"当前名称"提示行显示当前视口名；"命名视口"列表框用来显示保存的视口配置；"预览"显示框用来预览被选择的视口配置。

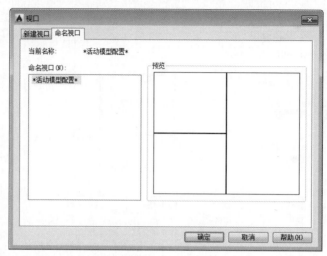

图 4-28 "命名视口"选项卡

4.4.2 模型空间与图纸空间

AutoCAD 可在两个环境中完成绘图和设计工作，即"模型空间"和"图纸空间"。模型空间又可分为平铺式和浮动式。大部分设计和绘图工作都是在平铺式模型空间中完成的，而图纸空间是模拟手工绘图的空间，它是为绘制平面图而准备的一张虚拟图纸，是一个二维空间的工作环境。从某种意义上说，图纸空间就是为布局图面、打印出图而设计的，用户还可在其中添加诸如边框、注释、标题和尺寸标注等内容。

在模型空间和图纸空间中都可以进行输出设置。在绘图区底部有"模型"选项卡及一个或多个"布局"选项卡，如图 4-29 所示。

图 4-29 "模型"和"布局"选项卡

单击"模型"或"布局"选项卡，可以在它们之间进行空间的切换，如图 4-30 和图 4-31 所示。

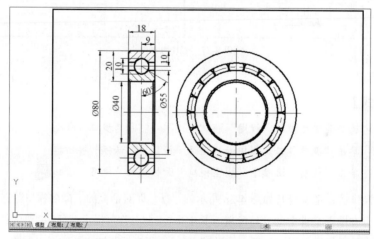

图 4-30 "模型"空间

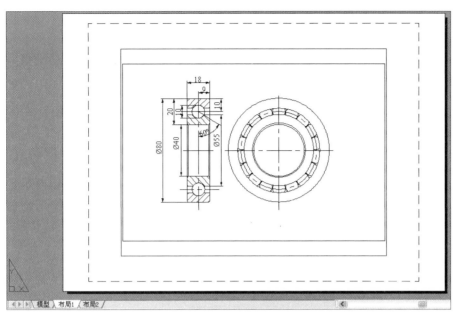

图 4-31　"布局"空间

【技巧荟萃】

输出图像文件方法：单击"主菜单"中的"输出"按钮，或直接在命令行输入"export"，系统将打开"输出"对话框，在"保存类型"下拉列表框中选择"*.bmp"格式，单击"保存"按钮，在绘图区选中要输出的图形后按<Enter>键，被选图形便被输出为.bmp 格式的图形文件。

4.5　出图

4.5.1　打印设备的设置

最常见的打印设备有打印机和绘图仪。在输出图样时，首先要添加和配置要使用的打印设备。

1. 打开打印设备

【执行方式】

- 命令行：PLOTTERMANAGER。
- 菜单栏：选择菜单栏中的"文件"→"绘图仪管理器"或选择主菜单下的"打印"→"管理绘图仪"命令。
- 功能区：单击"输出"选项卡"打印"面板中的"绘图仪管理器"按钮。
- 快捷菜单：在绘图区单击鼠标右键，系统打开快捷菜单，选择"选项"命令。

【操作步骤】

（1）在绘图区单击鼠标右键，系统打开快捷菜单，选择"选项"命令，打开"选项"对话框。

（2）单击"打印和发布"选项卡，单击"添加或配置绘图仪"按钮，如图 4-32 所示。

图 4-32 "打印和发布"选项卡

（3）此时，系统打开"Plotters"文件夹，如图 4-33 所示。

图 4-33 "Plotters"文件夹

（4）要添加新的绘图仪器或打印机，可双击"Plotters"文件夹中的"添加绘图仪向导"图标，打开"添加绘图仪-简介"对话框，如图 4-34 所示，按向导逐步完成添加。

（5）双击"Plotters"文件夹中的绘图仪配置图标，如"DWF6 ePlot.pc3"，打开"绘图仪配置编辑器"对话框，如图 4-35 所示，对绘图仪进行相关设置。

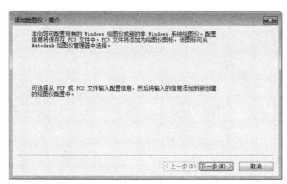

图 4-34　"添加绘图仪-简介"对话框

图 4-35　"绘图仪配置编辑器"对话框

2. 绘图仪配置编辑器

在"绘图仪配置编辑器"对话框中有 3 个选项卡，用户可根据需要进行重新配置。

（1）"常规"选项卡，如图 4-36 所示。

① 绘图仪配置文件名：显示在"添加打印机"向导中指定的文件名。

② 驱动程序信息：显示绘图仪驱动程序类型（系统或非系统）、名称、型号和位置、HDI 驱动程序文件版本号（AutoCAD 专用驱动程序文件）、网络服务器 UNC 名（如果绘图仪与网络服务器连接）、I/O 端口（如果绘图仪连接在本地）、系统打印机名（如果配置的绘图仪是系统打印机）、PMP（绘图仪型号参数）文件名和位置（如果 PMP 文件附着在 PC3 文件中）。

（2）"端口"选项卡，如图 4-37 所示。

① "打印到下列端口"单选按钮：选择该单选按钮将图形通过选定端口发送到绘图仪。

图 4-36　"常规"选项卡

图 4-37　"端口"选项卡

② "打印到文件"单选按钮：选择该单选按钮将图形发送至在"打印"对话框中指定的文件。

③ "后台打印"单选按钮：选择该单选按钮使用后台打印实用程序打印图形。

④ 端口列表：显示可用端口（本地和网络）的列表和说明。

⑤ "显示所有端口"复选框：勾选该复选框显示计算机上的所有可用端口，不管绘图仪使用哪个端口。

⑥ "浏览网络"按钮：单击该按钮显示网络选择，可以连接到另一台非系统绘图仪。

⑦ "配置端口"按钮：单击该按钮打印样式显示"配置 LPT 端口"对话框或"COM 端口设置"对话框。

（3）"设备和文档设置"选项卡，如图 4-35 所示。

控制 PC3 文件中的许多设置。单击任意节点的图标以查看和修改指定设置。

4.5.2　创建布局

图纸空间是图纸布局环境，可以在这里指定图纸大小、添加标题栏、显示模型的多个视图及创建图形标注和注释。

【执行方式】

- 命令行：LAYOUTWIZARD。
- 菜单栏：选择菜单栏中的"插入"→"布局"→"创建布局向导"命令。

【操作步骤】

（1）选择菜单栏中的"插入"→"布局"→"创建布局向导"命令，打开"创建布局-开始"对话框，在"输入新布局的名称"文本框中输入新布局名称，如图 4-38 所示。

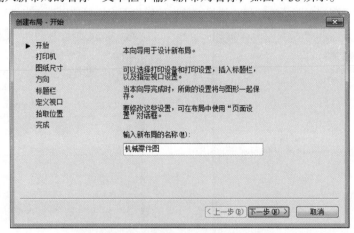

图 4-38　"创建布局-开始"对话框

（2）单击"下一步"按钮，打开如图 4-39 所示的"创建布局-打印机"对话框，在该对话框中选择配置新布局"机械图"的绘图仪。

图 4-39　"创建布局-打印机"对话框

（3）逐步设置，最后单击"完成"按钮，完成新布局"机械零件图"的创建。系统自动返回到布局空间，显示新创建的布局"机械零件图"，如图 4-40 所示。

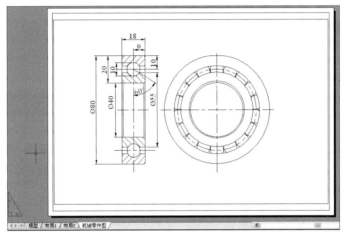

图 4-40　完成"机械零件图"布局的创建

【技巧荟萃】

AutoCAD 中图形显示比例较大时，圆和圆弧看起来由若干直线段组成，这并不影响打印结果，但在输出图像时，输出结果将与绘图区显示完全一致。因此，若发现有圆或圆弧显示为折线段时，应在输出图像前使用"viewREs"命令，核实该命令对屏幕的显示分辨率进行优化，使圆和圆弧看起来尽量光滑逼真。AutoCAD 中输出的图像文件，其分辨率为屏幕分辨率，即 72dpi。如果该文件用于其他程序仅供屏幕显示，则此分辨率已经合适。若最终要打印出来，就要在图像处理软件（如 Photoshop）中将图像的分辨率提高，一般设置为 300dpi 即可。

4.5.3　页面设置

页面设置可以对打印设备和其他影响最终输出的外观和格式进行设置，并将这些设置应用到其他布局中。在"模型"选项卡中完成图形的绘制之后，可以通过单击"布局"选项卡开始创建要打印的布局。页面设置中指定的各种设置和布局将一起存储在图形文件中，可以随时修改页面设置中的设置。

【执行方式】

- 命令行：PAGESETUP。
- 菜单栏：选择菜单栏中的"文件"→"页面设置管理器"命令或选择主菜单下的"打印"→"页面设置"命令。
- 功能区：单击"输出"选项卡"打印"面板中的"页面设置管理器"按钮 。
- 快捷菜单：在"模型"空间或"布局"空间中，用鼠标右键单击"模型"或"布局"选项卡，在打开的快捷菜单中选择"页面设置管理器"命令，如图 4-41 所示。

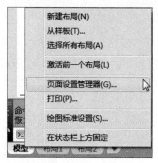

图 4-41 选择"页面设置管理器"命令

【操作步骤】

（1）单击"输出"选项卡"打印"面板中的"页面设置管理器"按钮 ，打开"页面设置管理器"对话框，如图 4-42 所示。在该对话框中，可以完成新建布局、修改原有布局、输入存在的布局和将某一布局置为当前等操作。

（2）在"页面设置管理器"对话框中，单击"新建"按钮，打开"新建页面设置"对话框，如图 4-43 所示。

图 4-42 "页面设置管理器"对话框

图 4-43 "新建页面设置"对话框

（3）在"新页面设置名"文本框中输入新建页面的名称，如"机械图"，单击"确定"按钮，打开"页面设置-机械零件图"对话框，如图 4-44 所示。

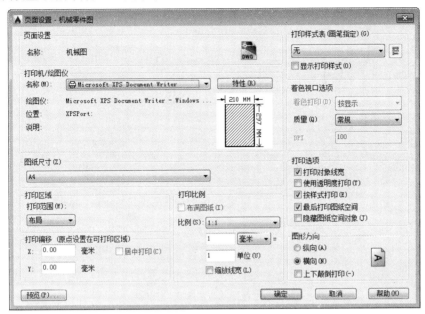

图 4-44　"页面设置-机械零件图"对话框

（4）在"页面设置-机械零件图"对话框中，可以设置布局和打印设备并预览布局的结果。对于一个布局，可利用"页面设置"对话框来完成其设置，虚线表示图纸中当前配置的图纸尺寸和绘图仪的可打印区域。设置完毕后，单击"确定"按钮。

4.5.4　从模型空间输出图形

从"模型"空间输出图形时，需要在打印时指定图纸尺寸，即在"打印"对话框中选择要使用的图纸尺寸。在该对话框中列出的图纸尺寸取决于在"打印"或"页面设置"对话框中选定的打印机或绘图仪。

【执行方式】

- 命令行：PLOT。
- 菜单栏：选择菜单栏中的"文件"→"打印"命令或选择主菜单下的"打印"→"打印"命令。
- 工具栏：单击"标准"工具栏中的"打印"按钮 🖶。
- 功能区：单击"输出"选项卡"打印"面板中的"打印"按钮 🖶。

【操作步骤】

（1）打开需要打印的图形文件，如"机械零件图"。

（2）单击"输出"选项卡"打印"面板中的"打印"按钮 🖶。

（3）打开"打印-机械零件图"对话框，如图 4-45 所示，在该对话框中设置相关选项。

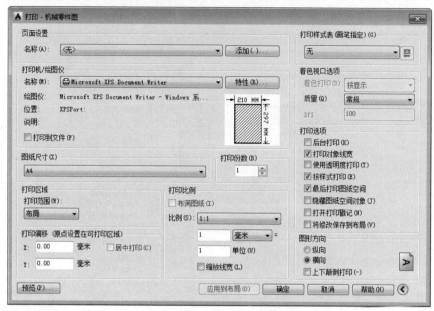

图 4-45 "打印-机械零件图"对话框

☞【选项说明】

"打印"对话框中的各项功能介绍如下。

（1）在"页面设置"选项组中列出了图形中已命名或已保存的页面设置，可以将这些已保存的页面设置作为当前页面设置；也可以单击"添加"按钮，基于当前设置创建一个新的页面设置。

（2）"打印机/绘图仪"选项组：用于指定打印时使用已配置的打印设备。在"名称"下拉列表框中列出了可用的 PC3 文件或系统打印机，可以从中进行选择。设备名称前面的图标识别，其区分为 PC3 文件还是系统打印机。

（3）"打印份数"微调框：用于指定要打印的份数。当打印到文件时，此选项不可用。

（4）单击"应用到布局"按钮，可将当前打印设置保存到当前布局中去。

其他选项与"页面设置"对话框中的选项相同，此处不再赘述。

完成所有的设置后，单击"确定"按钮，开始打印。

预览按执行 PREVIEW 命令时在图纸上打印的方式显示图形。要退出打印预览并返回"打印"对话框，按<Esc>键，然后按<Enter>键，或单击鼠标右键，然后选择快捷菜单中的"退出"命令。打印预览效果如图 4-46 所示。

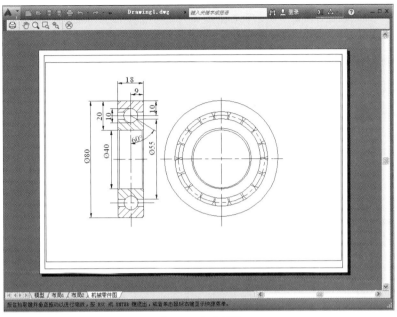

图 4-46 打印预览

4.5.5 从图纸空间输出图形

从"图纸"空间输出图形时，根据打印的需要进行相关参数的设置，首先应在"页面设置"对话框中指定图纸的尺寸。

【操作步骤】

（1）打开需要打印的图形文件，将视图空间切换到"布局 1"，如图 4-47 所示。在"布局 1"选项卡上单击鼠标右键，在打开的快捷菜单中选择"页面设置管理器"命令。

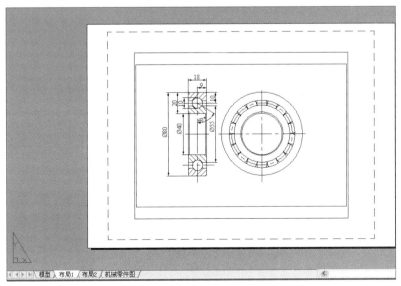

图 4-47 切换到"布局 1"视图空间

（2）打开"页面设置管理器"对话框，如图 4-48 所示。单击"新建"按钮，打开"新建页面设置"对话框。

（3）在"新建页面设置"对话框的"新页面设置名"文本框中输入"零件图"，如图 4-49 所示。

图 4-48 "页面设置管理器"对话框

图 4-49 创建"零件图"新页面

（4）单击"确定"按钮，打开"页面设置-布局 1"对话框，根据打印的需要进行相关参数的设置，如图 4-50 所示。

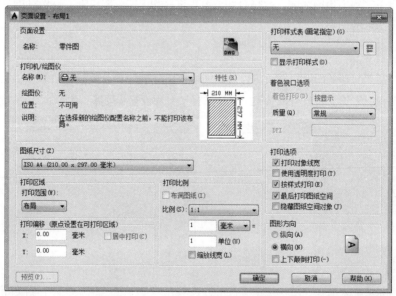

图 4-50 "页面设置-布局 1"对话框

（5）设置完成后，单击"确定"按钮，返回到"页面设置管理器"对话框。在"页面设置"列表框中选择"零件图"选项，单击"置为当前"按钮，将其置为当前布局，如图 4-51 所示。

图 4-51　将"零件图"布局置为当前

（6）单击"关闭"按钮，完成"零件图"布局的创建，如图 4-52 所示。

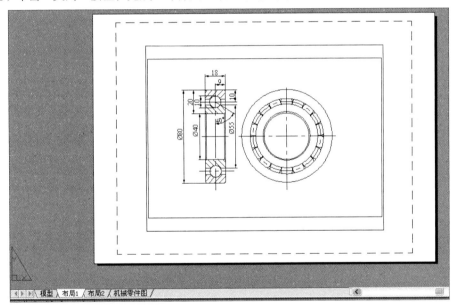

图 4-52　完成"零件图"布局的创建

（7）单击"输出"选项卡"打印"面板中的"打印"按钮，打开"打印-布局 1"对话框，如图 4-53 所示，不需要重新设置，单击左下方的"预览"按钮，打印预览效果如图 4-54 所示。

（8）如果满意其效果，在预览窗口中单击鼠标右键，选择快捷菜单中的"打印"命令，完成一张零件图的打印。

在布局空间中还可以先绘制完图样，然后将图框与标题栏以"块"的形式插入到布局中，组成一份完整的技术图纸。

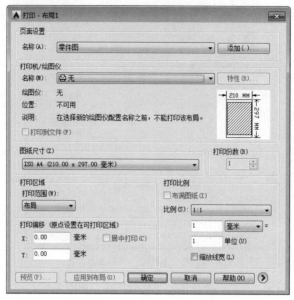

图 4-53 "打印-布局 1"对话框

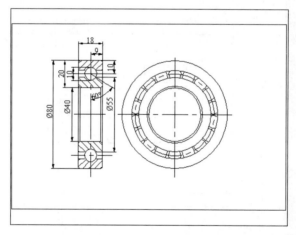

图 4-54 打印预览效果

4.6 上机操作

◆ 【实例 1】利用图层命令绘制如图 4-55 所示的圆锥滚子轴承。

1．目的要求

本实例需要绘制的是一个圆锥滚子轴承的剖视图，除了要用到一些基本的绘图命令外，还让读者掌握了如何使用图层命令。通过本例，要求读者掌握设置图层的方法与步骤。

2．操作提示

（1）设置新图层。

（2）绘制中心线及滚子所在的矩形。

（3）绘制轴承轮廓线。

（4）分别对轴承外圈和内圈进行图案填充。

【**实例2**】绘制如图 4-56 所示的五环旗。

图 4-55　圆锥滚子轴承

图 4-56　五环旗

1．目的要求

本例要绘制的图形由一些基本图线组成，一个最大的特色就是不同的图线，要求设置其颜色不同，为此，必须设置不同的图层。通过本例，要求读者掌握设置图层的方法与图层转换过程的操作。

2．操作提示

（1）利用图层命令 LAYER，创建 5 个图层。

（2）利用"直线"、"多段线"、"圆环"、"圆弧"等命令在不同图层绘制图线。

（3）每绘制一种颜色图线前，先进行图层转换。

【**实例3**】用缩放工具查看如图 4-57 所示零件图的细节部分。

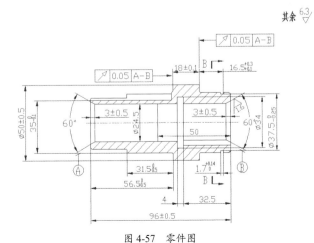

图 4-57　零件图

1．目的要求

本例给出的零件图形比较复杂，为了绘制或查看零件图的局部或整体，需要用到图形显示工具。通过本例的练习，要求读者熟练掌握各种图形显示工具的使用方法与技巧。

2．操作提示

（1）利用平移工具移动图形到一个合适位置。

（2）利用"缩放"工具栏中的各种缩放工具对图形各个局部进行缩放。

【实例4】 创建如图4-58所示的多窗口视口，并命名保存。

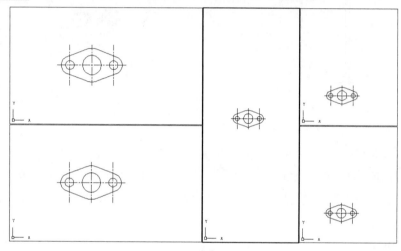

图4-58　多窗口视口

1．目的要求

本例创建一个多窗口视口，使读者了解视口的设置方法。

2．操作提示

（1）新建视口。

（2）命名视口。

【实例5】 打印预览如图4-59所示的齿轮图形。

图4-59　齿轮

1．目的要求

图形输出是绘制图形的最后一道工序。正确对图形打印进行设置，有利于顺利地输出图形图像。通过对本例图形打印的有关设置，可以使读者掌握打印设置的基本方法。

2．操作提示

（1）执行打印命令。

（2）进行打印设备参数设置。

（3）进行打印设置。

（4）输出预览。

4.7　模拟真题

1．如果某图层的对象不能被编辑，但能在屏幕上可见，且能捕捉该对象的特殊点和标注尺寸，则该图层状态为（　　　）。

  A．冻结   B．锁定   C．隐藏   D．块

2．展开图形修复管理器顶层节点最多可显示 4 个文件，其中不包括（　　　）。

  A．程序失败时保存的已修复图形文件 B．原始图形文件（DWG 和 DWS）

  C．自动保存的文件   D．图层状态文件（las）

3．对某图层进行锁定后，则（　　　）。

  A．图层中的对象不可编辑，但可添加对象 B．图层中的对象不可编辑，也不可添加对象

  C．图层中的对象可编辑，也可添加对象 D．图层中的对象可编辑，但不可添加对象

4．不可以通过"图层过滤器特性"选项板中过滤的特性是（　　　）。

  A．图层名、颜色、线型、线宽和打印样式 B．打开还是关闭图层

  C．锁定图层还是解锁图层   D．图层是 Bylayer 还是 ByBlock

5．在模型空间如果有多张图形，只需打印其中一张，最简单的方法是（　　　）。

  A．在打印范围下选择：显示   B．在打印范围下选择：图形界限

  C．在打印范围下选择：窗口   D．在打印选项下选择：后台打印

6．如果要合并两个视口，必须（　　　）。

  A．是模型空间视口并且共享长度相同的公共边

  B．在"模型"选项卡

  C．在"布局"选项卡

  D．一样大小

第 5 章

精确绘图

为了快速、准确地绘制图形，AutoCAD 提供了多种必要的和辅助的绘图工具，如工具条、对象选择工具、对象捕捉工具、栅格和正交工具等。利用这些工具，可以方便、准确地实现图形的绘制和编辑，不仅可以提高工作效率，而且能更好地保证图形的质量。本章将介绍捕捉、栅格、正交、对象捕捉和对象追踪等知识。

5.1 精确定位工具

精确定位工具是指能够快速、准确地定位某些特殊点（如端点、中点、圆心等）和特殊位置（如水平位置、垂直位置）的工具，包括"推断约束"、"捕捉模式"、"栅格显示"、"正交模式"、"极轴追踪"、"对象捕捉"、"三维对象捕捉"、"对象捕捉追踪"、"允许/禁止动态 UCS"、"动态输入"、"显示/隐藏线宽"、"显示/隐藏透明度"、"快捷特征"和"选择循环" 14 个功能开关按钮，如图 5-1 所示。

图 5-1 精确定位工具

5.1.1 正交模式

在 AutoCAD 绘图过程中，经常需要绘制水平直线和垂直直线，但是用光标控制选择线段的端点时很难保证两个点严格沿水平或垂直方向，为此，AutoCAD 提供了正交功能。当启用正交模式时，画线或移动对象时只能沿水平方向或垂直方向移动光标，也只能绘制平行于坐标轴的正交线段。

【执行方式】

- 命令行：ORTHO。
- 状态栏：按下状态栏中的"正交模式"按钮 ⌐。
- 快捷键：按<F8>键。

【操作步骤】

命令行提示与操作如下。

```
命令：ORTHO↙
输入模式 [开(ON)/关(OFF)] <开>：设置开或关
```

5.1.2　栅格显示

用户可以应用栅格显示工具使绘图区显示网格，它是一个形象的画图工具，就像传统的坐标纸一样。本小节介绍控制栅格显示及设置栅格参数的方法。

【执行方式】

- 命令行：DSETTINGS。
- 菜单栏：选择菜单栏中的"工具"→"绘图设置"命令。
- 状态栏：按下状态栏中的"栅格显示"按钮▦（仅限于打开与关闭）。
- 快捷键：按<F7>键（仅限于打开与关闭）。

【操作步骤】

执行上述操作，系统打开"草图设置"对话框，单击"捕捉和栅格"选项卡，如图5-2所示。

图5-2　"捕捉和栅格"选项卡

其中，"启用栅格"复选框用于控制是否显示栅格；"栅格X轴间距"和"栅格Y轴间距"文本框用于设置栅格在水平与垂直方向的间距。如果"栅格X轴间距"和"栅格Y轴间距"均设置为0，则AutoCAD系统会自动将捕捉栅格间距应用于栅格，且其原点和角度总是与捕捉栅格的原点和角度相同。另外，还可以通过"Grid"命令在命令行设置栅格间距。

【技巧荟萃】

在"栅格X轴间距"和"栅格Y轴间距"文本框中输入数值时，若在"栅格X轴间距"文本框中输入一个数值后按<Enter>键，系统将自动传送这个值给"栅格Y轴间距"，这样可减少工作量。

5.1.3 捕捉模式

为了准确地在绘图区捕捉点，AutoCAD 提供了捕捉工具，可以在绘图区生成一个隐含的栅格（捕捉栅格），这个栅格能够捕捉光标，约束它只能落在栅格的某一个节点上，使用户能够高精确度地捕捉和选择这个栅格上的点。本小节主要介绍捕捉栅格的参数设置方法。

【执行方式】

- 命令行：DSETTINGS。
- 菜单栏：选择菜单栏中的"工具"→"草图设置"命令。
- 状态栏：按下状态栏中的"捕捉模式"按钮 ▦（仅限于打开与关闭）。
- 快捷键：按<F9>键（仅限于打开与关闭）。

【操作步骤】

执行上述操作，系统打开"草图设置"对话框，单击"捕捉和栅格"选项卡，如图 5-2 所示。

【选项说明】

（1）"启用捕捉"复选框：控制捕捉功能的开关，与按<F9>键或按下状态栏上的"捕捉模式"按钮 ▦功能相同。

（2）"捕捉间距"选项组：设置捕捉参数，其中，"捕捉 X 轴间距"与"捕捉 Y 轴间距"文本框用于确定捕捉栅格点在水平和垂直两个方向上的间距。

（3）"捕捉类型"选项组：确定捕捉类型和样式。AutoCAD 提供了两种捕捉栅格的方式："栅格捕捉"和"PolarSnap（极轴捕捉）"。"栅格捕捉"是指按正交位置捕捉位置点，"极轴捕捉"则可以根据设置的任意极轴角捕捉位置点。

"栅格捕捉"又分为"矩形捕捉"和"等轴测捕捉"两种方式。在"矩形捕捉"方式下捕捉的栅格是标准的矩形，在"等轴测捕捉"方式下捕捉的栅格和光标十字线不再互相垂直，而是成绘制等轴测图时的特定角度，这种方式对于绘制等轴测图十分方便。

（4）"极轴间距"选项组：该选项组只有在选择"PolarSnap"捕捉类型时才可用。可在"极轴距离"文本框中输入距离值，也可以在命令行输入"SNAP"，设置捕捉的有关参数。

5.2 对象捕捉

在利用 AutoCAD 画图时经常要用到一些特殊点，例如圆心、切点、线段或圆弧的端点、中点等，如果只利用光标在图形上选择，要准确地找到这些点是十分困难的。因此，AutoCAD 提供了一些识别这些点的工具，通过这些工具即可轻松地构造新几何体，精确地绘制图形，其结果比传统手工绘图更精确且更容易维护。在 AutoCAD 中，这种功能称为对象捕捉功能。

5.2.1 特殊位置点捕捉

在绘制 AutoCAD 图形时，有时需要指定一些特殊位置的点，例如圆心、端点、中点、平行线上的点等，这些点如表 5-1 所示。可以通过对象捕捉功能来捕捉这些点。

表 5-1 特殊位置点捕捉

捕捉模式	快捷命令	功 能
临时追踪点	TT	建立临时追踪点
两点之间的中点	M2P	捕捉两个独立点之间的中点
捕捉自	FRO	与其他捕捉方式配合使用建立一个临时参考点，作为指出后继点的基点
端点	ENDP	用来捕捉对象（如线段或圆弧等）的端点
中点	MID	用来捕捉对象（如线段或圆弧等）的中点
圆心	CEN	用来捕捉圆或圆弧的圆心
节点	NOD	捕捉用 POINT 或 DIVIDE 等命令生成的点
象限点	QUA	用来捕捉距光标最近的圆或圆弧上可见部分的象限点，即圆周上 0°、90°、180°、270°位置上的点
交点	INT	用来捕捉对象（如线、圆弧或圆等）的交点
延长线	EXT	用来捕捉对象延长路径上的点
插入点	INS	用于捕捉块、形、文字、属性或属性定义等对象的插入点
垂足	PER	在线段、圆、圆弧或它们的延长线上捕捉一个点，使之和最后生成的点的连线与该线段、圆或圆弧正交
切点	TAN	最后生成的一个点到选中的圆或圆弧上引切线的切点位置
最近点	NEA	用于捕捉离拾取点最近的线段、圆、圆弧等对象上的点
外观交点	APP	用来捕捉两个对象在视图平面上的交点。若两个对象没有直接相交，则系统自动计算其延长后的交点；若两个对象在空间上为异面直线，则系统计算其投影方向上的交点
平行线	PAR	用于捕捉与指定对象平行方向的点
无	NON	关闭对象捕捉模式
对象捕捉设置	OSNAP	设置对象捕捉

AutoCAD 提供了命令行和右键快捷菜单两种执行特殊点对象捕捉的方法。

在使用特殊位置点捕捉的快捷命令前，必须先选择绘制对象的命令或工具，再在命令行中输入其快捷命令。

5.2.2 实例——公切线的绘制

绘制如图 5-3 所示的公切线。

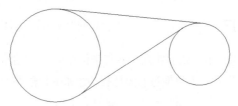

图 5-3　圆的公切线

（1）单击"默认"选项卡"绘图"面板中的"圆"按钮，以适当半径绘制两个圆，绘制结果如图5-4所示。

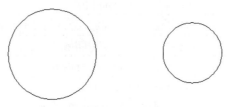

图 5-4　绘制圆

（2）单击"默认"选项卡"绘图"面板中的"直线"按钮，绘制公切线，命令行提示与操作如下。

```
命令：_line
指定第一个点：同时按下<Shift>键和鼠标右键，在打开的快捷菜单中单击"切点"按钮
_tan 到：指定左边圆上一点，系统自动显示"递延切点"提示，如图5-5所示
指定下一点或 [放弃(U)]：同时按下<Shift>键和鼠标右键，在打开的快捷菜单中单击"切点"按钮
_tan 到：指定右边圆上一点，系统自动显示"递延切点"提示，如图5-6所示
指定下一点或 [放弃(U)]：↙
```

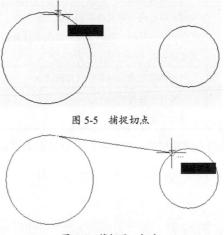

图 5-5　捕捉切点

图 5-6　捕捉另一切点

（3）单击"默认"选项卡"绘图"面板中的"直线"按钮，绘制公切线。同样利用对象捕捉快捷菜单中的"切点"命令捕捉切点，如图5-7所示为捕捉第二个切点的情形。

（4）系统自动捕捉到切点的位置，最终绘制结果如图5-3所示。

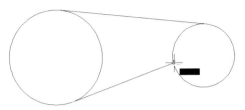

图 5-7　捕捉第二个切点

【技巧荟萃】

　　不管指定圆上哪一点作为切点，系统都会根据圆的半径和指定的大致位置确定准确的切点位置，并能根据大致指定点与内外切点距离，依据距离趋近原则判断绘制外切线还是内切线。

5.2.3　对象捕捉设置

　　在 AutoCAD 中绘图之前，可以根据需要事先设置开启一些对象捕捉模式，绘图时系统就能自动捕捉这些特殊点，从而加快绘图速度，提高绘图质量。

【执行方式】

- 命令行：DDOSNAP。
- 菜单栏：选择菜单栏中的"工具"→"草图设置"命令。
- 工具栏：单击"对象捕捉"工具栏中的"对象捕捉设置"按钮𝗻。
- 状态栏：按下状态栏中的"对象捕捉"按钮▯（仅限于打开与关闭）。
- 快捷键：按<F3>键（仅限于打开与关闭）。
- 快捷菜单：选择快捷菜单中的"捕捉替代"→"对象捕捉设置"命令。

　　执行上述操作后，系统打开"草图设置"对话框，单击"对象捕捉"选项卡，如图 5-8 所示，利用此选项卡可对对象捕捉方式进行设置。

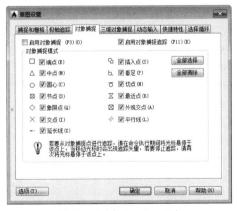

图 5-8　"对象捕捉"选项卡

【选项说明】

　　（1）"启用对象捕捉"复选框：勾选该复选框，在"对象捕捉模式"选项组中勾选的捕捉模式处于激活状态。

（2）"启用对象捕捉追踪"复选框：用于打开或关闭自动追踪功能。

（3）"对象捕捉模式"选项组：此选项组中列出各种捕捉模式的复选框，被勾选的复选框处于激活状态。单击"全部清除"按钮，则所有模式均被清除。单击"全部选择"按钮，则所有模式均被选中。

另外，在对话框的左下角有一个"选项"按钮，单击该按钮可以打开"选项"对话框的"草图"选项卡，利用该对话框可决定捕捉模式的各项设置。

5.2.4　实例——三环旗的绘制

绘制如图 5-9 所示的三环旗。

（1）单击"默认"选项卡"绘图"面板中的"直线"按钮 ，绘制辅助作图线，命令行提示与操作如下。

图 5-9　三环旗

> 命令：_line 指定第一个点：在绘图区单击指定一点
> 指定下一点或 [放弃(U)]：移动光标到合适位置，单击指定另一点，绘制出一条倾斜直线，作为辅助线
> 指定下一点或 [放弃(U)]：↙

绘制结果如图 5-10 所示。

（2）单击"默认"选项卡"绘图"面板中的"多段线"按钮 ，绘制旗尖，命令行提示与操作如下。

> 命令：_pline
> 指定起点：同时按下<Shift>键和鼠标右键，在打开的快捷菜单中单击"最近点"按钮
> _nea 到：将光标移至直线上，选择一点
> 当前线宽为 0.0000
> 指定下一点或 [圆弧(A)/闭合(C)/半宽(H)/长度(L)/放弃(U)/宽度(W)]：W↙
> 指定起点宽度 <0.0000>：↙
> 指定端点宽度 <0.0000>：8↙
> 指定下一点或 [圆弧(A)/闭合(C)/半宽(H)/长度(L)/放弃(U)/宽度(W)]：同时按下 Shift 键和鼠标右键，在打开的快捷菜单中单击"最近点"按钮
> _nea 到：将光标移至直线上，选择一点
> 指定下一点或 [圆弧(A)/闭合(C)/半宽(H)/长度(L)/放弃(Uw)/宽度(W)]：W↙
> 指定起点宽度 <8.0000>：↙
> 指定端点宽度 <8.0000>：0↙
> 指定下一点或 [圆弧(A)/闭合(C)/半宽(H)/长度(L)/放弃(U)/宽度(W)]：同时按下 Shift 键和鼠标右键，在打开的快捷菜单中单击"最近点"按钮
> _nea 到：将光标移至直线上，选择一点，使旗尖图形接近对称

绘制结果如图 5-11 所示。

（3）单击"绘图"工具栏中的"多段线"按钮 ，绘制旗杆，命令行提示与操作如下。

> 命令：_pline

指定起点：同时按下<Shift>键和鼠标右键，在打开的快捷菜单中单击"端点"按钮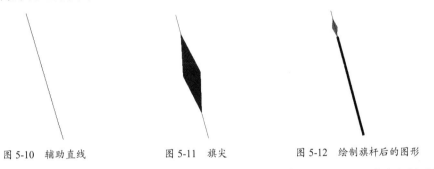

_endp 于：捕捉所画旗尖的端点

当前线宽为 0.0000

指定下一个点或 [圆弧(A)/半宽(H)/长度(L)/放弃(U)/宽度(W)]：W✓

指定起点宽度 <0.0000>：2✓

指定端点宽度 <2.0000>：✓

指定下一个点或 [圆弧(A)/半宽(H)/长度(L)/放弃(U)/宽度(W)]：同时按下 Shift 键和鼠标右键，在打开的快捷菜单中单击"最近点"按钮

_nea 到：将光标移至辅助直线上，选择一点

指定下一点或 [圆弧(A)/闭合(C)/半宽(H)/长度(L)/放弃(U)/宽度(W)]：✓

绘制结果如图 5-12 所示。

图 5-10　辅助直线　　　　　　　图 5-11　旗尖　　　　　　图 5-12　绘制旗杆后的图形

（4）单击"默认"选项卡"绘图"面板中的"多段线"按钮 ，绘制旗面，命令行提示与操作如下。

命令：_pline

指定起点：同时按下<Shift>键和鼠标右键，在打开的快捷菜单中单击"端点"按钮

_endp 于：捕捉旗杆的端点

当前线宽为 0.0000

指定下一个点或 [圆弧(A)/闭合(C)/半宽(H)/长度(L)/放弃(U)/宽度(W)]：A✓

指定圆弧的端点(按住<Ctrl>键以切换方向)或[角度(A)/圆心(CE)/方向(D)/半宽(H)/直线(L)/半径(R)/第二点(S)/放弃(U)/宽度(W)]：S✓

指定圆弧的第二点：单击选择一点，指定圆弧的第二点

指定圆弧的端点：单击选择一点，指定圆弧的端点

指定圆弧的端点(按住<Ctrl>键以切换方向)或[角度(A)/圆心(CE)/ 闭合(CL)/方向(D)/半宽(H)/直线(L)/半径(R)/第二点(S)/放弃(U)/宽度(W)]：单击选择一点，指定圆弧的端点

指定圆弧的端点或[角度(A)/圆心(CE)/闭合(CL)/方向(D)/半宽(H)/直线(L)/半径(R)/第二点(S)/放弃(U)/宽度(W)]：✓

采用相同的方法绘制另一条旗面边线。

（5）单击"默认"选项卡"绘图"面板中的"直线"按钮 ，绘制旗面右端封闭直线，命令行提示与操作如下。

命令：_line 指定第一个点：同时按下<Shift>键和鼠标右键，在打开的快捷菜单中单击"端点"按钮

> _endp 于：捕捉旗面上边的端点
> 指定下一点或 [放弃(U)]：同时按下 Shift 键和鼠标右键，在打开的快捷菜单中单击"端点"按钮 🔧
> _endp 于：捕捉旗面下边的端点
> 指定下一点或 [放弃(U)]：✓

绘制结果如图 5-13 所示。

图 5-13　绘制旗面后的图形

（6）单击"默认"选项卡"绘图"面板中的"圆环"按钮◎，绘制 3 个圆环，命令行提示与操作如下。

> 命令：_donut
> 指定圆环的内径 <10.0000>：30✓
> 指定圆环的外径 <20.0000>：40✓
> 指定圆环的中心点或 <退出>：在旗面内单击选择一点，确定第一个圆环的中心
> 指定圆环的中心点 或<退出>：在旗面内单击选择一点，确定第二个圆环的中心
> ...

使绘制的 3 个圆环排列为一个三环形状。

> 指定圆环的中心点 或<退出>：✓

绘制结果如图 5-9 所示。

5.2.5　基点捕捉

在绘制图形时，有时需要指定以某个点为基点。这时，可以利用基点捕捉功能来捕捉此点。基点捕捉要求确定一个临时参考点作为指定后续点的基点，通常与其他对象捕捉模式及相关坐标联合使用。

📏【执行方式】

- 命令行：FROM。
- 快捷菜单：对象捕捉设置（如图 5-14 所示）。

🖱️【操作步骤】

当在输入一点的提示下输入 From，或单击相应的工具图标时，命令行提示：

图 5-14　对象捕捉快捷菜单

基点：指定一个基点

<偏移>：输入相对于基点的偏移量

则得到一个点，这个点与基点之间坐标差为指定的偏移量。

5.3　对象追踪

对象追踪是指按指定角度或与其他对象建立指定关系绘制对象。可以结合对象捕捉功能进行自动追踪，也可以指定临时点进行临时追踪。

5.3.1　自动追踪

利用自动追踪功能，可以对齐路径，有助于以精确的位置和角度创建对象。自动追踪包括"极轴追踪"和"对象捕捉追踪"两种追踪选项。"极轴追踪"是指按指定的极轴角或极轴角的倍数对齐要指定点的路径；"对象捕捉追踪"是指以捕捉到的特殊位置点为基点，按指定的极轴角或极轴角的倍数对齐要指定点的路径。

"极轴追踪"必须配合"对象捕捉"功能一起使用，即同时按下状态栏中的"极轴追踪"按钮 ⟳ 和"对象捕捉"按钮 🗂；"对象捕捉追踪"必须配合"对象捕捉"功能一起使用，即同时按下状态栏中的"对象捕捉"按钮 🗂 和"对象捕捉追踪"按钮 ∠。

📏【执行方式】

- 命令行：DDOSNAP。
- 菜单栏：选择菜单栏中的"工具"→"草图设置"命令。
- 工具栏：单击"对象捕捉"工具栏中的"对象捕捉设置"按钮 🗂。
- 状态栏：按下状态栏中的"对象捕捉"按钮 🗂 和"对象捕捉追踪"按钮 ∠。
- 快捷键：按<F11>键。
- 快捷菜单：选择快捷菜单中的"捕捉替代"→"对象捕捉设置"命令。

执行上述操作后，或在"对象捕捉"按钮 🗂 与"对象捕捉追踪"按钮 ∠ 上单击鼠标右键，选择快捷菜单中的"设置"命令，系统打开"草图设置"对话框的"对象捕捉"选项卡，勾选"启用对象捕捉追踪"复选框，即可完成对象捕捉追踪的设置。

5.3.2　实例——追踪法绘制方头平键

绘制如图 5-15 所示的方头平键。

图 5-15　方头平键

（1）单击"默认"选项卡"绘图"面板中的"矩形"按钮 ，绘制主视图外形。命令行提示与操作如下。

> 命令：RECTANG↙
> 指定第一个角点或 [倒角(C)/标高(E)/圆角(F)/厚度(T)/宽度(W)]：在屏幕适当位置指定一点
> 指定另一个角点或 [面积(A)/尺寸(D)/旋转(R)]：@100,11↙

结果如图 5-16 所示。

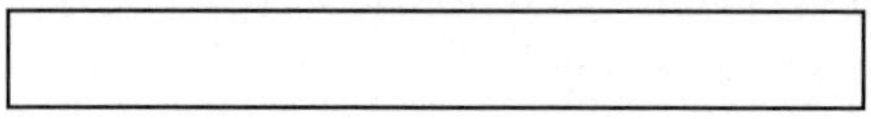

图 5-16 绘制主视图外形

（2）同时按下状态栏上的"对象捕捉"和"对象追踪"按钮，启动对象捕捉追踪功能。单击"默认"选项卡"绘图"面板中的"直线"按钮 ，绘制主视图棱线。命令行提示与操作如下。

> 命令：LINE↙
> 指定第一个点：FROM↙
> 基点：捕捉矩形左上角点，如图 5-17 所示
> <偏移>：@0,-2↙
> 指定下一点或 [放弃(U)]：鼠标右移，捕捉矩形右边上的垂足，如图 5-18 所示

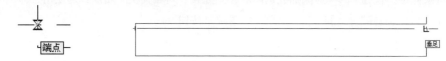

图 5-17 捕捉角点　　　　　　　　　　图 5-18 捕捉垂足

采用相同的方法，以矩形左下角点为基点，向上偏移两个单位，利用基点捕捉绘制下边的另一条棱线，结果如图 5-19 所示。

图 5-19 绘制主视图棱线

（3）打开"草图设置"对话框的"极轴追踪"选项卡，将"增量角"设置为 90，将对象捕捉追踪设置为"仅正交追踪"。

（4）单击"默认"选项卡"绘图"面板中的"矩形"按钮 ，绘制俯视图外形。命令行提示与操作如下。

> 命令：RETANG↙
> 指定第一个角点或 [倒角(C)/标高(E)/圆角(F)/厚度(T)/宽度(W)]：捕捉上面绘制矩形的左下角点，系统显示追踪线，沿追踪线向下在适当位置指定一点，如图 5-20 所示
> 指定另一个角点或 [面积(A)/尺寸(D)/旋转(R)]：@100,18↙

结果如图 5-21 所示。

图 5-20　追踪对象　　　　　　　　　图 5-21　绘制俯视图外形

（5）单击"默认"选项卡"绘图"面板中的"直线"按钮 ╱，结合基点捕捉功能绘制俯视图棱线，偏移距离为 2，结果如图 5-22 所示。

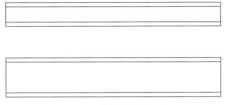

图 5-22　绘制俯视图棱线

（6）单击"默认"选项卡"绘图"面板中的"构造线"按钮 ╱，绘制左视图构造线。首先指定适当一点绘制 –45°构造线，继续绘制构造线，命令行提示与操作如下。

> 命令：XLINE✓
> 　指定点或 [水平(H)/垂直(V)/角度(A)/二等分(B)/偏移(O)]：捕捉俯视图右上角点，在水平追踪线上指定一点，如图 5-23 所示
> 　指定通过点：打开状态栏上的"正交"开关，指定水平方向一点指定斜线与第四条水平线的交点

用同样方法绘制另一条水平构造线。再捕捉两水平构造线与斜构造线交点为指定点绘制两条竖直构造线，如图 5-24 所示。

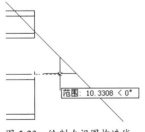
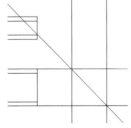

图 5-23　绘制左视图构造线　　　　　图 5-24　完成左视图构造线

（7）单击"默认"选项卡"绘图"面板中的"矩形"按钮 ▭，绘制左视图。命令行提示与操作如下。

> 命令：_rectang✓
> 　指定第一个角点或 [倒角(C)/标高(E)/圆角(F)/厚度(T)/宽度(W)]：C✓
> 　指定矩形的第一个倒角距离 <0.0000>：2
> 　指定矩形的第一个倒角距离 <0.0000>：2
> 　指定第一个角点或 [倒角(C)/标高(E)/圆角(F)/厚度(T)/宽度(W)]：捕捉主视图矩形上边延长线与第一条竖直构造线的交点，如图 5-25 所示

指定另一个角点或[面积(A)/尺寸(D)/旋转(R)]：捕捉主视图矩形下边延长线与第二条竖直构造线的交点

结果如图 5-26 所示。

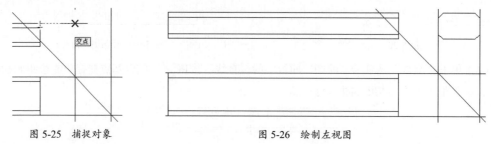

图 5-25　捕捉对象　　　　　　　　　　图 5-26　绘制左视图

（8）单击"默认"选项卡"修改"面板中的"删除"按钮 ✐，删除构造线，最终结果如图 5-15 所示。

5.3.3　极轴追踪设置

【执行方式】

- 命令行：DDOSNAP。
- 菜单栏：选择菜单栏中的"工具"→"草图设置"命令。
- 工具栏：单击"对象捕捉"工具栏中的"对象捕捉设置"按钮 🔃。
- 状态栏：按下状态栏中的"对象捕捉"按钮 🔲 和"极轴追踪"按钮 🏵。
- 快捷键：按<F10>键。
- 快捷菜单：选择快捷菜单中的"捕捉替代"→"对象捕捉设置"命令。

执行上述操作或在"极轴追踪"按钮 🏵 上单击鼠标右键，选择快捷菜单中的"设置"命令，系统打开如图 5-27 所示"草图设置"对话框的"极轴追踪"选项卡，其中各选项的功能如下。

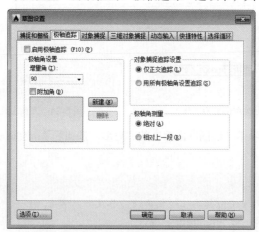

图 5-27　"极轴追踪"选项卡

（1）"启用极轴追踪"复选框：勾选该复选框，即启用极轴追踪功能。

（2）"极轴角设置"选项组：设置极轴角的值，可以在"增量角"下拉列表框中选择一种角度值，也可勾选"附加角"复选框。单击"新建"按钮设置任意附加角，系统在进行极轴追踪时，同时追踪增量角和附加角。可以设置多个附加角。

（3）"对象捕捉追踪设置"和"极轴角测量"选项组：按界面提示设置相应单选按钮。利用自动追踪可以完成三视图绘制。

5.4 对象约束

约束能够精确地控制草图中的对象。草图约束有两种类型：几何约束和尺寸约束。

几何约束建立草图对象的几何特性（如要求某一直线具有固定长度），或是两个或更多草图对象的关系类型（如要求两条直线垂直或平行，或是几个圆弧具有相同的半径）。在绘图区用户可以使用"参数化"选项卡内的"全部显示"、"全部隐藏"或"显示"来显示有关信息，并显示代表这些约束的直观标记，如图 5-28 所示的水平标记 $\overline{\overline{}}$ 和共线标记 $\checkmark$。

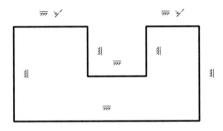

图 5-28 "几何约束"示意图

尺寸约束建立草图对象的大小（如直线的长度、圆弧的半径等），或是两个对象之间的关系（如两点之间的距离）。如图 5-29 所示为带有尺寸约束的图形示例。

图 5-29 "尺寸约束"示意图

5.4.1 建立几何约束

利用几何约束工具，可以指定草图对象必须遵守的条件，或是草图对象之间必须维持的关系。"参数化"选项卡中的"几何"面板，如图 5-30 所示，其主要几何约束选项功能如表 5-2 所示。

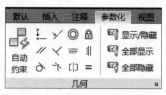

图 5-30 "几何约束"面板及工具栏

表 5-2 几何约束选项功能

约束模式	功 能
重合	约束两个点使其重合，或约束一个点使其位于曲线（或曲线的延长线）上。可以使对象上的约束点与某个对象重合，也可以使其与另一对象上的约束点重合
共线	使两条或多条直线段沿同一直线方向，使它们共线
同心	将两个圆弧、圆或椭圆约束到同一个中心点，结果与将重合约束应用于曲线的中心点所产生的效果相同
固定	将几何约束应用于一对对象时，选择对象的顺序及选择每个对象的点可能会影响对象彼此间的放置方式
平行	使选定的直线位于彼此平行的位置，平行约束在两个对象之间应用
垂直	使选定的直线位于彼此垂直的位置，垂直约束在两个对象之间应用
水平	使直线或点位于与当前坐标系 X 轴平行的位置，默认选择类型为对象
竖直	使直线或点位于与当前坐标系 Y 轴平行的位置
相切	将两条曲线约束为保持彼此相切或其延长线保持彼此相切，相切约束在两个对象之间应用
平滑	将样条曲线约束为连续，并与其他样条曲线、直线、圆弧或多段线保持连续性
对称	使选定对象受对称约束，相对于选定直线对称
相等	将选定圆弧和圆的尺寸重新调整为半径相同，或将选定直线的尺寸重新调整为长度相同

在绘图过程中可指定二维对象或对象上点之间的几何约束。在编辑受约束的几何图形时，将保留约束。因此，通过使用几何约束，可以在图形中包括设计要求。

5.4.2 设置几何约束

在用 AutoCAD 绘图时，可以控制约束栏的显示，利用"约束设置"对话框（如图 5-31 所示）可控制约束栏上显示或隐藏的几何约束类型。单独或全局显示（或隐藏）几何约束和约束栏，可执行以下操作：

- 显示（或隐藏）所有的几何约束。
- 显示（或隐藏）指定类型的几何约束。
- 显示（或隐藏）所有与选定对象相关的几何约束。

【执行方式】

- 命令行：CONSTRAINTSETTINGS（CSETTINGS）。
- 菜单栏：选择菜单栏中的"参数"→"约束设置"命令。
- 功能区：单击"参数化"选项卡"几何"面板中的"对话框启动器"按钮 。

● 快捷键：CSETTINGS。

● 工具栏：单击"参数化"工具栏中的"约束设置"按钮 。

执行上述操作后，系统打开"约束设置"对话框，单击"几何"选项卡，如图 5-31 所示，利用此对话框可以控制约束栏上约束类型的显示。

图 5-31　"约束设置"对话框

【选项说明】

（1）"约束栏显示设置"选项组：此选项组控制图形编辑器中是否为对象显示约束栏或约束点标记。例如，可以为水平约束和竖直约束隐藏约束栏的显示。

（2）"全部选择"按钮：选择全部几何约束类型。

（3）"全部清除"按钮：清除所有选定的几何约束类型。

（4）"仅为处于当前平面中的对象显示约束栏"复选框：仅为当前平面上受几何约束的对象显示约束栏。

（5）"约束栏透明度"选项组：设置图形中约束栏的透明度。

（6）"将约束应用于选定对象后显示约束栏"复选框：手动应用约束或使用"AUTOCONSTRAIN"命令时，显示相关约束栏。

5.4.3　实例——绘制相切及同心的圆

绘制如图 5-32 所示的同心相切圆。

（1）单击"默认"选项卡"绘图"面板中的"圆"按钮 ，以适当半径绘制 4 个圆，绘制结果如图 5-33 所示。

（2）单击"参数化"选项卡"几何"面板中的"相切"按钮 ，命令行提示与操作如下：

```
命令：_GeomConstraint
选择第一个对象：选择圆 1
选择第二个对象：选择圆 2
```

（3）系统自动将圆 2 向左移动与圆 1 相切，结果如图 5-34 所示。

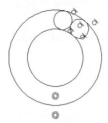

图 5-32　同心相切圆

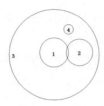

图 5-33　绘制圆

图 5-34　建立圆 1 与圆 2 的相切关系

（4）单击"参数化"选项卡"几何"面板中的"同心"按钮◎，命令行提示与操作如下。

```
命令：_GeomConstraint
选择第一个对象：选择圆 1
选择第二个对象：选择圆 3
```

系统自动建立同心的几何关系，结果如图 5-35 所示。

（5）采用同样的方法，使圆 3 与圆 2 建立相切几何约束，结果如图 5-36 所示。

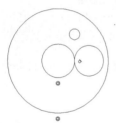

图 5-35　建立圆 1 与圆 3 的同心关系

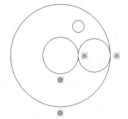

图 5-36　建立圆 3 与圆 2 的相切关系

（6）采用同样的方法，使圆 1 与圆 4 建立相切几何约束，结果如图 5-37 所示。

（7）采用同样的方法，使圆 4 与圆 2 建立相切几何约束，结果如图 5-38 所示。

（8）采用同样的方法，使圆 3 与圆 4 建立相切几何约束，最终结果如图 5-32 所示。

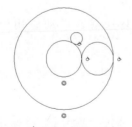

图 5-37　建立圆 1 与圆 4 的相切关系

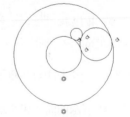

图 5-38　建立圆 4 与圆 2 的相切关系

5.4.4　建立尺寸约束

建立尺寸约束可以限制图形几何对象的大小，也就是与在草图上标注尺寸相似，同样设置尺寸标注线，与此同时也会建立相应的表达式，不同的是，可以在后续的编辑工作中实现尺寸的参数化驱动。"标注"面板及工具栏（其面板在"二维草图与注释"工作空间"参数化"选项卡的"标注"面板中）如图 5-39 所示。

图 5-39 "标注"面板

在生成尺寸约束时，用户可以选择草图曲线、边、基准平面或基准轴上的点，以生成水平、竖直、平行、垂直和角度尺寸。

生成尺寸约束时，系统会生成一个表达式，其名称和值显示在一个文本框中，如图 5-40 所示，用户可以在其中编辑该表达式的名和值。

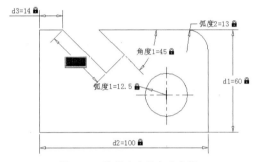

图 5-40 编辑尺寸约束示意图

生成尺寸约束时，只要选中了几何体，其尺寸及其延伸线和箭头就会全部显示出来。将尺寸拖动到位，然后单击，就完成了尺寸约束的添加。完成尺寸约束后，用户还可以随时更改尺寸约束，只需在绘图区选中该值双击，就可以使用生成过程中所采用的方式，编辑其名称、值或位置。

5.4.5 设置尺寸约束

在用 AutoCAD 绘图时，使用"约束设置"对话框中的"标注"选项卡，如图 5-41 所示，可控制显示标注约束时的系统配置，标注约束控制设计的大小和比例。尺寸约束的具体内容如下：

图 5-41 "标注"选项卡

- 对象之间或对象上点之间的距离。
- 对象之间或对象上点之间的角度。

【执行方式】

- 命令行：CONSTRAINTSETTINGS（CSETTINGS）。
- 菜单栏：选择菜单栏中的"参数"→"约束设置"命令。
- 功能区：单击"参数化"选项卡中的"对话框启动器"按钮 ↘。
- 工具栏：单击"参数化"工具栏中的"约束设置"按钮 🔲。

执行上述操作后，系统打开"约束设置"对话框，单击"标注"选项卡，如图 5-41 所示。利用此对话框可以控制约束栏上约束类型的显示。

【选项说明】

（1）"标注约束格式"选项组：在该选项组内可以设置标注名称格式和锁定图标的显示。

（2）"标注名称格式"下拉列表框：为应用标注约束时显示的文字指定格式。将名称格式设置为显示名称、值或名称和表达式。例如，宽度=长度/2。

（3）"为注释性约束显示锁定图标"复选框：针对已应用注释性约束的对象显示锁定图标。

（4）"为选定对象显示隐藏的动态约束"复选框：显示选定时已设置为隐藏的动态约束。

5.4.6 实例——利用尺寸驱动更改方头平键尺寸

绘制如图 5-42 所示的方头平键。

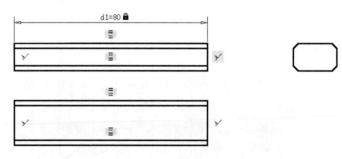

图 5-42 键 B18×80

（1）打开"源文件"\"方头平键轮廓（键 B18×100）"，如图 5-43 所示。

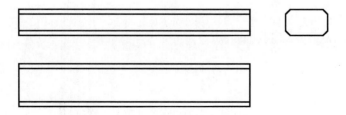

图 5-43 键 B18×100 轮廓

（2）单击"参数化"选项卡"几何"面板中的"共线"按钮 ，使左端各竖直直线建立共线的几何约束。采用同样的方法使右端各直线建立共线的几何约束。

（3）单击"参数化"选项卡"几何"面板中的"相等"按钮 ，使最上端水平线与下面各条水平线建立相等的几何约束。

（4）单击"参数化"选项卡"标注"面板中的"线性"按钮下拉列表中的"水平"按钮 ，更改水平尺寸，命令行提示与操作如下。

```
命令：_DcHorizontal
指定第一个约束点或［对象(O)］＜对象＞：选择最上端直线左端
指定第二个约束点：选择最上端直线右端
指定尺寸线位置：在合适位置单击
标注文字 = 100：80
```

（5）系统自动将长度调整为 80，最终结果如图 5-42 所示。

5.4.7　自动约束

在用 AutoCAD 绘图时，利用"约束设置"对话框中的"自动约束"选项卡，如图 5-44 所示，可将设定公差范围内的对象自动设置为相关约束。

图 5-44　"自动约束"选项卡

【执行方式】

- 命令行：CONSTRAINTSETTINGS（CSETTINGS）。
- 菜单栏：选择菜单栏中的"参数"→"约束设置"命令。
- 功能区：单击"参数化"选项卡"标注"面板中的"对话框启动器"按钮 。
- 工具栏：单击"参数化"工具栏中的"约束设置"按钮 。

执行上述操作后，系统打开"约束设置"对话框，单击"自动约束"选项卡，如图 5-44 所示，利用此对话框可以控制自动约束的相关参数。

【选项说明】

（1）"约束类型"列表框：显示自动约束的类型及优先级。可以通过单击"上移"和"下移"按钮调整优先级的先后顺序。单击✔图标，选择或去掉某约束类型作为自动约束类型。

（2）"相切对象必须共用同一交点"复选框：指定两条曲线必须共用一个点（在距离公差内指定）应用相切约束。

（3）"垂直对象必须共用同一交点"复选框：指定直线必须相交或一条直线的端点必须与另一条直线或直线的端点重合（在距离公差内指定）。

（4）"公差"选项组：设置可接受的"距离"和"角度"公差值，以确定是否可以应用约束。

5.4.8　实例——约束控制未封闭三角形

对如图 5-45 所示的未封闭三角形进行约束控制。

（1）设置约束与自动约束。单击"参数化"选项卡"标注"面板中的"对话框启动器"按钮 ，在弹出的对话框中单击"全部选择"按钮，选择全部约束方式，如图 5-46 所示。再单击"自动约束"选项卡，将"距离"和"角度"公差值设置为 1，取消勾选"相切对象必须共用同一交点"和"垂直对象必须共用同一交点"复选框，约束优先顺序按图 5-47 所示设置。

图 5-45　未封闭三角形

图 5-46　"几何"选项卡设置

图 5-47　"自动约束"选项卡设置

（2）单击"参数化"选项卡"几何"面板中的"固定"按钮🔒，命令行提示与操作如下。

```
命令：GcFix
选择点或 [对象(O)] <对象>：选择三角形底边
```

这时，底边被固定，并显示固定标记，如图 5-48 所示。

（3）单击"参数化"选项卡"几何"面板中的"自动约束"按钮 ，命令行提示与操作如下。

```
命令：_AutoConstrain
选择对象或 [设置(S)]：选择三角形底边
选择对象或 [设置(S)]：选择三角形左边，这里已知左边两个端点的距离为 0.7，在自动约束公差
范围内
选择对象或 [设置(S)]：↙
```

这时，左边下移，使底边和左边的两个端点重合，并显示固定标记，而原来重合的上顶点现在分离，如图 5-49 所示。

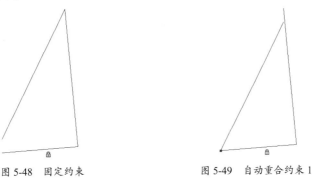

图 5-48　固定约束　　　　　　　　　　　　图 5-49　自动重合约束 1

（4）采用同样的方法，使上边两个端点进行自动约束，两者重合，并显示重合标记，如图 5-50 所示。

（5）再次单击"参数化"选项卡"几何"面板中的"自动约束"按钮，选择三角形底边和右边为自动约束对象（这里已知底边与右边的原始夹角为 89°），可以发现，底边与右边自动保持重合与垂直的关系，如图 5-51 所示（注意：三角形的右边必然要缩短）。

图 5-50　自动重合约束 2　　　　　　　　　　图 5-51　自动重合与自动垂直约束

5.5　上机操作

【实例 1】 如图 5-52 所示，过四边形上、下边延长线交点作四边形右边的平行线。

1. 目的要求

本例要绘制的图形比较简单，但是要准确找到四边形上、下边延长线必须启用"对象捕捉"功能，捕捉延长线交点。通过本例，读者可以体会到对象捕捉功能的方便与快捷作用。

2. 操作提示

（1）在界面上方的工具栏区单击鼠标右键，选择快捷菜单中的"对象捕捉"命令，打开"对象捕捉"工具栏。

（2）利用"对象捕捉"工具栏中的"捕捉到交点"工具捕捉四边形上、下边的延长线交点作为直线起点。

（3）利用"对象捕捉"工具栏中的"捕捉到平行线"工具捕捉一点作为直线终点。

【实例2】 利用对象追踪功能，在如图 5-53（a）所示的图形基础上绘制一条特殊位置直线，如图 5-53（b）所示。

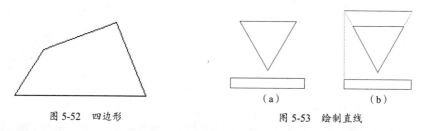

图 5-52　四边形　　　　图 5-53　绘制直线

1. 目的要求

本例要绘制的图形比较简单，但是要准确找到直线的两个端点必须启用"对象捕捉"和"对象捕捉追踪"工具。通过本例，读者可以体会到对象捕捉和对象捕捉追踪功能的方便与快捷作用。

2. 操作提示

（1）启用对象捕捉追踪与对象捕捉功能。

（2）在三角形左边延长线上捕捉一点作为直线起点。

（3）结合对象捕捉追踪与对象捕捉功能在三角形右边延长线上捕捉一点作为直线终点。

5.6　模拟真题

1. 当捕捉设定的间距与栅格所设定的间距不同时，（　　　）。

　　A. 捕捉仍然只按栅格进行　　　　　　B. 捕捉时按照捕捉间距进行

　　C. 捕捉既按栅格，又按捕捉间距进行　　D. 无法设置

2. 对"极轴"追踪进行设置，把增量角设为 30°，把附加角设为 10°，采用极轴追踪时，不会显示极轴对齐的是（　　　）。

　　A. 10　　　　　　　B. 30　　　　　　C. 40　　　　　　D. 60

3. 打开和关闭动态输入的快捷键是（　　　）。

　　A. F10　　　　　　B. F11　　　　　　C. F12　　　　　　D. F9

4. 关于自动约束，下面说法正确的是（　　　）。

　A. 相切对象必须共用同一交点　　　　　B. 垂直对象必须共用同一交点

　C. 平滑对象必须共用同一交点　　　　　D. 以上说法均不对

5. 下列关于被固定约束的圆心的圆说法错误的是（　　　）。

　A. 可以移动圆　　　B. 可以放大圆　　　C. 可以偏移圆　　　D. 可以复制圆

6. 绘制如图 5-54 所示的图形 3，请问极轴追踪的极轴角该如何设置？（　　　）

　A. 增量角 15，附加角 80　　　　　　　B. 增量角 15，附加角 35

　C. 增量角 30，附加角 35　　　　　　　D. 增量角 15，附加角 30

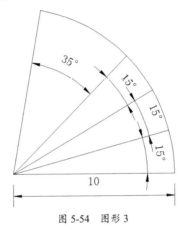

图 5-54　图形 3

第6章

二维编辑命令

二维图形编辑操作配合绘图命令的使用可以进一步完成复杂图形的绘制工作，并可使用户合理安排和组织图形，保证作图准确，减少重复，对编辑命令的熟练掌握和使用有助于提高设计和绘图的效率。本章主要介绍复制类命令、改变位置类命令、删除及恢复类命令、改变几何特性类命令和对象编辑命令。

6.1 选择对象

AutoCAD 2015 提供以下几种方法选择对象。

（1）先选择一个编辑命令，然后选择对象，按<Enter>键结束操作。

（2）使用 SELECT 命令。在命令行输入 "SELECT"，按<Enter>键，按提示选择对象，按<Enter>键结束。

（3）利用定点设备选择对象，然后调用编辑命令。

（4）定义对象组。

无论使用哪种方法，AutoCAD 2015 都将提示用户选择对象，并且光标的形状由十字光标变为拾取框。下面结合 SELECT 命令说明选择对象的方法。

SELECT 命令可以单独使用，也可以在执行其他编辑命令时被自动调用。在命令行输入 "SELECT"，按<Enter>键，命令行提示如下。

> 选择对象:

等待用户以某种方式选择对象作为回答。AutoCAD 2015 提供多种选择方式，可以输入 "？"，查看这些选择方式。输入 "？"后，命令行出现如下提示。

> 需要点或窗口(W)/上一个(L)/窗交(C)/框(BOX)/全部(ALL)/栏选(F)/圈围(WP)/圈交(CP)/编组
> (G)/添加(A)/删除(R)/多个(M)/前一个(P)/放弃(U)/自动(AU)/单个(SI)/子对象(SU)/对象(O)
> 选择对象:

其中，部分选项的含义如下。

（1）点：表示直接通过点取的方式选择对象。利用鼠标或键盘移动拾取框，使其框住要选择的对象，然后单击，被选中的对象就会高亮显示。

（2）窗口（W）：用由两个对角顶点确定的矩形窗口选择位于其范围内部的所有图形，与边界相交的对象不会被选中。指定对角顶点时应该按照从左向右的顺序，执行结果如图 6-1 所示。

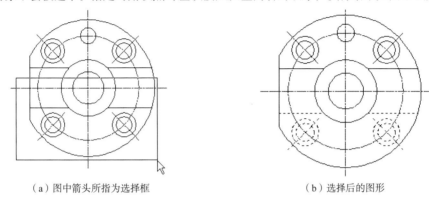

（a）图中箭头所指为选择框　　　　　　　　　（b）选择后的图形

图 6-1　"窗口"对象选择方式

（3）上一个（L）：在"选择对象"提示下输入"L"，按<Enter>键，系统自动选择最后绘出的一个对象。

（4）窗交（C）：该方式与"窗口"方式类似，其区别在于它不但选中矩形窗口内部的对象，也选中与矩形窗口边界相交的对象，执行结果如图 6-2 所示。

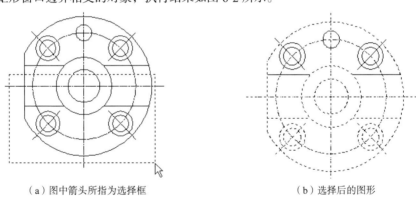

（a）图中箭头所指为选择框　　　　　　　　　（b）选择后的图形

图 6-2　"窗交"对象选择方式

（5）框（BOX）：使用框时，系统根据用户在绘图区指定的两个对角点的位置自动引用"窗口"或"窗交"选择方式。若从左向右指定对角点，为"窗口"方式；反之，为"窗交"方式。

（6）全部（ALL）：选择绘图区的所有对象。

（7）栏选（F）：用户临时绘制一些直线，这些直线不必构成封闭图形，凡是与这些直线相交的对象均被选中，执行结果如图 6-3 所示。

（8）圈围（WP）：使用一个不规则的多边形来选择对象。根据提示，用户依次输入构成多边形所有顶点的坐标，直到最后按<Enter>键结束操作，系统将自动连接第一个顶点与最后一个顶点，形成封闭的多边形。凡是被多边形围住的对象均被选中（不包括边界），执行结果如图 6-4 所示。

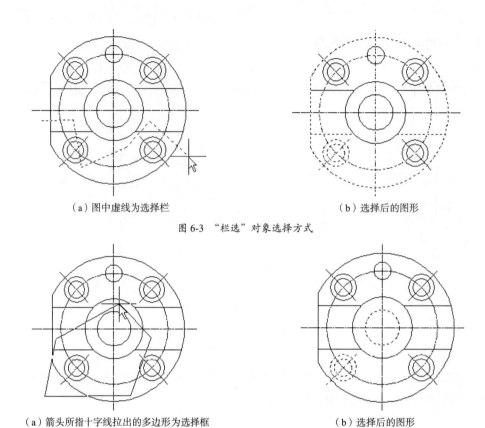

（a）图中虚线为选择栏　　　　　　　　　　　　　　　（b）选择后的图形

图 6-3　"栏选"对象选择方式

（a）箭头所指十字线拉出的多边形为选择框　　　　　　　　　（b）选择后的图形

图 6-4　"圈围"对象选择方式

（9）圈交（CP）：类似于"圈围"方式，在提示后输入"CP"，按<Enter>键，后续操作与圈围方式相同。区别在于，执行此命令后与多边形边界相交的对象也被选中。

其他几个选项的含义与上面选项的含义类似，这里不再赘述。

【技巧荟萃】

若矩形框从左向右定义，即第一个选择的对角点为左侧的对角点，矩形框内部的对象被选中，框外部及与矩形框边界相交的对象不会被选中；若矩形框从右向左定义，矩形框内部及与矩形框边界相交的对象都会被选中。

6.2　删除及恢复类命令

删除及恢复类命令主要用于删除图形某部分或对已被删除的部分进行恢复，包括删除、恢复、重做、清除等命令。

6.2.1　删除命令

如果所绘制的图形不符合要求或不小心错绘了图形，可以使用删除命令"ERASE"把其删除。

【执行方式】

- 命令行：ERASE（快捷命令：E）。
- 菜单栏：选择菜单栏中的"修改"→"删除"命令。
- 工具栏：单击"修改"工具栏中的"删除"按钮 ✐。
- 快捷菜单：选择要删除的对象，在绘图区单击鼠标右键，选择快捷菜单中的"删除"命令。
- 功能区：单击"默认"选项卡"修改"面板中的"删除"按钮 ✐。

可以先选择对象后再调用删除命令，也可以先调用删除命令后再选择对象。选择对象时可以使用前面介绍的对象选择的各种方法。

当选择多个对象时，多个对象都被删除；若选择的对象属于某个对象组，则该对象组中的所有对象都被删除。

【技巧荟萃】

在绘图过程中，如果出现了绘制错误或绘制了不满意的图形，需要删除时，可以单击"标准"工具栏中的"放弃"按钮 ↰，也可以按<Delete>键，命令行提示"_.erase"。删除命令可以一次删除一个或多个图形。如果删除错误，可以利用"放弃"按钮 ↰ 来补救。

6.2.2　恢复命令

若不小心误删了图形，可以使用恢复命令"OOPS"恢复误删的对象。

【执行方式】

- 命令行：OOPS 或 U。
- 工具栏：单击"标准"工具栏中的"放弃"按钮 ↰。
- 快捷键：按<Ctrl>+<Z>组合键。

6.2.3　清除命令

清除命令与删除命令的功能完全相同。

【执行方式】

- 菜单栏：选择菜单栏中的"编辑"→"删除"命令。
- 快捷键：按<Delete>键。

执行上述操作后，命令行提示如下。

选择对象：选择要清除的对象，按<Enter>键执行清除命令

6.3　复制类命令

本节详细介绍 AutoCAD 2015 的复制类命令，利用这些编辑功能，可以方便地编辑绘制的图形。

6.3.1　复制命令

✏️ 【执行方式】

- **命令行**：COPY（快捷命令：CO）。
- **菜单栏**：选择菜单栏中的"修改"→"复制"命令。
- **工具栏**：单击"修改"工具栏中的"复制"按钮 ⃝。
- **快捷菜单**：选中要复制的对象，单击鼠标右键，选择快捷菜单中的"复制选择"命令。
- **功能区**：单击"默认"选项卡"修改"面板中的"复制"按钮 ⃝（如图6-5所示）。

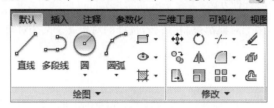

图6-5　"修改"面板1

🖱️ 【操作步骤】

命令行提示与操作如下。

> 命令：COPY↙
> 选择对象：选择要复制的对象

用前面介绍的对象选择方法选择一个或多个对象，按<Enter>键结束选择，命令行提示如下。

> 当前设置：复制模式 = 多个
> 指定基点或 [位移(D)/模式(O)] <位移>：指定基点或位移

📁 【选项说明】

（1）指定基点：指定一个坐标点后，AutoCAD系统把该点作为复制对象的基点，命令行提示"指定位移的第二点或 [阵列(A)] <用第一点作位移>："。在指定第二个点后，系统将根据这两点确定的位移矢量把选择的对象复制到第二点处。如果此时直接按<Enter>键，即选择默认的"用第一点作位移"，则第一个点被当作相对于X、Y、Z的位移。例如，如果指定基点为（2,3），并在下一个提示下按<Enter>键，则该对象从它当前的位置开始在X方向上移动两个单位，在Y方向上移动3个单位。复制完成后，命令行提示"指定位移的第二点：[阵列(A)/退出(E)/放弃(U)]<退出>："。这时，可以不断指定新的第二点，从而实现多重复制。

（2）位移（D）：直接输入位移值，表示以选择对象时的拾取点为基准，以拾取点坐标为移动方向，按纵横比移动指定位移后确定的点为基点。例如，选择对象时拾取点坐标为（2,3），输入位移为5，则表示以点（2,3）为基准，沿纵横比为3∶2的方向移动5个单位所确定的点为基点。

（3）模式（O）：控制是否自动重复该命令，该设置由COPYMODE系统变量控制。

6.3.2 实例——洗手间水盆的绘制

绘制如图 6-6 所示的洗手间水盆。

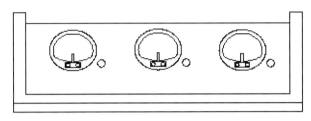

图 6-6　洗手间水盆图形

（1）绘制洗手台结构。单击"默认"选项卡"绘图"面板中的"矩形"按钮□和"直线"按钮╱，绘制洗手台，如图 6-7 所示。

图 6-7　绘制洗手台

（2）绘制一个脸盆。方法如 2.3.7 节绘制的脸盆，绘制结果如图 6-8 所示。

图 6-8　绘制脸盆

（3）复制脸盆。单击"默认"选项卡"修改"面板中的"复制"按钮，复制图形，命令行提示与操作如下。

```
命令：_copy
选择对象：框选洗手盆
选择对象：↙
当前设置：复制模式 = 多个
指定基点或 [位移(D)/模式(O)] <位移>：在洗手盆位置任意指定一点
指定第二个点或[阵列(A)]：指定第二个洗手盆的位置
指定第二个点或[阵列(A)/退出(E)/放弃(U)]：指定第三个洗手盆的位置
指定第二个点或[阵列(A)/退出(E)/放弃(U)]：↙
```

结果如图 6-6 所示。

6.3.3 镜像命令

镜像命令是指把选择的对象以一条镜像线为轴作对称复制。镜像操作完成后，可以保留源对象，也可以将其删除。

📏【执行方式】

- 命令行：MIRROR（快捷命令：MI）。
- 菜单栏：选择菜单栏中的"修改"→"镜像"命令。
- 工具栏：单击"修改"工具栏中的"镜像"按钮⚊。
- 功能区：单击"默认"选项卡"修改"面板中的"镜像"按钮⚊。

🖱【操作步骤】

命令行提示与操作如下。

```
命令：MIRROR↙
选择对象：选择要镜像的对象
指定镜像线的第一点：指定镜像线的第一个点
指定镜像线的第二点：指定镜像线的第二个点
要删除源对象吗？[是(Y)/否(N)] <N>：确定是否删除源对象
```

选择的两点确定一条镜像线，被选择的对象以该直线为对称轴进行镜像。包含该线的镜像平面与用户坐标系统的 XY 平面垂直，即镜像操作在与用户坐标系统的 XY 平面平行的平面上。

6.3.4 实例——办公桌的绘制

绘制如图 6-9 所示的办公桌。

图 6-9　办公桌

（1）单击"默认"选项卡"绘图"面板中的"矩形"按钮⬚，在合适的位置绘制矩形，如图 6-10 所示。

（2）单击"默认"选项卡"绘图"面板中的"矩形"按钮⬚，在合适的位置绘制一系列的抽屉矩形，结果如图 6-11 所示。

（3）单击"默认"选项卡"绘图"面板中的"矩形"按钮⬚，在合适的位置绘制一系列的把手矩形，结果如图 6-12 所示。

图 6-10　矩形 1　　　　图 6-11　矩形 2　　　　图 6-12　矩形 3

（4）单击"默认"选项卡"绘图"面板中的"矩形"按钮□，在合适的位置绘制桌面矩形，结果如图 6-13 所示。

图 6-13　矩形 4

（5）单击"默认"选项卡"修改"面板中的"镜像"按钮▲，将左边的一系列矩形以桌面矩形的顶边中点和底边中点的连线为对称轴进行镜像，命令行操作与提示如下。

```
命令：_mirror
选择对象：选取左边的一系列矩形↙
选择对象：↙
指定镜像线的第一点：选择桌面矩形的底边中点↙
指定镜像线的第二点：选择桌面矩形的顶边中点↙
要删除源对象吗？[是(Y)/否(N)] <N>：↙
```

结果如图 6-9 所示。

6.3.5　偏移命令

偏移命令是指保持选择对象的形状，在不同的位置以不同的尺寸大小新建一个对象。

📏【执行方式】

- 命令行：OFFSET（快捷命令：O）。
- 菜单栏：选择菜单栏中的"修改"→"偏移"命令。
- 工具栏：单击"修改"工具栏中的"偏移"按钮⬚。
- 功能区：单击"默认"选项卡"修改"面板中的"偏移"按钮⬚。

🖱【操作步骤】

命令行提示与操作如下。

```
命令：OFFSET✓
当前设置：删除源=否　图层=源　OFFSETGAPTYPE=0
指定偏移距离或 [通过(T)/删除(E)/图层(L)] <通过>：指定偏移距离值
选择要偏移的对象，或 [退出(E)/放弃(U)] <退出>：选择要偏移的对象，按<Enter>键结束操作
指定要偏移的那一侧上的点，或 [退出(E)/多个(M)/放弃(U)] <退出>：指定偏移方向
选择要偏移的对象，或 [退出(E)/放弃(U)] <退出>：✓
```

【选项说明】

（1）指定偏移距离：输入一个距离值，或按<Enter>键使用当前的距离值，系统把该距离值作为偏移的距离，如图6-14（a）所示。

（2）通过（T）：指定偏移的通过点。选择该选项后，命令行提示如下。

```
选择要偏移的对象或 <退出>：选择要偏移的对象，按<Enter>键结束操作
指定通过点：指定偏移对象的一个通过点
```

执行上述操作后，系统会根据指定的通过点绘制出偏移对象，如图6-14（b）所示。

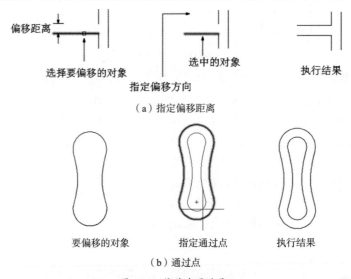

（a）指定偏移距离

（b）通过点

图6-14　偏移选项说明1

（3）删除（E）：偏移源对象后将其删除，如图6-15（a）所示。选择该项后，命令行提示如下。

```
要在偏移后删除源对象吗？ [是(Y)/否(N)] <当前>：
```

（4）图层（L）：确定将偏移对象创建在当前图层上还是源对象所在的图层上，这样就可以在不同图层上偏移对象。选择该项后，命令行提示如下。

```
输入偏移对象的图层选项 [当前(C)/源(S)] <当前>：
```

如果偏移对象的图层选择为当前层，则偏移对象的图层特性与当前图层相同，如图6-15（b）所示。

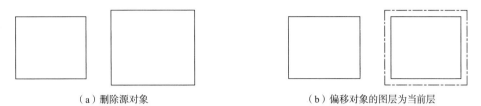

（a）删除源对象　　　　　　　　（b）偏移对象的图层为当前层

图 6-15　偏移选项说明 2

（5）多个（M）：使用当前偏移距离重复进行偏移操作，并接受附加的通过点，执行结果如图 6-16 所示。

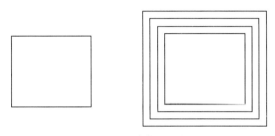

图 6-16　偏移选项说明 3

【技巧荟萃】

在 AutoCAD 2015 中，可以使用"偏移"命令，对指定的直线、圆弧、圆等对象作定距离偏移复制操作。在实际应用中，常利用"偏移"命令的特性创建平行线或等距离分布图形，效果与"阵列"相同。在默认情况下，需要先指定偏移距离，再选择要偏移复制的对象，然后指定偏移方向，以复制出需要的对象。

6.3.6　实例——门的绘制

绘制如图 6-17 所示的门。

（1）单击"默认"选项卡"绘图"面板中的"矩形"按钮▭，以第一角点为（0,0）、第二角点为（@900,2400）绘制矩形。绘制结果如图 6-18 所示。

（2）单击"默认"选项卡"修改"面板中的"偏移"按钮⊑，将上步绘制的矩形向内偏移 60，结果如图 6-19 所示。

（3）单击"默认"选项卡"修改"面板中的"直线"按钮╱，绘制坐标点为{(60,2000),(@780,0)}的直线。绘制结果如图 6-20 所示。

（4）单击"默认"选项卡"修改"面板中的"偏移"按钮⊑，将上步绘制的直线向下偏移 60，结果如图 6-21 所示。

（5）单击"默认"选项卡"修改"面板中的"矩形"按钮▭，绘制角点坐标为{(200,1500),(700,1800)}的矩形。绘制结果如图 6-17 所示。

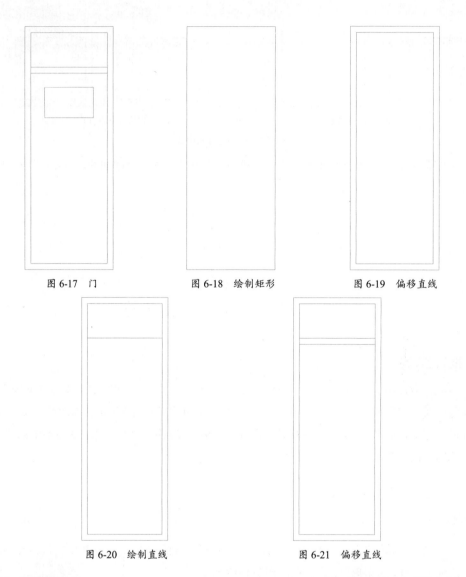

图 6-17　门　　　　　　　　图 6-18　绘制矩形　　　　　　图 6-19　偏移直线

图 6-20　绘制直线　　　　　　　　图 6-21　偏移直线

6.3.7　阵列命令

　　阵列是指多重复制选择对象并把这些副本按矩形、路径或环形排列。把副本按矩形排列称为建立矩形阵列，把副本按路径排列称为建立路径阵列，把副本按环形排列称为建立极阵列。

　　AutoCAD 2015 提供了"ARRAY"命令创建阵列，使用该命令可以创建矩形阵列、环形阵列和旋转的矩形阵列。

【执行方式】

- 命令行：ARRAY（快捷命令：AR）。
- 菜单栏：选择菜单栏中的"修改"→"阵列"命令。
- 工具栏：单击"修改"工具栏中的"矩形阵列"按钮 ▦、"路径阵列"按钮 ⌒ 和"环形阵列"按钮 ▧。

- 功能区：单击"默认"选项卡"修改"面板中的"矩形阵列"按钮 /"路径阵列"按钮 📐 /
"环形阵列"按钮 🔳（如图 6-22 所示）。

图 6-22　"修改"面板 2

🖰 【操作步骤】

命令行提示与操作如下。

命令：ARRAY↙

选择对象：选择要进行阵列的对象

输入阵列类型 [矩形（R）/路径（PA）/极轴（PO）]<矩形>：PA↙

类型=路径　关联=是

选择路径曲线：选择路径

输入沿路径的项数或 [方向(O)/表达式(E)] <方向>：指定项目数或输入选项

指定基点或 [关键点(K)] <路径曲线的终点>：指定基点或输入选项

指定与路径一致的方向或 [两点(2P)/法线(N)] <当前>：按<Enter>键或选择选项

指定沿路径的项目间的距离或 [定数等分(D)/总距离(T)/表达式(E)] <沿路径平均定数等分（D）
>：指定距离或输入选项

按 Enter 键接受或 [关联(AS)/基点(B)/项目(I)/行数(R)/层级(L)/对齐项目(A)/Z 方向
(Z)/退出(X)] <退出>：按<Enter>键或选择选项

📑 【选项说明】

（1）矩形（R）：将选定对象的副本分布到行数、列数和层数的任意组合。选择该选项后出现
如下提示：

选择夹点以编辑阵列或 [关联(AS)/基点(B)/计数(COU)/间距(S)/列数(COL)/行数(R)/层数(L)/
退出(X)] <退出>：通过夹点，调整阵列间距、列数、行数和层数；也可以分别选择各选项输入数值

（2）路径（PA）：沿路径或部分路径均匀分布选定对象的副本。选择该选项后出现如下提示：

选择路径曲线：选择一条曲线作为阵列路径

选择夹点以编辑阵列或[关联(AS)/方法(M)/基点(B)/切向(T)/项目(I)/行(R)/层(L)/对齐项目
(A)/Z 方向(Z)/退出(X)]<退出>：通过夹点，调整阵列行数和层数；也可以分别选择各选项输入数值

（3）极轴（PO）：在绕中心点或旋转轴的环形阵列中均匀分布对象副本。选择该选项后出现如
下提示：

指定阵列的中心点或[基点(B)/旋转轴(A)]：选择中心点、基点或旋转轴

> 选择夹点以编辑阵列或[关联(AS)/基点(B)/项目(I)/项目间角度(A)/填充角度(F)/行(ROW)/层(L)/旋转项目(ROT)/退出(X)]<退出>:通过夹点，调整角度，填充角度；也可以分别选择各选项输入数值

🔍【技巧荟萃】

阵列在平面作图时有 3 种方式，可以在矩形、路径或环形（圆形）阵列中创建对象的副本。对于矩形阵列，可以控制行和列的数目，以及它们之间的距离；对于路径阵列，可以沿整个路径或部分路径平均分布对象副本；对于环形阵列，可以控制对象副本的数目并决定是否旋转副本。

6.3.8 实例——紫荆花的绘制

绘制如图 6-23 所示的紫荆花。

（1）单击"默认"选项卡"绘图"面板中的"多段线"按钮 和"圆弧"按钮，绘制花瓣外框，绘制结果如图 6-24 所示。

图 6-23 紫荆花

图 6-24 花瓣外框

（2）阵列花瓣。单击"默认"选项卡"修改"面板中的"环形阵列"按钮，命令行中的操作与提示如下。

> 命令：arraypolar↙
> 选择对象：选择上面绘制的图形
> 指定阵列的中心点或[基点（B）/旋转轴（A）]：指定中心点
> 选择夹点以编辑阵列或[关联(AS)/基点(B)/项目(I)/项目间角度(A)/填充角度(F)/行(ROW)/层(L)/旋转项目(ROT)/退出(X)]<退出>:i
> 输入项目数或[项目间角度（A）/表达式（E）]<4>:5↙
> 选择夹点以编辑阵列或 [关联(AS)/基点(B)/项目(I)/项目间角度(A)/填充角度(F)/行(ROW)/层(L)/旋转项目(ROT)/退出(X)] <退出>: <捕捉 关> f
> 指定填充角度（+=逆时针、-=顺时针）或[表达式（EX)]<360>:↙
> 按 Enter 键接受或 [关联(AS)/基点(B)/项目(I)/项目间角度(A)/填充角度(F)/行(ROW)/层(L)/旋转项目(ROT)/退出(X)] <退出>:↙

最终绘制的紫荆花图案如图 6-23 所示。

6.4 改变位置类命令

改变位置类编辑命令是指按照指定要求改变当前图形或图形中某部分的位置，主要包括移动、旋转和缩放命令。

6.4.1　移动命令

【执行方式】

- 命令行：MOVE（快捷命令：M）。
- 菜单栏：选择菜单栏中的"修改"→"移动"命令。
- 工具栏：单击"修改"工具栏中的"移动"按钮✛。
- 快捷菜单：选择要复制的对象，在绘图区单击鼠标右键，选择快捷菜单中的"移动"命令。
- 功能区：单击"默认"选项卡"修改"面板中的"移动"按钮✛。

【操作步骤】

命令行提示与操作如下。

命令：MOVE↙
选择对象：选择要移动的对象，按<Enter>键结束选择
指定基点或 [位移(D)] <位移>：指定基点或位移
指定第二个点或 <使用第一个点作为位移>：

"移动"命令选项功能与"复制"命令类似。

6.4.2　旋转命令

【执行方式】

- 命令行：ROTATE（快捷命令：RO）。
- 菜单栏：选择菜单栏中的"修改"→"旋转"命令。
- 工具栏：单击"修改"工具栏中的"旋转"按钮○。
- 快捷菜单：选择要旋转的对象，在绘图区单击鼠标右键，选择快捷菜单中的"旋转"命令。
- 功能区：单击"默认"选项卡"修改"面板中的"旋转"按钮○。

【操作步骤】

命令行提示与操作如下。

命令：ROTATE↙
UCS 当前的正角方向：ANGDIR=逆时针　ANGBASE=0
选择对象：选择要旋转的对象
指定基点：指定旋转基点，在对象内部指定一个坐标点
指定旋转角度，或 [复制(C)/参照(R)] <0>：指定旋转角度或其他选项

【选项说明】

（1）复制（C）：选择该选项，则在旋转对象的同时保留源对象，如图 6-25 所示。

旋转前   旋转后

图 6-25   复制旋转

（2）参照（R）：采用参照方式旋转对象时，命令行提示与操作如下。

> 指定参照角 <0>：指定要参照的角度，默认值为 0
> 指定新角度或[点(P)]：输入旋转后的角度值

操作完毕后，对象被旋转至指定的角度位置。

【技巧荟萃】

可以采用拖动鼠标的方法旋转对象。选择对象并指定基点后，从基点到当前光标位置会出现一条连线，拖动鼠标，选择的对象会动态地随着该连线与水平方向夹角的变化而旋转，按<Enter>键确认旋转操作，如图 6-26 所示。

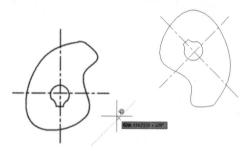

图 6-26   拖动鼠标旋转对象

6.4.3   实例——曲柄的绘制

绘制如图 6-27 所示的曲柄。

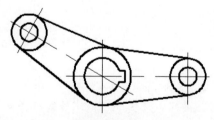

图 6-27   曲柄

（1）单击"默认"选项卡"图层"面板中的"图层特性"按钮，打开"图层特性管理器"选项板，单击其中的"新建图层"按钮，新建两个图层。

① 中心线层：线型为 CENTER，其余属性保持默认设置。

② 粗实线层：线宽为 0.30mm，其余属性保持默认设置。

（2）将"中心线层"置为当前图层。单击"默认"选项卡"绘图"面板中的"直线"按钮✎，绘制中心线。坐标分别为{(100,100),(180,100)}和{(120,120),(120,80)}，结果如图 6-28 所示。

（3）单击"默认"选项卡"修改"面板中的"偏移"按钮⬚，绘制另一条中心线。单击"默认"选项卡"修改"面板中的"打断"按钮⬚，剪掉多余部分（将在 6.5.11 节介绍）。命令行提示与操作如下。

```
命令：O✎对所绘制的竖直对称中心线进行偏移操作
OFFSET 当前设置：删除源=否　图层=源　OFFSETGAPTYPE=0
指定偏移距离或 [通过(T)/删除(E)/图层(L)] <通过>：48✎
选择要偏移的对象，或 [退出(E)/放弃(U)] <退出>：选择所绘制的竖直对称中心线
指定要偏移的那一侧上的点，或 [退出(E)/多个(M)/放弃(U)] <退出>：在选择的竖直对称中心线右侧任意一点单击
选择要偏移的对象，或 [退出(E)/放弃(U)] <退出>：✎
命令：break✎ 打断命令
选择对象：选择偏移的中心线上面适当位置一点
指定第二个打断点 或 [第一点(F)]：向上选择超出偏移的中心线的位置一点
命令：_break✎
选择对象：选择偏移的中心线下面适当位置一点
指定第二个打断点 或 [第一点(F)]：向下选择超出偏移的中心线的位置一点
```

结果如图 6-29 所示。

图 6-28　绘制中心线　　　　　　　图 6-29　偏移中心线

（4）将"粗实线层"置为当前图层。单击"默认"选项卡"绘图"面板中的"圆"按钮⊙，绘制图形轴孔部分。其中绘制圆时，以水平中心线与左边竖直中心线的交点为圆心，以 32 和 20 为直径绘制同心圆；以水平中心线与右边竖直中心线的交点为圆心，以 20 和 10 为直径绘制同心圆，结果如图 6-30 所示。

（5）单击"默认"选项卡"绘图"面板中的"直线"按钮✎，绘制连接板。分别捕捉左、右外圆的切点为端点，绘制上、下两条连接线，结果如图 6-31 所示。

（6）单击"默认"选项卡"修改"面板中的"偏移"按钮⬚，绘制辅助线。命令行提示与操作如下。

```
命令：_offset✎ 偏移水平对称中心线
当前设置：删除源=否　图层=源　OFFSETGAPTYPE=0
指定偏移距离或 [通过(T)/删除(E)/图层(L)] <通过>：3✎
```

选择要偏移的对象，或 [退出(E)/放弃(U)] <退出>：选择水平对称中心线

指定要偏移的那一侧上的点，或 [退出(E)/多个(M)/放弃(U)] <退出>：在选择的水平对称中心线上侧任意一点处单击

选择要偏移的对象，或 [退出(E)/放弃(U)] <退出>：继续选择水平对称中心线

指定要偏移的那一侧上的点，或 [退出(E)/多个(M)/放弃(U)] <退出>：在选择的水平对称中心线下侧任意一点处单击

选择要偏移的对象，或 [退出(E)/放弃(U)] <退出>：✓

命令：✓再次执行偏移命令，偏移竖直对称中心线

_offset

当前设置：删除源=否 图层=源 OFFSETGAPTYPE=0

指定偏移距离或 [通过(T)/删除(E)/图层(L)] <通过>：12.8✓

选择要偏移的对象，或 [退出(E)/放弃(U)] <退出>：选择竖直对称中心线

指定要偏移的那一侧上的点，或 [退出(E)/多个(M)/放弃(U)] <退出>：在选择的竖直对称中心线右侧任意一点处单击

选择要偏移的对象，或 [退出(E)/放弃(U)] <退出>：✓

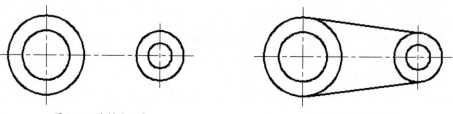

图 6-30　绘制同心圆　　　　　　　　　　　　　图 6-31　绘制切线

（7）单击"默认"选项卡"修改"面板中的"修剪"按钮 -/-，剪掉圆弧上键槽开口部分。命令行提示与操作如下。

命令：_trim✓ 剪去多余的线段

当前设置：投影=UCS, 边=无

选择剪切边...

选择对象或 <全部选择>：分别选择键槽的上、下边

...

找到 1 个，总计 2 个

选择对象：✓

选择要修剪的对象，或按住 Shift 键选择要延伸的对象，或[栏选(F)/窗交(C)/投影(P)/边(E)/删除(R)/放弃(U)]：选择键槽中间的圆弧，结果如图 6-32 所示

（8）单击"默认"选项卡"修改"面板中的"删除"按钮 ✐，删除多余的辅助线，命令行提示与操作如下。

命令：ERASE✓ 删除偏移的对称中心线

选择对象：分别选择偏移的 3 条对称中心线

...

找到 1 个，总计 3 个

选择对象：✓

结果如图 6-33 所示。

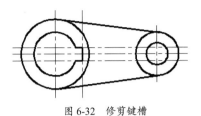

图 6-32　修剪键槽

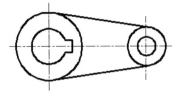

图 6-33　删除多余图线

（9）单击"默认"选项卡"修改"面板中的"复制"按钮 🖧 和"旋转"按钮 🔿，将所绘制的图形进行复制旋转，命令行提示与操作如下。

```
命令：COPY✓ 在原位置复制要旋转的部分
选择对象：如图 6-34 所示，选择图形中要旋转的部分
...
找到 1 个，总计 6 个
选择对象：✓
当前设置：复制模式 = 多个
指定基点或 [位移(D)/模式(O)] <位移>：_int 于 捕捉左边中心线的交点
指定第二个点或 <使用第一个点作为位移>：@0,0✓ 输入第二点的位移
指定位移的第二点：✓
命令：ROTATE✓ 旋转复制的图形
UCS 当前的正角方向：ANGDIR=逆时针  ANGBASE=0
选择对象：✓ 选择复制的图形
...
找到 1 个，总计 6 个
选择对象：✓
指定基点：_int 于 捕捉左边中心线的交点
指定旋转角度，或 [复制(C)/参照(R)] <0>：150✓
```

最终结果如图 6-27 所示。

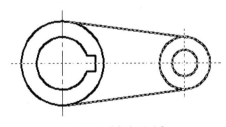

图 6-34　选择复制对象

6.4.4　缩放命令

📏【执行方式】

- 命令行：SCALE（快捷命令：SC）。
- 菜单栏：选择菜单栏中的"修改"→"缩放"命令。

- 工具栏：单击"修改"工具栏中的"缩放"按钮 。
- 快捷菜单：选择要缩放的对象，在绘图区单击鼠标右键，选择快捷菜单中的"缩放"命令。

【操作步骤】

命令行提示与操作如下。

```
命令：SCALE✓
选择对象：选择要缩放的对象
指定基点：指定缩放基点
指定比例因子或 [复制(C)/参照(R)]：
```

【选项说明】

（1）采用参照方向缩放对象时，命令行提示如下。

```
指定参照长度 <1>：指定参照长度值
指定新的长度或 [点(P)] <1.0000>：指定新长度值
```

若新长度值大于参照长度值，则放大对象；否则，缩小对象。操作完毕后，系统以指定的基点按指定的比例因子缩放对象。如果选择"点（P）"选项，则选择两点来定义新的长度。

（2）可以采用拖动鼠标的方法缩放对象。选择对象并指定基点后，从基点到当前光标位置会出现一条连线，线段的长度即为比例大小。拖动鼠标，选择的对象会动态地随着该连线长度的变化而缩放，按<Enter>键确认缩放操作。

（3）选择"复制（C）"选项时，可以复制缩放对象，即缩放对象时保留源对象，如图 6-35 所示。

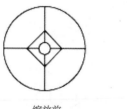

缩放前   缩放后

图 6-35　复制缩放

6.5　改变几何特性类命令

改变几何特性类编辑命令在对指定对象进行编辑后，使编辑对象的几何特性发生改变，包括修剪、延伸、拉伸、拉长、圆角、倒角、打断等命令。

6.5.1　修剪命令

【执行方式】

- 命令行：TRIM（快捷命令：TR）。

- 菜单栏：选择菜单栏中的"修改"→"修剪"命令。
- 工具栏：单击"修改"工具栏中的"修剪"按钮 -/---。
- 功能区：单击"默认"选项卡"修改"面板中的"修剪"按钮 -/--。

【操作步骤】

命令行提示与操作如下。

命令：TRIM✓
当前设置：投影=UCS，边=无
选择剪切边...
选择对象或 <全部选择>：选择用作修剪边界的对象，按<Enter>键结束对象选择
选择要修剪的对象，或按住 Shift 键选择要延伸的对象，或[栏选(F)/窗交(C)/投影(P)/边(E)/删除(R)/放弃(U)]：

【选项说明】

（1）在选择对象时，如果按住<Shift>键，系统就会自动将"修剪"命令转换成"延伸"命令（"延伸"命令将在 6.5.3 节介绍）。

（2）选择"栏选（F）"选项时，系统以栏选的方式选择被修剪的对象，如图 6-36 所示。

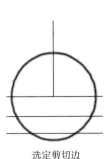 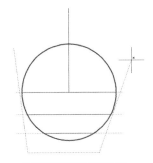 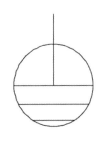

选定剪切边　　　　　　　使用栏选选定的修剪对象　　　　　　结果

图 6-36　"栏选"修剪对象

（3）选择"窗交（C）"选项时，系统以窗交的方式选择被修剪的对象，如图 6-37 所示。

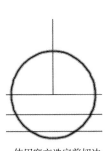 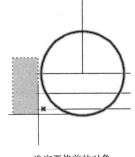 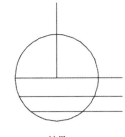

使用窗交选定剪切边　　　　　选定要修剪的对象　　　　　　结果

图 6-37　"窗交"修剪对象

（4）选择"边（E）"选项时，可以选择对象的修剪方式。

① 延伸（E）：延伸边界进行修剪。在此方式下，如果剪切边没有与要修剪的对象相交，系统会延伸剪切边直至与对象相交，然后再修剪，如图 6-38 所示。

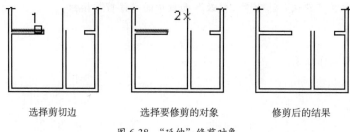

选择剪切边　　　　　选择要修剪的对象　　　　　修剪后的结果

图 6-38　"延伸"修剪对象

② 不延伸（N）：不延伸边界修剪对象，只修剪与剪切边相交的对象。

（5）被选择的对象可以互为边界和被修剪对象，此时系统会在选择的对象中自动判断边界。

【技巧荟萃】

在使用修剪命令选择修剪对象时，通常是逐个单击选择的，有时显得效率低。要比较快地实现修剪过程，可以先输入修剪命令"TR"或"TRIM"，然后按<Space>键或<Enter>键，命令行中就会提示选择修剪的对象，这时可以不选择对象，继续按<Space>键或<Enter>键，系统默认选择全部，这样做就可以很快地完成修剪过程。

6.5.2　实例——床的绘制

绘制如图 6-39 所示的床。

（1）图层设计。新建 3 个图层，其属性如下。

① 图层 1：颜色为蓝色，其余属性默认。

② 图层 2：颜色为绿色，其余属性默认。

③ 图层 3：颜色为白色，其余属性默认。

（2）将当前图层设为"1"图层，单击"默认"选项卡"绘图"面板中的"矩形"按钮▭，绘制一个矩形，命令行提示与操作如下。

```
命令：_rectang
指定第一个角点或 [倒角(C)/标高(E)/圆角(F)/厚度(T)/宽度(W)]：0,0✓
指定另一个角点或 [面积(A)/尺寸(D)/旋转(R)]：@1000,2000✓
```

绘制结果如图 6-40 所示。

（3）将当前图层设为"2"图层，单击"默认"选项卡"绘图"面板中的"直线"按钮╱，绘制一条直线，命令行提示与操作如下。

```
命令：_line
指定第一个点：125,1000✓
指定下一点或 [放弃(U)]：125,1900✓
```

```
指定下一点或 [放弃(U)]: 875,1900✓
指定下一点或 [闭合(C)/放弃(U)]: 875,1000✓
指定下一点或 [闭合(C)/放弃(U)]: ✓
命令: line✓
指定第一个点: 155,1000✓
指定下一点或 [放弃(U)]: 155,1870✓
指定下一点或 [放弃(U)]: 845,1870✓
指定下一点或 [闭合(C)/放弃(U)]: 845,1000✓
指定下一点或 [闭合(C)/放弃(U)]: ✓
```

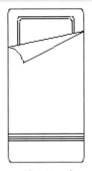

图 6-39　床

图 6-40　绘制矩形

（4）将当前图层设为"3"图层，继续单击"默认"选项卡"绘图"面板中的"直线"按钮 ，命令行提示与操作如下。

```
命令: _line
指定第一个点: 0,280✓
指定下一点或 [放弃(U)]: @1000,0✓
指定下一点或 [放弃(U)]: ✓
```

绘制结果如图 6-41 所示。

（5）单击"默认"选项卡"修改"面板中的"矩形阵列"按钮 ，选择最近绘制的直线，计数为 4，间距为 30，绘制结果如图 6-42 所示。

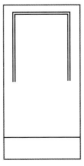

图 6-41　绘制直线

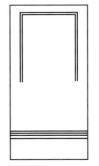

图 6-42　阵列处理

（6）单击"默认"选项卡"修改"面板中的"圆角"按钮 ，将外轮廓线的圆角半径设为 50，内衬圆角半径设为 40，绘制结果如图 6-43 所示。

（7）将当前图层设为"2"图层，单击"默认"选项卡"绘图"面板中的"直线"按钮 ／，绘制直线，命令行提示与操作如下。

```
命令: _line
指定第一个点: 0,1500↙
指定下一点或 [放弃(U)]: @1000,200↙
指定下一点或 [放弃(U)]: @-800,-400↙
指定下一点或 [闭合(C)/放弃(U)]: ↙
```

（8）单击"默认"选项卡"绘图"面板中的"圆弧"按钮 ／，绘制圆弧，命令行提示与操作如下。

```
命令: _arc
指定圆弧的起点或 [圆心(C)]: 200,1300↙
指定圆弧的第二个点或 [圆心(C)/端点(E)]: 130,1430↙
指定圆弧的端点: 0,1500↙
```

绘制结果如图 6-44 所示。

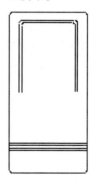

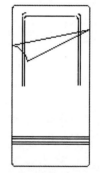

图 6-43　圆角处理　　　　　　图 6-44　绘制直线与圆弧

（9）单击"默认"选项卡"修改"面板中的"修剪"按钮 ／，修剪图形，命令行提示与操作如下。

```
命令: _trim
当前设置: 投影=UCS, 边=无
选择剪切边...
选择对象或 <全部选择>: 找到 1 个 选择起点为 (0,1500)、终点为 (@1000,200) 的直线
选择对象: ↙
选择要修剪的对象，或按住 Shift 键选择要延伸的对象，或[栏选(F)/窗交(C)/投影(P)/边(E)/
删除(R)/放弃(U)]: ↙ 选择剪切对象
选择要修剪的对象，或按住 Shift 键选择要延伸的对象，或[栏选(F)/窗交(C)/投影(P)/边(E)/
删除(R)/放弃(U)]: ↙
```

绘制结果如图 6-39 所示。最后，使用"修剪"命令剪掉多余的线段即可。

6.5.3　延伸命令

延伸命令是指延伸对象直到另一个对象的边界线，如图 6-45 所示。

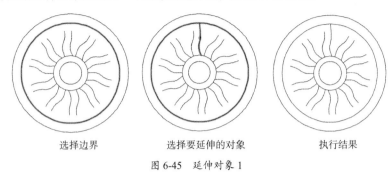

选择边界　　　　　　　选择要延伸的对象　　　　　　执行结果

图 6-45　延伸对象 1

【执行方式】

- 命令行：EXTEND（快捷命令：EX）。
- 菜单栏：选择菜单栏中的"修改"→"延伸"命令。
- 工具栏：单击"修改"工具栏中的"延伸"按钮 --/。
- 功能区：单击"默认"选项卡"修改"面板中的"延伸"按钮 --/。

【操作步骤】

命令行提示与操作如下。

```
命令：EXTEND↙
当前设置：投影=UCS，边=无
选择边界的边...
选择对象或 <全部选择>：选择边界对象
```

此时可以选择对象来定义边界，若直接按<Enter>键，则选择所有对象作为可能的边界对象。

系统规定可以用作边界对象的对象有：直线段、射线、双向无限长线、圆弧、圆、椭圆、二维/三维多段线、样条曲线、文本、浮动的视口、区域。如果选择二维多段线作为边界对象，系统会忽略其宽度而把对象延伸至多段线的中心线。

选择边界对象后，命令行提示如下。

```
选择要延伸的对象，或按住 Shift 键选择要修剪的对象，或[栏选(F)/窗交(C)/投影(P)/边(E)/
放弃(U)]：
```

【选项说明】

（1）如果要延伸的对象是适配样条多段线，则延伸后会在多段线的控制框上增加新节点；如果要延伸的对象是锥形的多段线，系统会修正延伸端的宽度，使多段线从起始端平滑地延伸至新终止端；如果延伸操作导致终止端宽度可能为负值，则取宽度值为 0。操作提示如图 6-46 所示。

| 选择边界对象 | 选择要延伸的多段线 | 延伸后的结果 |

图 6-46 延伸对象 2

（2）选择对象时，如果按住<Shift>键，系统就会自动将"延伸"命令转换成"修剪"命令。

6.5.4 实例——螺钉的绘制

绘制如图 6-47 所示的螺钉。

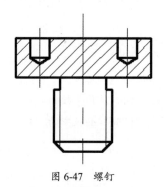

图 6-47 螺钉

（1）单击"默认"选项卡"图层"面板中的"图层特性"按钮，新建 3 个图层。粗实线层：线宽 0.3mm，其余属性默认。细实线层：所有属性默认。中心线层：颜色红色，线型 CENTER，其余属性默认。

（2）将"中心线层"置为当前图层，单击"默认"选项卡"绘图"面板中的"直线"按钮，绘制中心线，坐标分别是{(930,460),(930,430)}和{(921,445),(921,457)}，结果如图 6-48 所示。

（3）将"粗实线层"置为当前图层，单击"默认"选项卡"绘图"面板中的"直线"按钮，绘制轮廓线，坐标分别是{(930,455),(916,455),(916,432)}，结果如图 6-49 所示。

（4）单击"默认"选项卡"修改"面板中的"偏移"按钮，绘制初步轮廓。将刚绘制的竖直轮廓线分别向右偏移 3、7、8 和 9.25，将刚绘制的水平轮廓线分别向下偏移 4、8、11、21 和 23，如图 6-50 所示。

图 6-48 绘制中心线　　　　图 6-49 绘制轮廓线　　　　图 6-50 偏移轮廓线

（5）分别选取适当的界线和对象，单击"默认"选项卡"修改"面板中的"修剪"按钮 -/---，修剪偏移产生的轮廓线，结果如图 6-51 所示。

（6）单击"默认"选项卡"修改"面板中的"倒角"按钮 ◁，对螺钉端部进行倒角（将在 6.5.9 节介绍），命令行提示与操作如下。

```
命令：_chamfer
（"修剪"模式）当前倒角距离 1 = 0.0000，距离 2 = 0.0000
选择第一条直线或 [放弃(U)/多段线(P)/距离(D)/角度(A)/修剪(T)/方式(E)/多个(M)]：d↙
指定第一个倒角距离 <0.0000>：2↙
指定第二个倒角距离 <2.0000>：↙
选择第一条直线或 [放弃(U)/多段线(P)/距离(D)/角度(A)/修剪(T)/方式(E)/多个(M)]：选择
图 6-51 最下边的直线
选择第二条直线：选择与其相交的侧面直线
```

结果如图 6-52 所示。

（7）单击"默认"选项卡"绘图"面板中的"直线"按钮 ／，绘制螺孔底部，命令行提示与操作如下。

```
命令：line↙
指定第一个点：919,451↙
指定下一点或 [放弃(U)]：@10<-30↙
命令：↙
LINE 指定第一点：923,451↙
指定下一点或 [放弃(U)]：@10<210↙
指定下一点或 [放弃(U)]：↙
```

结果如图 6-53 所示。

图 6-51　修剪轮廓线　　　　图 6-52　倒角处理　　　　图 6-53　绘制螺孔底部

（8）单击"默认"选项卡"修改"面板中的"修剪"按钮 -/---，进行编辑处理，命令行提示与操作如下。

```
命令：_trim
当前设置：投影=UCS，边=延伸
选择修剪边...
选择对象或 <全部选择>：选择刚绘制的两条斜线↙
```

> 选择对象：选择刚绘制的两条斜线↙
>
> 选择对象：↙
>
> 选择要修剪的对象，或按住 Shift 键选择要延伸的对象，或[栏选(F)/窗交(C)/投影(P)/边(E)/删除(R)/放弃(U)]：选择刚绘制的两条斜线的下端↙

修剪结果如图 6-54 所示。

（9）将"细实线层"置为当前图层，单击"默认"选项卡"绘图"面板中的"直线"按钮，绘制一条螺纹牙底线，如图 6-55 所示。

（10）单击"默认"选项卡"修改"面板中的"延伸"按钮，将螺纹牙底线延伸至倒角处，命令行提示与操作如下。

> 命令：_extend
>
> 当前设置：投影=UCS，边=无
>
> 选择边界的边...
>
> 选择对象或 <全部选择>：选择倒角生成的斜线
>
> 找到 1 个
>
> 选择对象：↙
>
> 选择要延伸的对象，或按住 Shift 键选择要修剪的对象，或[栏选(F)/窗交(C)/投影(P)/边(E)/放弃(U)]：选择刚绘制的细实线
>
> 选择要延伸的对象，或按住 Shift 键选择要修剪的对象，或[栏选(F)/窗交(C)/投影(P)/边(E)/放弃(U)]：↙

结果如图 6-56 所示。

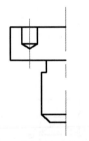

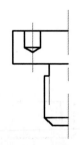
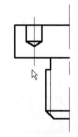

图 6-54 修剪螺孔底部图线　　　图 6-55 绘制螺纹牙底线　　　图 6-56 延伸螺纹牙底线

（11）单击"默认"选项卡"修改"面板中的"镜像"按钮，对图形进行镜像处理，以长中心线为轴，该中心线左边所有的图线为对象进行镜像，结果如图 6-57 所示。

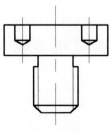

图 6-57 镜像对象

（12）单击"默认"选项卡"绘图"面板中的"图案填充"按钮 ，绘制剖面填充线，打开"图案填充创建"选项卡，如图 6-58 所示。设置"图案填充图案"为 ANSI31，"填充图案比例"为 1，"图案填充角度"为 0，最终结果如图 6-47 所示。

图 6-58　"图案填充创建"选项卡

6.5.5　拉伸命令

拉伸命令是指拖拉选择的对象，并使对象的形状发生改变。拉伸对象时应指定拉伸的基点和移置点。利用一些辅助工具如捕捉、钳夹功能及相对坐标等，可以提高拉伸的精度。拉伸图例如图 6-59 所示。

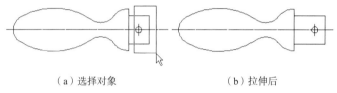

（a）选择对象　　　　　　　（b）拉伸后

图 6-59　拉伸

【执行方式】

- 命令行：STRETCH（快捷命令：S）。
- 菜单栏：选择菜单栏中的"修改"→"拉伸"命令。
- 工具栏：单击"修改"工具栏中的"拉伸"按钮 。
- 功能区：单击"默认"选项卡"修改"面板中的"拉伸"按钮 。

【操作步骤】

命令行提示与操作如下。

```
命令：STRETCH↙
以交叉窗口或交叉多边形选择要拉伸的对象...
选择对象：C↙
指定第一个角点：指定对角点：找到 2 个：采用交叉窗口的方式选择要拉伸的对象
指定基点或 [位移(D)] <位移>：指定拉伸的基点
指定第二个点或 <使用第一个点作为位移>：指定拉伸的移至点
```

此时，若指定第二个点，系统将根据这两点决定矢量拉伸的对象；若直接按<Enter>键，系统会把第一个点作为 X 轴和 Y 轴的分量值。

拉伸命令将使完全包含在交叉窗口内的对象不被拉伸，部分包含在交叉选择窗口内的对象被拉伸。

6.5.6　拉长命令

📏【执行方式】

- 命令行：LENGTHEN（快捷命令：LEN）。
- 菜单栏：选择菜单栏中的"修改"→"拉长"命令。
- 功能区：单击"默认"选项卡"修改"面板中的"拉长"按钮╱。

🖱【操作步骤】

命令行提示与操作如下。

命令：LENGTHEN↙
选择对象或 [增量(DE)/百分数(P)/全部(T)/动态(DY)]：选择要拉长的对象
当前长度：30.0000 给出选定对象的长度。如果选择圆弧，还将给出圆弧的包含角
选择对象或 [增量(DE)/百分数(P)/全部(T)/动态(DY)]：DE↙ 选择拉长或缩短的方式为增量方式
输入长度增量或 [角度(A)] <0.0000>：10↙ 在此输入长度增量数值。如果选择圆弧段，则可输入选项"A"，给定角度增量
选择要修改的对象或 [放弃(U)]：选定要修改的对象，进行拉长操作
选择要修改的对象或 [放弃(U)]：继续选择，或按<Enter>键结束命令

📂【选项说明】

（1）增量（DE）：用指定增加量的方法改变对象的长度或角度。

（2）百分数（P）：用指定占总长度百分比的方法改变圆弧或直线段的长度。

（3）全部（T）：用指定新总长度或总角度值的方法改变对象的长度或角度。

（4）动态（DY）：在此模式下，可以使用拖拉鼠标的方法来动态地改变对象的长度或角度。

6.5.7　圆角命令

圆角命令是指用一条指定半径的圆弧平滑连接两个对象。可以平滑连接一对直线段、非圆弧的多段线段、样条曲线、双向无限长线、射线、圆、圆弧和椭圆，并且可以在任何时候平滑连接多段线的每个节点。

📏【执行方式】

- 命令行：FILLET（快捷命令：F）。
- 菜单栏：选择菜单栏中的"修改"→"圆角"命令。
- 工具栏：单击"修改"工具栏中的"圆角"按钮⌒。
- 功能区：单击"默认"选项卡"修改"面板中的"圆角"按钮⌒。

🖱【操作步骤】

命令行提示与操作如下。

命令：FILLET↙

当前设置：模式 = 修剪，半径 = 0.0000

选择第一个对象或 [放弃(U)/多段线(P)/半径(R)/修剪(T)/多个(M)]：选择第一个对象或其他选项

选择第二个对象，或按住 Shift 键选择对象以应用角点或 [半径(R)]：选择第二个对象

【选项说明】

（1）多段线（P）：在一条二维多段线两段直线段的节点处插入圆弧。选择多段线后系统会根据指定的圆弧半径把多段线各顶点用圆弧平滑连接起来。

（2）修剪（T）：决定在平滑连接两条边时，是否修剪这两条边，如图 6-60 所示。

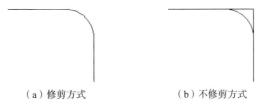

（a）修剪方式　　　　　（b）不修剪方式

图 6-60　圆角连接

（3）多个（M）：同时对多个对象进行圆角编辑，而不必重新执行命令。

（4）按住<Shift>键并选择两条直线，可以快速创建零距离倒角或零半径圆角。

6.5.8　实例——吊钩的绘制

绘制如图 6-61 所示的吊钩。

（1）单击"默认"选项卡"图层"面板中的"图层特性"按钮，打开"图层特性管理器"选项板，单击其中的"新建图层"按钮，新建两个图层："轮廓线"图层，线宽为 0.3mm，其余属性默认；"中心线"图层，颜色设为红色，线型加载为 CENTER，其余属性默认。

（2）将"中心线"图层设置为当前图层。利用直线命令绘制两条相互垂直的定位中心线，绘制结果如图 6-62 所示。

（3）单击"默认"选项卡"修改"面板中的"偏移"按钮，将竖直直线分别向右偏移 142和 160，将水平直线分别向下偏移 180 和 210，偏移结果如图 6-63 所示。

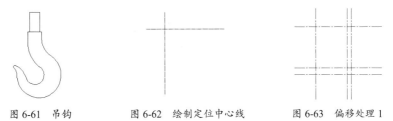

图 6-61　吊钩　　　　　图 6-62　绘制定位中心线　　　　　图 6-63　偏移处理 1

（4）将图层切换到"轮廓线"图层，单击"默认"选项卡"绘图"面板中的"圆"按钮，以点 1 为圆心分别绘制半径为 120 和 40 的同心圆，以点 2 为圆心绘制半径为 96 的圆，以点 3 为圆心绘制半径为 80 的圆，以点 4 为圆心绘制半径为 42 的圆，绘制结果如图 6-64 所示。

（5）单击"默认"选项卡"修改"面板中的"偏移"按钮 ，将直线段 5 分别向左和向右偏移 22.5 和 30，将直线段 6 向上偏移 80，将偏移后的直线切换到"轮廓线"图层，偏移结果如图 6-65 所示。

（6）单击"默认"选项卡"修改"面板中的"修剪"按钮 ，修剪直线，结果如图 6-66 所示。

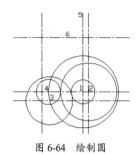
图 6-64 绘制圆

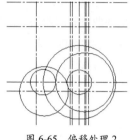
图 6-65 偏移处理 2

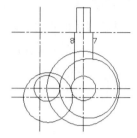
图 6-66 修剪处理 1

（7）单击"默认"选项卡"修改"面板中的"圆角"按钮 ，选择线段 7 和半径为 80 的圆进行倒圆角，命令行提示与操作如下。

```
命令: _fillet
当前设置: 模式 = 不修剪, 半径 = 0.0000
选择第一个对象或 [放弃(U)/多段线(P)/半径(R)/修剪(T)/多个(M)]: t↙
输入修剪模式选项 [修剪(T)/不修剪(N)] <不修剪>: t↙
选择第一个对象或 [放弃(U)/多段线(P)/半径(R)/修剪(T)/多个(M)]: r↙
指定圆角半径 <0.0000>: 80↙
选择第一个对象或 [放弃(U)/多段线(P)/半径(R)/修剪(T)/多个(M)]: 选择线段 7
选择第二个对象或按住 Shift 键选择对象以应用角点或 [半径(R)]: 选择半径为 80 的圆
```

重复上述命令选择线段 8 和半径为 40 的圆进行倒圆角，半径为 120，结果如图 6-67 所示。

（8）单击"默认"选项卡"绘图"面板中的"圆"按钮 ，选用"相切，相切，相切"的方法绘制圆。以半径为 42 的圆为第一点，半径为 96 的圆为第二点，半径为 80 的圆为第三点，绘制结果如图 6-68 所示。

（9）单击"默认"选项卡"修改"面板中的"修剪"按钮 ，将多余线段进行修剪，结果如图 6-69 所示。

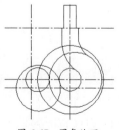
图 6-67 圆角处理

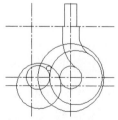
图 6-68 三点画圆

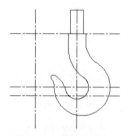
图 6-69 修剪处理 2

（10）单击"默认"选项卡"修改"面板中的"删除"按钮 ，删除多余线段，最终绘制结果如图 6-61 所示。

6.5.9　倒角命令

倒角命令即斜角命令，是用斜线连接两个不平行的线型对象。可以用斜线连接直线段、双向无限长线、射线和多段线。

系统采用两种方法确定连接两个对象的斜线：指定两个斜线距离；指定斜线角度和一个斜线距离。下面分别介绍这两种方法的使用。

1. 指定两个斜线距离

斜线距离是指从被连接对象与斜线的交点到被连接的两个对象交点之间的距离，如图 6-70 所示。

2. 指定斜线角度和一个斜线距离

采用这种方法连接对象时，需要输入两个参数：斜线与一个对象的斜线距离和斜线与该对象的夹角，如图 6-71 所示。

图 6-70　斜线距离

图 6-71　斜线距离与夹角

【执行方式】

- 命令行：CHAMFER（快捷命令：CHA）。
- 菜单：选择菜单栏中的"修改"→"倒角"命令。
- 工具栏：单击"修改"工具栏中的"倒角"按钮◿。
- 功能区：单击"默认"选项卡"修改"面板中的"倒角"按钮◿。

【操作步骤】

命令行提示与操作如下。

```
命令：CHAMFER↙
（"不修剪"模式）当前倒角距离 1 = 0.0000，距离 2 = 0.0000
    选择第一条直线或 [放弃(U)/多段线(P)/距离(D)/角度(A)/修剪(T)/方式(E)/多个(M)]：选择
第一条直线或其他选项
    选择第二条直线，或按住 Shift 键选择直线以应用角点或 [距离(D)/角度(A)/方法(M)]：选择第
二条直线
```

【选项说明】

（1）多段线（P）：对多段线的各个交叉点倒斜角。为了得到最好的连接效果，一般设置斜线是相等的值，系统根据指定的斜线距离把多段线的每个交叉点都作斜线连接，连接的斜线成为多

段线新的构成部分，如图 6-72 所示。

（2）距离（D）：选择倒角的两个斜线距离。这两个斜线距离可以相同也可以不相同。若二者均为 0，则系统不绘制连接的斜线，而是把两个对象延伸至相交并修剪超出的部分。

（3）角度（A）：选择第一条直线的斜线距离和第一条直线的倒角角度。

（4）修剪（T）：与圆角连接命令"FILLET"相同，该选项决定连接对象后是否剪切源对象。

（5）方式（E）：决定采用"距离"方式还是"角度"方式来倒斜角。

（6）多个（M）：同时对多个对象进行倒斜角处理。

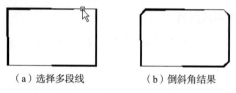

（a）选择多段线　　　　　　　（b）倒斜角结果

图 6-72　斜线连接多段线

6.5.10　实例——轴的绘制

绘制如图 6-73 所示的轴。

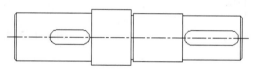

图 6-73　轴

（1）单击"默认"选项卡"图层"面板中的"图层特性"按钮 ![icon]，打开"图层特性管理器"选项板，单击其中的"新建图层"按钮 ![icon]，新建两个图层："轮廓线"图层，线宽属性为 0.3mm，其余属性保持默认设置；"中心线"图层，颜色设为红色，线型加载为 CENTER，其余属性保持默认设置。

（2）将"中心线"图层设置为当前图层，利用"直线"命令绘制水平中心线。将"轮廓线"图层设置为当前图层，利用"直线"命令绘制竖直线，绘制结果如图 6-74 所示。

图 6-74　绘制定位直线

（3）单击"默认"选项卡"修改"面板中的"偏移"按钮 ![icon]，将水平中心线分别向上偏移 35、30、26.5、25，将竖直线分别向右偏移 2.5、108、163、166、235、315.5、318。然后选择偏移形成的 4 条水平点画线，将其所在图层修改为"轮廓线"图层，将其线型转换成实线，结果如图 6-75所示。

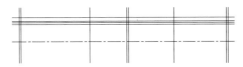

图 6-75　偏移直线并修改线型

（4）单击"默认"选项卡"修改"面板中的"修剪"按钮 ✂，修剪多余的线段，结果如图 6-76 所示。

图 6-76　修剪处理

（5）单击"默认"选项卡"修改"面板中的"倒角"按钮 ◹，将轴的左端倒角，命令行提示与操作如下。

```
命令：_chamfer
（"修剪"模式）当前倒角距离 1 = 0.0000, 距离 2 = 0.0000
选择第一条直线或 [放弃(U)/多段线(P)/距离(D)/角度(A)/修剪(T)/方式(E)/多个(M)]: d↙
指定第一个倒角距离 <0.0000>: 2.5↙
指定第二个倒角距离 <2.5000>: ↙
选择第一条直线或 [放弃(U)多段线(P)/距离(D)/角度(A)/修剪(T)/方式 E)/多个(M)]: 选择最
左端的竖直线
选择第二条直线，或按住 Shift 键选择直线以应用角点或 [距离(D)/角度(A)/方法(M)]: 选择与
之相交的水平线
```

重复上述命令，将右端进行倒角处理，结果如图 6-77 所示。

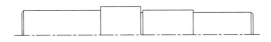

图 6-77　倒角处理

（6）单击"默认"选项卡"修改"面板中的"镜像"按钮 ⚏，将轴的上半部分以中心线为对称轴进行镜像，结果如图 6-78 所示。

图 6-78　镜像处理

（7）单击"默认"选项卡"修改"面板中的"偏移"按钮 ⬱，将线段 1 分别向左偏移 12 和 49，将线段 2 分别向右偏移 12 和 69。单击"修改"工具栏中的"修剪"按钮 ✂，把刚偏移绘制直线在中心线之下的部分修剪掉，结果如图 6-79 所示。

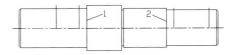

图 6-79　偏移、修剪处理

（8）单击"默认"选项卡"绘图"面板中的"圆"按钮 ⊙，选择偏移后的线段与水平中心线的交点为圆心，绘制半径为 9 的 4 个圆，绘制结果如图 6-80 所示。

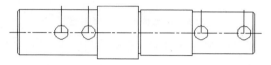

图 6-80　绘制圆

（9）单击"默认"选项卡"绘图"面板中的"直线"按钮 ，绘制与圆相切的 4 条直线，绘制结果如图 6-81 所示。

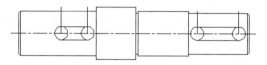

图 6-81　绘制直线

（10）单击"默认"选项卡"修改"面板中的"删除"按钮 ，将步骤（7）中偏移得到的线段删除，结果如图 6-82 所示。

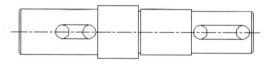

图 6-82　删除结果

（11）单击"默认"选项卡"修改"面板中的"修剪"按钮 ，将多余的线进行修剪，最终结果如图 6-73 所示。

6.5.11　打断命令

【执行方式】

- 命令行：BREAK（快捷命令：BR）。
- 菜单栏：选择菜单栏中的"修改"→"打断"命令。
- 工具栏：单击"修改"工具栏中的"打断"按钮 。
- 功能区：单击"默认"选项卡"修改"面板中的"打断"按钮 。

【操作步骤】

命令行提示与操作如下。

```
命令：BREAK✓
选择对象：选择要打断的对象
指定第二个打断点或 [第一点(F)]：指定第二个断开点或输入"F"✓
```

【选项说明】

（1）如果选择"第一点（F）"，AutoCAD 2015 将丢弃前面的第一个选择点，重新提示用户指定两个断开点。

（2）打断对象时，需要确定两个断点。可以将选择对象处作为第一个断点，然后指定第二个断点；还可以先选择整个对象，然后指定两个断点。

（3）如果仅想将对象在某点打断，则可直接应用"修改"工具栏中的"打断于点"按钮。

（4）打断命令主要用于删除断点之间的对象，因为某些删除操作是不能由 ERASE 和 TRIM 命令完成的。例如，圆的中心线和对称中心线过长时可利用打断操作进行删除。

6.5.12　实例——删除过长中心线

单击"默认"选项卡"修改"面板中的"打断"按钮，按命令行提示选择过长的中心线需要打断的位置，如图 6-83（a）所示。

这时被选中的中心线变为虚线，如图 6-83（b）所示。在中心线的延长线上选择第二点，多余的中心线被删除，结果如图 6-83（c）所示。

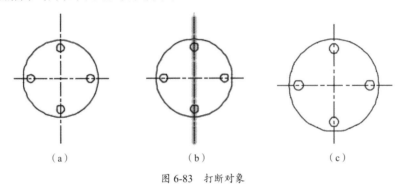

（a）　　　　　　　　（b）　　　　　　　　（c）

图 6-83　打断对象

6.5.13　打断于点命令

打断于点命令是指在对象上指定一点，从而把对象在此点拆分成两部分。此命令与打断命令类似。

【执行方式】

- 命令行：BREAK（快捷命令：BR）。
- 工具栏：单击"修改"工具栏中的"打断于点"按钮。
- 功能区：单击"默认"选项卡"修改"面板中的"打断于点"按钮。

【操作步骤】

命令行提示与操作如下。

```
_break 选择对象：选择要打断的对象
指定第二个打断点或 [第一点(F)]：_f 系统自动执行"第一点"选项
指定第一个打断点：选择打断点
指定第二个打断点：@：系统自动忽略此提示
```

6.5.14 分解命令

【执行方式】

- 命令行：EXPLODE（快捷命令：X）。
- 菜单栏：选择菜单栏中的"修改"→"分解"命令。
- 工具栏：单击"修改"工具栏中的"分解"按钮 ⟠。
- 功能区：单击"默认"选项卡"修改"面板中的"分解"按钮 ⟠。

【操作步骤】

命令：EXPLODE↙
选择对象：选择要分解的对象

选择一个对象后，该对象会被分解，系统继续提示该行信息，允许分解多个对象。

【技巧荟萃】

分解命令是将一个合成图形分解为其部件的工具。例如，一个矩形被分解后就会变成 4 条直线，且一个有宽度的直线分解后就会失去其宽度属性。

6.5.15 合并命令

可以将直线、圆、椭圆弧和样条曲线等独立的图线合并为一个对象，如图 6-84 所示。

【执行方式】

- 命令行：JOIN。
- 菜单：选择菜单栏中的"修改"→"合并"命令。
- 工具栏：单击"修改"工具栏中的"合并"按钮 ⤚。
- 功能区：单击"默认"选项卡"修改"面板中的"合并"按钮 ⤚。

图 6-84 合并对象

【操作步骤】

命令行提示与操作如下。

命令：JOIN↙
选择源对象或要一次合并的多个对象：选择对象
选择要合并的对象：选择另外的对象
找到 1 个
选择要合并到源的直线：↙
已经合并了 2 个对象

6.5.16 光顺曲线

在两条选定直线或曲线之间的间隙中创建样条曲线。

✎【执行方式】

- 命令行：BLEND。
- 菜单栏：选择菜单栏中的"修改"→"光顺曲线"命令。
- 工具栏：单击"修改"工具栏中的"光顺曲线"按钮 ⌇。

🖱【操作步骤】

命令：BLEND↙
连续性=相切
选择第一个对象或[连续性（CON）]：CON
输入连续性[相切（T）/平滑（S）]<切线>：↙
选择第一个对象或[连续性（CON）]：
选择第二个点：↙

👉【选项说明】

（1）连续性（CON）：在两种过渡类型中指定一种。

（2）相切（T）：创建一条 3 阶样条曲线，在选定对象的端点处具有相切（G1）连续性。

（3）平滑（S）：创建一条 5 阶样条曲线，在选定对象的端点处具有曲率（G2）连续性。

如果使用"平滑"选项，请勿将显示从控制点切换为拟合点。此操作将样条曲线更改为 3 阶，这会改变样条曲线的形状。

6.6　对象编辑命令

在对图形进行编辑时，还可以对图形对象本身的某些特性进行编辑，从而方便地进行图形绘制。

6.6.1　钳夹功能

利用钳夹功能可以快速、方便地编辑对象。AutoCAD 在图形对象上定义了一些特殊点，称为夹持点，利用夹持点可以灵活地控制对象，如图 6-85 所示。

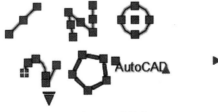

图 6-85　夹持点

要使用钳夹功能编辑对象，必须先打开钳夹功能，打开方法是：选择菜单栏中的"工具"→"选项"命令，系统打开"选项"对话框。单击"选择集"选项卡，勾选"夹点"选项组中的"显示夹点"复选框。在该选项卡中还可以设置代表夹点的小方格尺寸和颜色。

也可以通过 GRIPS 系统变量控制是否打开钳夹功能，1 代表打开，0 代表关闭。

打开了钳夹功能后，应该在编辑对象之前先选择对象。夹点表示对象的控制位置。

使用夹点编辑对象，要选择一个夹点作为基点，称为基准夹点。然后选择一种编辑操作：删除、移动、复制选择、旋转和缩放。可以用按<Space>键或<Enter>键循环选择这些功能。

下面就其中的拉伸对象操作为例进行讲解，其他操作类似。

在图形上选择一个夹点，该夹点改变颜色，此点为夹点编辑的基准点，此时命令行提示如下。

```
** 拉伸 **
指定拉伸点或 [基点(B)/复制(C)/放弃(U)/退出(X)]：
```

在上述拉伸编辑提示下，输入"缩放"命令或单击鼠标右键，选择快捷菜单中的"缩放"命令，系统就会转换为"缩放"操作，其他操作类似。

6.6.2 实例——利用钳夹功能编辑图形

绘制如图 6-86（a）所示的图形，并利用钳夹功能编辑成如图 6-86（b）所示的图形。

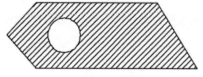
（a）绘制图形

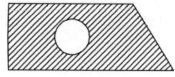
（b）编辑图形

图 6-86　编辑填充图案

（1）单击"默认"选项卡"绘图"面板中的"直线"按钮 / 和"圆"按钮 ⊙，绘制图形轮廓。

（2）单击"默认"选项卡"绘图"面板中的"图案填充"按钮 ▨，进行图案填充，系统打开"图案填充创建"选项卡，设置"图案填充图案"为 ANSI31，填充结果如图 6-86（a）所示。

（3）钳夹功能设置。选择菜单栏中的"工具"→"选项"命令，系统打开"选项"对话框，单击"选择集"选项卡，在"夹点"选项组中勾选"显示夹点"复选框。

（4）钳夹编辑。选择如图 6-87 所示图形左边界的两条线段，这两条线段上会显示出相应特征的点方框；再选择图中最左边的特征点，该点以醒目方式显示；移动鼠标，使光标到如图 6-88 所示的相应位置单击，得到如图 6-89 所示的图形。

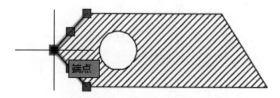

图 6-87　显示边界特征点

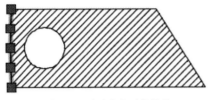

图 6-88　移动夹点到新位置

图 6-89　编辑后的图形

（5）选择圆，圆上会出现相应的特征点，如图 6-90 所示。选择圆心特征点，则该特征点以醒目方式显示。移动鼠标，使光标位于另一点的位置，如图 6-91 所示。单击确认，则得到如图 6-86（b）所示的结果。

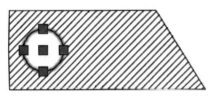

图 6-90　显示圆上特征点

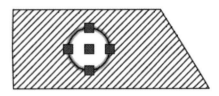

图 6-91　移动夹点到新位置

6.6.3　修改对象属性

📏【执行方式】

- 命令行：DDMODIFY 或 PROPERTIES。
- 菜单栏：选择菜单栏中的"修改"→"特性"命令。
- 工具栏：单击"标准"工具栏中的"特性"按钮🔲。
- 功能区：单击"默认"选项卡"特性"面板中的"对话框启动器"按钮 ⅃。

执行上述操作后，系统打开"特性"选项板，如图 6-92 所示。利用它可以方便地设置或修改对象的各种属性。不同的对象属性种类和值不同，修改属性值，对象改变为新的属性。

图 6-92　"特性"选项板

6.7　上机操作

【实例1】绘制如图 6-93 所示的桌椅。

1．目的要求

本例设计的图形除了要用到基本的绘图命令外，还用到"环形阵列"编辑命令。通过本例，要求读者灵活掌握绘图的基本技巧，巧妙利用一些编辑命令以快速、灵活地完成绘图工作。

2．操作提示

（1）利用"圆"和"偏移"命令绘制圆形餐桌。

（2）利用"直线"、"圆弧"及"镜像"命令绘制椅子。

（3）阵列椅子。

【实例2】绘制如图 6-94 所示的小人头。

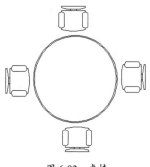

图 6-93　桌椅

图 6-94　小人头

1．目的要求

本例设计的图形除了要用到很多基本的绘图命令外，考虑到图形对象的对称性，还要用到"镜像"编辑命令。通过本例，要求读者灵活掌握绘图的基本技巧及镜像命令的用法。

2．操作提示

（1）利用"圆"、"直线"、"圆环"、"多段线"和"圆弧"命令绘制小人头一半的轮廓。

（2）以外轮廓圆竖直方向上的两点为对称轴镜像图形。

【实例3】绘制如图 6-95 所示的均布结构图形。

1．目的要求

本例设计的图形是一个常见的机械零件。在绘制的过程中，除了要用到"直线"、"圆"等基本绘图命令外，还要用到"剪切"和"阵列"编辑命令。通过本例，要求读者熟练掌握"剪切"和"阵列"编辑命令的用法。

2．操作提示

（1）设置新图层。

（2）绘制中心线和基本轮廓。

（3）进行阵列编辑。

（4）进行剪切编辑。

【实例 4】绘制如图 6-96 所示的圆锥滚子轴承。

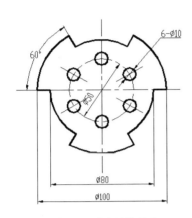

图 6-95　均布结构图形

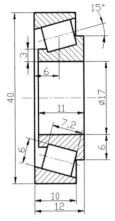

图 6-96　圆锥滚子轴承

1．目的要求

本例要绘制的是一个圆锥滚子轴承的剖视图。除了要用到一些基本的绘图命令外，还要用到"图案填充"命令及"旋转"、"镜像"、"剪切"等编辑命令。通过对本例图形的绘制，使读者进一步熟悉常见编辑命令及"图案填充"命令的使用。

2．操作提示

（1）新建图层。

（2）绘制中心线及滚子所在的矩形。

（3）旋转滚子所在的矩形。

（4）绘制半个轴承轮廓线。

（5）对绘制的图形进行剪切。

（6）镜像图形。

（7）分别对轴承外圈和内圈进行图案填充。

6.8　模拟真题

1．关于分解命令（Explode）的描述正确的是（　　　）。

　　A．对象分解后颜色、线型和线宽不会改变

　　B．图案分解后，图案与边界的关联性仍然存在

    C. 多行文字分解后将变为单行文字

    D. 构造线分解后可得到两条射线

2. 使用复制命令时，正确的情况是（   ）。

    A. 复制一个就退出命令   B. 最多可复制 3 个

    C. 复制时，选择放弃，则退出命令   D. 可复制多个，直到选择退出，才结束复制

3. 拉伸命令对下列哪个对象没有作用（   ）。

    A. 多段线   B. 样条曲线   C. 圆   D. 矩形

4. 关于偏移，下面说明错误的是（   ）。

    A. 偏移值为 30

    B. 偏移值为−30

    C. 偏移圆弧时，既可以创建更大的圆弧，也可以创建更小的圆弧

    D. 可以偏移的对象类型有样条曲线

5. 下面图形不能偏移的是（   ）。

    A. 构造线   B. 多线   C. 多段线   D. 样条曲线

6. 下面图形中偏移后图形属性没有发生变化的是（   ）。

    A. 多段线   B. 椭圆弧   C. 椭圆   D. 样条曲线

7. 使用 Scale 命令缩放图形时，在提示输入比例时，输入 r，然后指定缩放的参照长度分别为 1、2，则缩放后的比例值为（   ）。

    A. 2   B. 1   C. 0.5   D. 4

8. 要剪切与剪切边延长线相交的圆，则需执行的操作为（   ）。

    A. 剪切时按住<Shift>键   B. 剪切时按住<Alt>键

    C. 修改"边"参数为"延伸"   D. 剪切时按住<Ctrl>键

9. 对于一个多段线对象中的所有角点进行圆角，可以使用圆角命令中的什么命令选项？（   ）

    A. 多段线（P）   B. 修剪（T）

    C. 多个（U）   D. 半径（R）

10. 将用矩形命令绘的四边形分解后，该矩形成为几个对象？（   ）

    A. 4   B. 3

    C. 2   D. 1

11. 绘制如图 6-97 所示的图形 1。

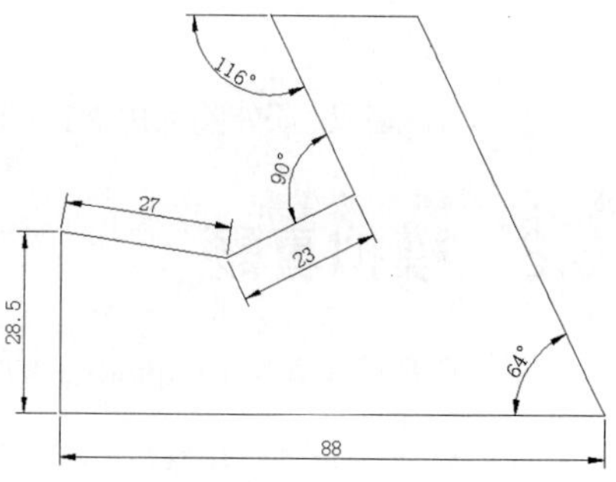

图 6-97 图形 1

第7章

文字与表格

文字注释是绘制图形过程中很重要的内容，进行各种设计时，不仅要绘制出图形，还要在图形中标注一些注释性的文字，如技术要求、注释说明等，对图形对象加以解释。AutoCAD 提供了多种在图形中输入文字的方法，本章将详细介绍文本的注释和编辑功能。图表在 AutoCAD 图形中也有大量的应用，如明细表、参数表和标题栏等。本章主要介绍文字与图表的使用方法。

7.1 文本样式

所有 AutoCAD 图形中的文字都有与其相对应的文本样式。当输入文字对象时，AutoCAD 使用当前设置的文本样式。文本样式是用来控制文字基本形状的一组设置。AutoCAD 2015 提供了"文字样式"对话框，通过该对话框可以方便、直观地设置需要的文本样式，或对已有样式进行修改。

【执行方式】

- 命令行：STYLE（快捷命令：ST）或 DDSTYLE。
- 菜单栏：选择菜单栏中的"格式"→"文字样式"命令。
- 工具栏：单击"文字"工具栏中的"文字样式"按钮 **A**。
- 功能区：单击"默认"选项卡"注释"面板中的"文字样式"按钮 **A**（如图 7-1 所示），或单击"注释"选项卡"文字"面板上的"文字样式"下拉菜单中的"管理文字样式"按钮（如图 7-2 所示），或单击"注释"选项卡"文字"面板中的"对话框启动器"按钮 ⌐。

图 7-1 "注释"面板

图 7-2　"文字"面板

执行上述命令后，系统打开"文字样式"对话框，如图 7-3 所示。通过这个对话框可方便、直观地定制需要的文本样式，或对已有样式进行修改。

图 7-3　"文字样式"对话框

🖙【选项说明】

（1）"样式"列表框：列出所有已设定的文字样式名或对已有样式名进行相关操作。单击"新建"按钮，系统打开如图 7-4 所示的"新建文字样式"对话框。在该对话框中可以为新建的文字样式输入名称。从"样式"列表框中选中要改名的文本样式，单击鼠标右键，选择快捷菜单中的"重命名"命令，如图 7-5 所示，可以为所选文本样式输入新的名称。

（2）"字体"选项组：用于确定字体样式。文字的字体确定字符的形状，在 AutoCAD 中，除了它固有的 SHX 形状字体文件外，还可以使用 TrueType 字体（如宋体、楷体、italley 等）。一种字体可以设置不同的效果，从而被多种文本样式使用。如图 7-6 所示就是同一种字体（宋体）的不同样式。

图 7-4　"新建文字样式"对话框

图 7-5　快捷菜单　　　图 7-6　同一字体的不同样式

（3）"大小"选项组：用于确定文本样式使用的字体文件、字体风格及字高。"高度"文本框用来设置创建文字时的固定字高，在用 TEXT 命令输入文字时，AutoCAD 不再提示输入字高参数。如果在此文本框中设置字高为 0，系统会在每一次创建文字时提示输入字高。所以，如果不想固定字高，就可以把"高度"文本框中的数值设置为 0。

（4）"效果"选项组。

① "颠倒"复选框：勾选该复选框，表示将文本文字倒置标注，如图 7-7（a）所示。

② "反向"复选框：确定是否将文本文字反向标注，如图 7-7（b）所示的标注效果。

③ "垂直"复选框：确定文本是水平标注还是垂直标注。勾选该复选框时为垂直标注，否则为水平标注，垂直标注如图 7-8 所示。

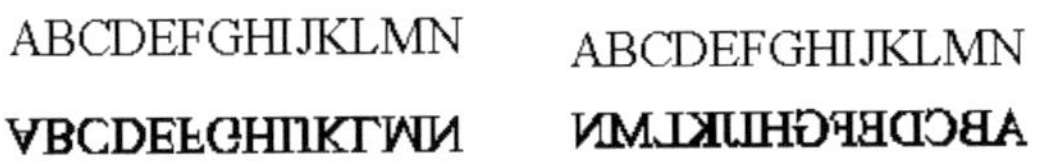

ABCDEFGHIJKLMN

ABCDEFGHIJKLMN

（a）

（b）

abcd

a
b
c
d

图 7-7　文字倒置标注与反向标注　　　　　　图 7-8　垂直标注文字

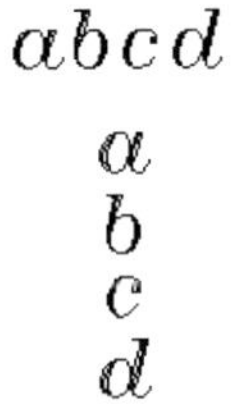

④ "宽度因子"文本框：设置宽度系数，确定文本字符的宽高比。当比例系数为 1 时，表示将按字体文件中定义的宽高比标注文字。当此系数小于 1 时，字会变窄；反之变宽。如图 7-6 所示是在不同比例系数下标注的文本文字。

⑤ "倾斜角度"文本框：用于确定文字的倾斜角度。角度为 0 时不倾斜，为正数时向右倾斜，为负数时向左倾斜，效果如图 7-6 所示。

（5）"应用"按钮：确认对文字样式的设置。当创建新的文字样式或对现有文字样式的某些特征进行修改后，都需要单击此按钮，系统才会确认所做的改动。

7.2　文本标注

在绘制图形的过程中，文字传递了很多设计信息，它可能是一个很复杂的说明，也可能是一个简短的文字信息。当需要文字标注的文本不太长时，可以利用 TEXT 命令创建单行文本；当需要标注很长、很复杂的文字信息时，可以利用 MTEXT 命令创建多行文本。

7.2.1　单行文本标注

【执行方式】

- 命令行：TEXT。
- 菜单：选择菜单栏中的"绘图"→"文字"→"单行文字"命令。
- 工具栏：单击"文字"工具栏中的"单行文字"按钮**A**。

- 功能区：单击"默认"选项卡"注释"面板中的"单行文字"按钮**AI**或单击"注释"选项卡"文字"面板中的"单行文字"按钮**AI**。

🖱️【操作步骤】

命令行提示与操作如下。

```
命令：TEXT↙
当前文字样式：Standard   当前文字高度：0.2000
指定文字的起点或 [对正(J)/样式(S)]：
```

📋【选项说明】

（1）指定文字的起点：在此提示下直接在绘图区选择一点作为输入文本的起始点，命令行提示如下。

```
指定高度 <0.2000>：确定文字高度
指定文字的旋转角度 <0>：确定文本行的倾斜角度
```

执行上述命令后，即可在指定位置输入文本文字，输入后按<Enter>键，文本文字另起一行，可继续输入文字，待全部输入完后按两次<Enter>键，退出 TEXT 命令。可见，TEXT 命令也可创建多行文本，只是这种多行文本每一行是一个对象，不能对多行文本同时进行操作。

🔍【技巧荟萃】

只有当前文本样式中设置的字符高度为 0，在使用 TEXT 命令时，系统才出现要求用户确定字符高度的提示。AutoCAD 允许将文本行倾斜排列，如图 7-9 所示为倾斜角度分别是 0°、45°和-45°时的排列效果。在"指定文字的旋转角度 <0>"提示下输入文本行的倾斜角度或在绘图区拉出一条直线来指定倾斜角度。

图 7-9   文本行倾斜排列的效果

（2）对正（J）：在"指定文字的起点或 [对正（J）/样式（S）]"提示下输入"J"，用来确定文本的对齐方式。对齐方式决定文本的哪部分与所选插入点对齐。执行此选项，命令行提示如下。

```
输入选项 [对齐(A)/调整(F)/中心(C)/中间(M)/右®/左上(TL)/中上(TC)/右上(TR)/左中
(ML)/正中(MC)/右中(MR)/左下(BL)/中下(BC)/右下(BR)]：
```

在此提示下选择一个选项作为文本的对齐方式。当文本文字水平排列时，AutoCAD 为标注文本的文字定义了如图 7-10 所示的顶线、中线、基线和底线，各种对齐方式如图 7-11 所示，图中大写字母对应上述提示中的各命令。下面以"对齐"方式为例进行简要说明。

底线　　基线　　　中线　　顶线

图 7-10　文本行的底线、基线、中线和顶线

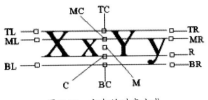

图 7-11　文本的对齐方式

选择"对齐（A）"选项，要求用户指定文本行基线的起始点与终止点的位置，命令行提示与操作如下。

> 指定文字基线的第一个端点：指定文本行基线的起点位置
> 指定文字基线的第二个端点：指定文本行基线的终点位置
> 输入文字：输入文本文字✓
> 输入文字：✓

执行结果：输入的文本文字均匀地分布在指定的两点之间。如果两点间的连线不水平，则文本行倾斜放置，倾斜角度由两点间的连线与 X 轴夹角确定；字高、字宽根据两点间的距离、字符的多少及文本样式中设置的宽度系数自动确定。指定了两点之后，每行输入的字符越多，字宽和字高越小。其他选项与"对齐"类似，此处不再赘述。

实际绘图时，有时需要标注一些特殊字符，例如直径符号、上画线或下画线、温度符号等。由于这些符号不能直接从键盘上输入，AutoCAD 提供了一些控制码，用来实现这些要求。控制码用两个百分号（％％）加一个字符构成，常用的控制码及功能如表 7-1 所示。

表 7-1　AutoCAD 常用控制码

控　制　码	标注的特殊字符	控　制　码	标注的特殊字符
％％O	上画线	\u+0278	电相位
％％U	下画线	\u+E101	流线
％％D	"度"符号（°）	\u+2261	标识
％％P	正负符号（±）	\u+E102	界碑线
％％C	直径符号（ϕ）	\u+2260	不相等（≠）
％％％	百分号（％）	\u+2126	欧姆（Ω）
\u+2248	约等于（≈）	\u+03A9	欧米加（Ω）
\u+2220	角度（∠）	\u+214A	低界线
\u+E100	边界线	\u+2082	下标 2
\u+2104	中心线	\u+00B2	上标 2
\u+0394	差值		

其中，％％O 和％％U 分别是上画线和下画线的开关，第一次出现此符号开始画上画线和下画线，第二次出现此符号，上画线和下画线终止。例如输入"I want to ％％U go to Beijing％％U."，则得到如图 7-12（a）所示的文本行；输入"50％％D+％％C75％％P12"，则得到如图 7-12（b）所示的文本行。

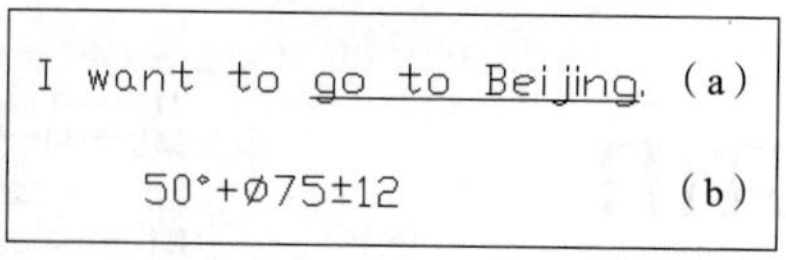

I want to go to Beijing. (a)

50°+Ø75±12　　　　(b)

图 7-12　文本行

利用 TEXT 命令可以创建一个或若干个单行文本，即此命令可以标注多行文本。在"输入文字"提示下输入一行文本文字后按<Enter>键，命令行继续提示"输入文字"，用户可输入第二行文本文字，依此类推，直到文本文字全部输写完毕，再在此提示下按两次<Enter>键，结束文本输入命令。每一次按<Enter>键就结束一个单行文本的输入，每一个单行文本是一个对象，可以单独修改其文本样式、字高、旋转角度、对齐方式等。

用 TEXT 命令创建文本时，在命令行输入的文字同时显示在绘图区，而且在创建过程中可以随时改变文本的位置，只要移动光标到新的位置单击，则当前行结束，随后输入的文字在新的文本位置出现。用这种方法可以把多行文本标注到绘图区的不同位置。

7.2.2　多行文本标注

📏【执行方式】

- 命令行：MTEXT（快捷命令：T 或 MT）。
- 菜单栏：选择菜单栏中的"绘图"→"文字"→"多行文字"命令。
- 工具栏：单击"绘图"工具栏中的"多行文字"按钮**A**或单击"文字"工具栏中的"多行文字"按钮**A**。
- 功能区：单击"默认"选项卡"注释"面板中的"多行文字"按钮**A**或单击"注释"选项卡"文字"面板中的"多行文字"按钮**A**。

🖱【操作步骤】

命令行提示与操作如下。

```
命令:MTEXT✓
当前文字样式:"Standard"　当前文字高度:1.9122
指定第一角点:指定矩形框的第一个角点
指定对角点或 [高度(H)/对正(J)/行距(L)/旋转(R)/样式(S)/宽度(W)/栏(C)]:
```

📄【选项说明】

（1）指定对角点：直接在屏幕上选取一个点作为矩形框的第二个角点，AutoCAD 以这两个点为对角点形成一个矩形区域，其宽度作为将来要标注的多行文本的宽度，而且第一个点作为第一行文本顶线的起点。响应后 AutoCAD 打开如图 7-13 所示的"文字编辑器"选项卡和"多行文字编辑器"，可利用此编辑器输入多行文本并对其格式进行设置。关于该对话框中各项的含义及编辑器功能，稍后再详细介绍。

（2）对正（J）：确定所标注文本的对齐方式。执行此选项后，AutoCAD 提示如下。

> 输入对正方式[左上(TL)/中上(TC)/右上(TR)/左中(ML)/正中(MC)/右中(MR)/左下(BL)/中下
> (BC)/右下(BR)]<左上(TL)>：

这些对齐方式与 Text 命令中的各对齐方式相同，不再重复。选取一种对齐方式后按<Enter>键，AutoCAD 回到上一级提示。

（3）行距（L）：确定多行文本的行间距。这里所说的行间距是指相邻两文本行的基线之间的垂直距离。执行此选项后，AutoCAD 提示如下。

> 输入行距类型[至少(A)/精确(E)]<至少(A)>：

在此提示下有两种方式确定行间距："至少"和"精确"。在"至少"方式下，AutoCAD 根据每行文本中最大的字符自动调整行间距；在"精确"方式下，AutoCAD 给多行文本赋予一个固定的行间距。可以直接输入一个确切的间距值，也可以输入"nx"的形式。其中，n 是一个具体数，表示行间距设置为单行文本高度的 n 倍，而单行文本高度是本行文本字符高度的 1.66 倍。

（4）旋转（R）：确定文本行的倾斜角度。执行此选项后，AutoCAD 提示如下。

> 指定旋转角度<0>：输入旋转角度

输入角度值后按<Enter>键，系统返回到"指定对角点或[高度(H)/对正(J)/行距(L)/旋转(R)/样式(S)/宽度(W)/栏(C)]："提示。

（5）样式（S）：确定当前的文本样式。

（6）宽度（W）：指定多行文本的宽度。可在屏幕上选取一点与前面确定的第一个角点组成的矩形框的宽作为多行文本的宽度。也可以输入一个数值，精确设置多行文本的宽度。

在创建多行文本时，只要给定了文本行的起始点和宽度后，AutoCAD 就会打开如图 7-13 所示的"文字编辑器"选项卡和"多行文字编辑器"，该编辑器包含一个"文字格式"对话框和一个右键快捷菜单。用户可以在编辑器中输入和编辑多行文本，包括设置字高、文本样式及倾斜角度等。

（7）栏（C）：根据栏宽、栏间距宽度和栏高组成矩形框，打开如图 7-13 所示的"文字编辑器"选项卡和"多行文字编辑器"。

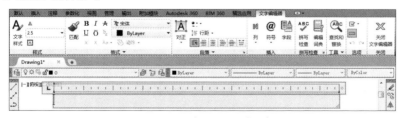

图 7-13　"文字编辑器"选项卡

（8）"文字编辑器"选项卡：用来控制文本文字的显示特性。可以在输入文本文字前设置文本的特性，也可以改变已输入的文本文字特性。要改变已有文本文字的显示特性，首先应选择要修改的文本。选择文本的方式有以下 3 种。

① 将光标定位到文本文字开始处，按住鼠标左键，拖到文本末尾。

② 双击某个文字，则该文字被选中。

③ 单击 3 次，则选中全部内容。

下面介绍"文字编辑器"选项卡中部分选项的功能。

① "高度"下拉列表框：确定文本的字符高度，可在文本编辑框中直接输入新的字符高度，也可从下拉列表框中选择已设定过的高度。

② "**B**"和"*I*"按钮：设置黑体或斜体效果，只对 TrueType 字体有效。

③ "删除线"按钮 **A**：用于在文字上添加水平删除线。

④ "下画线" U 与"上画线" Ō 按钮：设置或取消上（下）画线。

⑤ "堆叠"按钮 ⅃₊：即层叠/非层叠文本按钮，用于层叠所选的文本，也就是创建分数形式。当文本中某处出现"/"、"^"或"#"这 3 种层叠符号之一时可层叠文本，方法是：选中需层叠的文字，然后单击此按钮，则符号左边的文字作为分子，右边的文字作为分母。AutoCAD 提供了 3 种分数形式，如果选中"abcd/efgh"后单击此按钮，则得到如图 7-14（a）所示的分数形式；如果选中"abcd^efgh"后单击此按钮，则得到如图 7-14（b）所示的形式，此形式多用于标注极限偏差；如果选中"abcd # efgh"后单击此按钮，则创建斜排的分数形式，如图 7-14（c）所示。如果选中已经层叠的文本对象后单击此按钮，则恢复到非层叠形式。

⑥ "倾斜角度"下拉列表框 **0/**：设置文字的倾斜角度。

📖 提示

倾斜角度与斜体效果是两个不同的概念，前者可以设置任意倾斜角度，后者是在任意倾斜角度的基础上设置斜体效果，如图 7-15 所示。其中，第一行倾斜角度为 0°，非斜体；第二行倾斜角度为 6°，斜体；第三行倾斜角度为 12°。

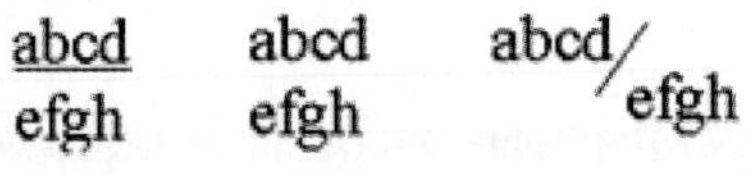

图 7-14　文本层叠

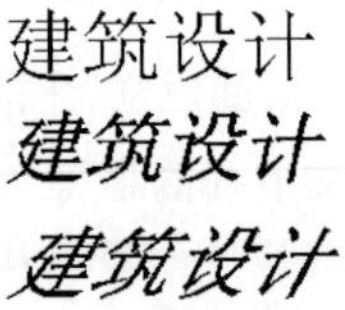

图 7-15　倾斜角度与斜体效果

⑦ "符号"按钮 **@·**：用于输入各种符号。单击该按钮，系统打开符号列表，如图 7-16 所示，可以从中选择符号输入到文本中。

⑧ "插入字段"按钮 🗒：插入一些常用或预设字段。单击该按钮，系统打开"字段"对话框，如图 7-17 所示，用户可以从中选择字段插入到标注文本中。

⑨ "追踪"按钮 **a·b**：增大或减小选定字符之间的空隙。

⑩ "多行文字对正"按钮 🗛·：显示"多行文字对正"菜单，并且有 9 个对齐选项可用。

⑪ "宽度因子"按钮 ●：扩展或收缩选定字符。

⑫ "上标"按钮 $\mathbf{x}^2$：将选定文字转换为上标，即在输入线的上方设置稍小的文字。

⑬ "下标"按钮 $\mathbf{x}_2$：将选定文字转换为下标，即在输入线的下方设置稍小的文字。

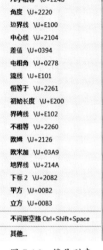

图 7-16　符号列表

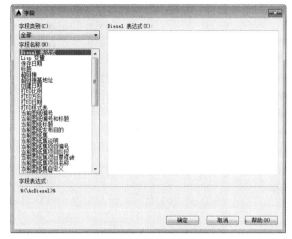

图 7-17　"字段"对话框

⑭ "清除格式"下拉列表框：删除选定字符的字符格式，或删除选定段落的段落格式，或删除选定段落中的所有格式。

- 关闭：如果选择此选项，将从应用了列表格式的选定文字中删除字母、数字和项目符号。不更改缩进状态。

- 以数字标记：将带有句点的数字用于列表中的项的列表格式。

- 以字母标记：将带有句点的字母用于列表中的项的列表格式。如果列表含有的项多于字母中含有的字母，可以使用双字母继续序列。

- 以项目符号标记：将项目符号用于列表中的项的列表格式。

- 启动：在列表格式中启动新的字母或数字序列。如果选定的项位于列表中间，则选定项下面的未选中的项也将成为新列表的一部分。

- 继续：将选定的段落添加到上面最后一个列表然后继续序列。如果选择了列表项而非段落，选定项下面的未选中的项将继续序列。

- 允许自动项目符号和编号：在输入时应用列表格式。以下字符可以用作字母和数字后的标点并不能用作项目符号：句点（.）、逗号（,）、右括号（)）、右尖括号（>）、右方括号（]）和右花括号（}）。

- 允许项目符号和列表：如果选择此选项，列表格式将应用到外观类似列表的多行文字对象中的所有纯文本。

- 拼写检查：确定输入时拼写检查处于打开还是关闭状态。

- 编辑词典：显示"词典"对话框，从中可添加或删除在拼写检查过程中使用的自定义词典。

- 标尺：在编辑器顶部显示标尺。拖动标尺末尾的箭头可更改文字对象的宽度。列模式处于
  活动状态时，还显示高度和列夹点。

⑮ 段落：为段落和段落的第一行设置缩进。选择此项，系统打开"段落"对话框，在该对话框中可指定制表位和缩进，控制段落对齐方式、段落间距和段落行距，如图 7-18 所示。

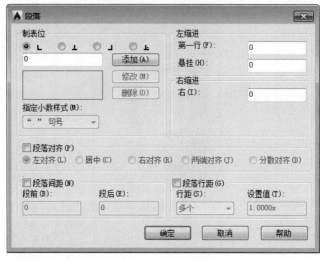

图 7-18 "段落"对话框

⑯ 输入文字：选择此项，系统打开"选择文件"对话框，如图 7-19 所示。选择任意 ASCII 或 RTF 格式的文件。输入的文字保留原始字符格式和样式特性，但可以在多行文字编辑器中编辑和格式化输入的文字。选择要输入的文本文件后，可以替换选定的文字或全部文字，或在文字边界内将插入的文字附加到选定的文字中。输入文字的文件必须小于 32KB。

图 7-19 "选择文件"对话框

⑰ 编辑器设置：显示"文字格式"工具栏的选项列表。有关详细信息，请参见编辑器设置。

7.2.3　实例——在标注文字时插入"±"号

（1）单击"默认"选项卡"注释"面板中的"多行文字"按钮 **A**，系统打开"文字编辑器"选项卡。单击"符号"按钮 **@·**，系统打开"符号"下拉菜单，继续在"符号"下拉菜单中选择"其他"命令，如图 7-20 所示。系统打开"字符映射表"对话框，如图 7-21 所示，其中包含当前字体的整个字符集。

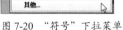

图 7-20　"符号"下拉菜单

图 7-21　"字符映射表"对话框

（2）选中要插入的字符，然后单击"选择"按钮。

（3）选中要使用的所有字符，然后单击"复制"按钮。

（4）在多行文字编辑器中单击鼠标右键，在打开的快捷菜单中选择"粘贴"命令。

7.3　文本编辑

📏【执行方式】

- 命令行：DDEDIT（快捷命令：ED）。
- 菜单栏：选择菜单栏中的"修改"→"对象"→"文字"→"编辑"命令。
- 工具栏：单击"文字"工具栏中的"编辑"按钮 **A✏**。
- 快捷菜单："修改多行文字"或"编辑文字"。

🖱【操作步骤】

命令行提示与操作如下。

命令：DDEDIT↙
选择注释对象或 [放弃(U)]:

　　选择想要修改的文本，同时光标变为拾取框。用拾取框选择对象，如果选择的文本是用 TEXT 命令创建的单行文本，则深显该文本，可对其进行修改；如果选择的文本是用 MTEXT 命令创建的多行文本，选择对象后则打开多行文字编辑器，可根据前面的介绍对各项设置或对内容进行修改。

7.4　表格

　　在以前的 AutoCAD 版本中，要绘制表格必须采用绘制图线或结合偏移、复制等编辑命令来完成，这样的操作过程烦琐而复杂，不利于提高绘图效率。AutoCAD 2015 新增了"表格"绘图功能，有了该功能，创建表格就变得非常容易，用户可以直接插入设置好样式的表格，而不用绘制由单独图线组成的表格。

7.4.1　定义表格样式

　　和文字样式一样，所有 AutoCAD 图形中的表格都有与其相对应的表格样式。当插入表格对象时，系统使用当前设置的表格样式。表格样式是用来控制表格基本形状和间距的一组设置。模板文件 ACAD.DWT 和 ACADISO.DWT 中定义了名为"Standard"的默认表格样式。

【执行方式】

- 命令行：TABLESTYLE。
- 菜单栏：选择菜单栏中的"格式"→"表格样式"命令。
- 工具栏：单击"样式"工具栏中的"表格样式"按钮▦。
- 功能区：单击"默认"选项卡"注释"面板中的"表格样式"按钮▦（如图 7-22 所示），或单击"注释"选项卡"表格"面板上的"表格样式"下拉菜单中的"管理表格样式"按钮（如图 7-23 所示），或单击"注释"选项卡"表格"面板中的"对话框启动器"按钮▾。

图 7-22　"注释"面板

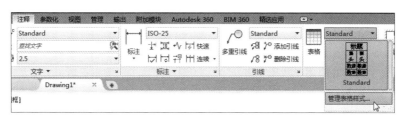

图 7-23　"表格"面板

执行上述操作后，系统打开"表格样式"对话框，如图 7-24 所示。

【选项说明】

（1）"新建"按钮：单击该按钮，系统打开"创建新的表格样式"对话框，如图 7-25 所示。输入新的表格样式名后，单击"继续"按钮，系统打开"新建表格样式"对话框，如图 7-26 所示，从中可以定义新的表格样式。

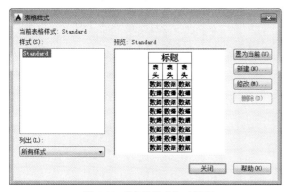

图 7-24　"表格样式"对话框

图 7-25　"创建新的表格样式"对话框

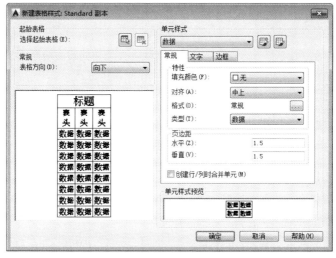

图 7-26　"新建表格样式"对话框

"新建表格样式"对话框的"单元样式"下拉列表框中有 3 个重要的选项："数据"、"表头"和"标题"，分别控制表格中数据、列标题和总标题的有关参数，如图 7-27 所示。在"新建表格样式"对话框中有 3 个重要的选项卡，分别介绍如下。

① "常规"选项卡：用于控制数据栏格与标题栏格的上下位置关系。

② "文字"选项卡：用于设置文字属性。单击此选项卡，在"文字样式"下拉列表框中可以选择已定义的文字样式并应用于数据文字，也可以单击右侧的![...]按钮重新定义文字样式。其中"文字高度"、"文字颜色"和"文字角度"各选项设定的相应参数格式可供用户选择。

③ "边框"选项卡：用于设置表格的边框属性。下面的边框线按钮控制数据边框线的各种形式，如绘制所有数据边框线、只绘制数据边框外部边框线、只绘制数据边框内部边框线、无边框线、只绘制底部边框线等。选项卡中的"线宽"、"线型"和"颜色"下拉列表框则控制边框线的线宽、线型和颜色；选项卡中的"间距"文本框用于控制单元边界和内容之间的间距。

如图 7-28 所示，数据文字样式为"standard"，文字高度为 4.5，文字颜色为"红色"，对齐方式为"右下"；标题文字样式为"standard"，文字高度为 6，文字颜色为"蓝色"，对齐方式为"正中"，表格方向为"上"，水平单元边距和垂直单元边距都为"1.5"。

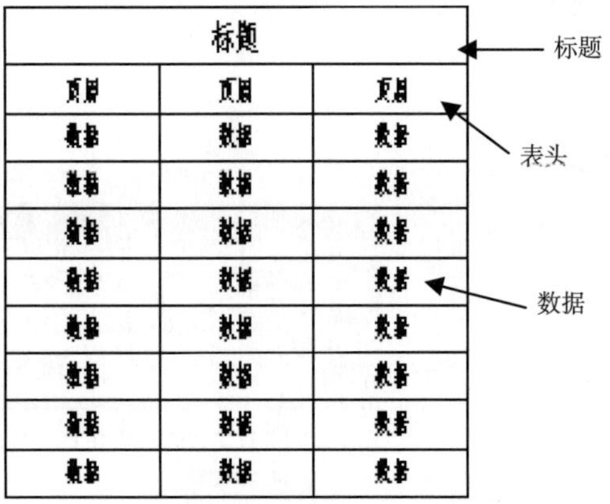

图 7-27　表格样式

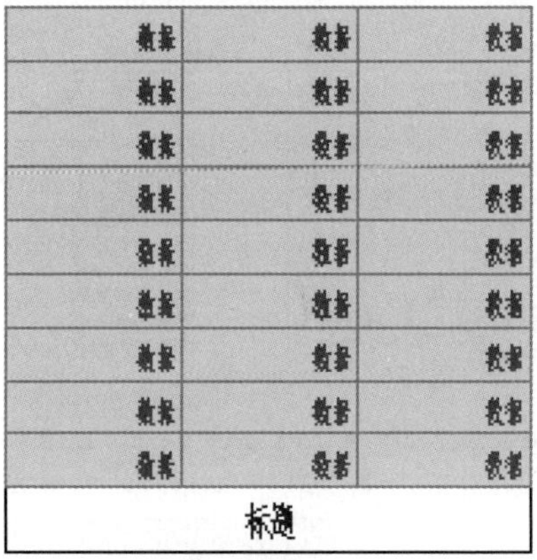

图 7-28　表格示例

（2）"修改"按钮：用于对当前表格样式进行修改，方式与新建表格样式相同。

7.4.2　创建表格

在设置好表格样式后，用户可以利用 TABLE 命令创建表格。

【执行方式】

- 命令行：TABLE。
- 菜单栏：选择菜单栏中的"绘图"→"表格"命令。
- 工具栏：单击"绘图"工具栏中的"表格"按钮![表格]。
- 功能区：单击"默认"选项卡"注释"面板中的"表格"按钮![表格]或单击"注释"选项卡"表格"面板中的"表格"按钮![表格]。

执行上述操作后，系统打开"插入表格"对话框，如图 7-29 所示。

图 7-29 "插入表格"对话框

【选项说明】

（1）"表格样式"选项组：可以在"表格样式"下拉列表框中选择一种表格样式，也可以通过单击后面的 按钮来新建或修改表格样式。

（2）"插入选项"选项组。

① "从空表格开始"单选按钮：创建可以手动填充数据的空表格。

② "自数据链接"单选按钮：通过启动数据连接管理器来创建表格。

③ "自图形中的对象数据"单选按钮：通过启动"数据提取"向导来创建表格。

（3）"插入方式"选项组。

① "指定插入点"单选按钮：指定表格左上角的位置。可以使用定点设备，也可以在命令行中输入坐标值。如果表格样式将表格的方向设置为由下而上读取，则插入点位于表格的左下角。

② "指定窗口"单选按钮：指定表的大小和位置。可以使用定点设备，也可以在命令行中输入坐标值。选定此选项时，行数、列数、列宽和行高取决于窗口的大小及列和行的设置。

（4）"列和行设置"选项组：指定列和数据行的数目，以及列宽与行高。

（5）"设置单元样式"选项组：指定"第一行单元样式"、"第二行单元样式"和"所有其他行单元样式"分别为标题、表头或者数据样式。

【技巧荟萃】

在"插入方式"选项组中选择"指定窗口"单选按钮后，列与行设置的两个参数中只能指定一个，另外一个由指定窗口的大小自动等分来确定。

在"插入表格"对话框中进行相应设置后，单击"确定"按钮，系统在指定的插入点或窗口自动插入一个空表格，并打开多行文字编辑器，用户可以逐行逐列输入相应的文字或数据，如图 7-30 所示。

图 7-30　多行文字编辑器

【技巧荟萃】

在插入后的表格中选择某一个单元格，单击后出现钳夹点，通过移动钳夹点可以改变单元格的大小，如图 7-31 所示。

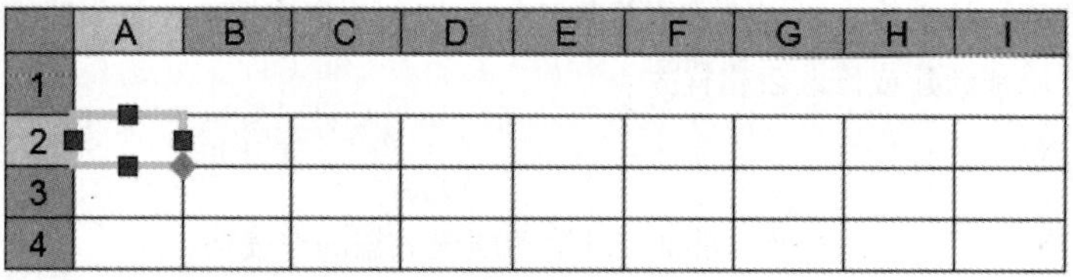

图 7-31　改变单元格大小

7.4.3　表格文字编辑

【执行方式】

- 命令行：TABLEDIT。
- 快捷菜单：选择表和一个或多个单元后单击鼠标右键，选择快捷菜单中的"编辑文字"命令。
- 定点设备：在表单元内双击。

执行上述操作后，命令行出现"拾取表格单元"的提示，选择要编辑的表格单元，系统打开如图 7-30 所示的多行文字编辑器，用户可以对选择的表格单元的文字进行编辑。

下面以新建如图 7-32 所示的"材料明细表"为例，具体介绍新建表格的步骤。

（1）设置表格样式。单击"注释"选项卡"表格"面板中的"对话框启动器"按钮 ↘，打开"表格样式"对话框。

（2）单击"新建"按钮，打开"创建新的表格样式"对话框，输入新的表格样式名"材料明细表"，单击"继续"按钮，打开"新建表格样式"对话框，设置表格样式，如图 7-33 所示。并修改表格设置，将标题行添加到表格中，文字高度设置为 3，对齐位置设置为"正中"，线宽保持默认设置，将外框线设置为 0.7mm，内框线设置为 0.35mm。

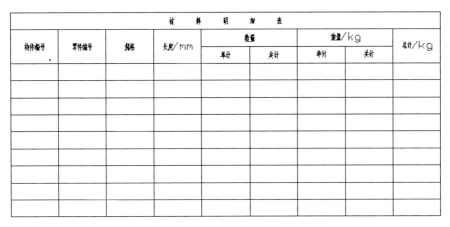

材　料　明　细　表								
构件编号	零件编号	规格	长度/mm	数量		重量/kg		总计/kg
				单计	共计	单计	共计	

图 7-32　材料明细表

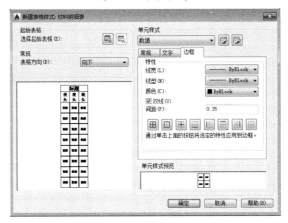

图 7-33　设置表格样式

（3）设置好表格样式后，单击"确定"按钮退出。

（4）创建表格。单击"注释"选项卡"表格"面板中的"表格"按钮，系统打开"插入表格"对话框。设置插入方式为"指定插入点"，设置数据行数为 10、列数为 9，设置列宽为 10、行高为 1，如图 7-34 所示。插入的表格如图 7-35 所示。单击"插入表格"对话框中的"确定"按钮，关闭对话框。

图 7-34　"插入表格"对话框

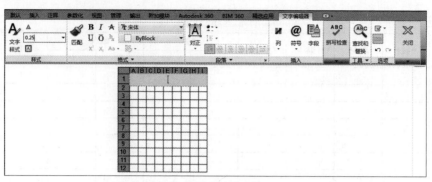

图 7-35　插入的表格

（5）选中表格第一列的前两个单元，单击鼠标右键，选择快捷菜单中的"合并"→"全部"命令，如图 7-36 所示。合并后的表格如图 7-37 所示。

图 7-36　合并单元格

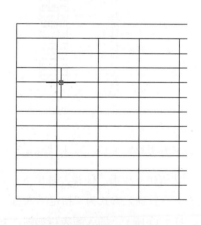

图 7-37　合并后的表格

（6）利用此方法，将表格进行合并修改，修改后的表格如图 7-38 所示。

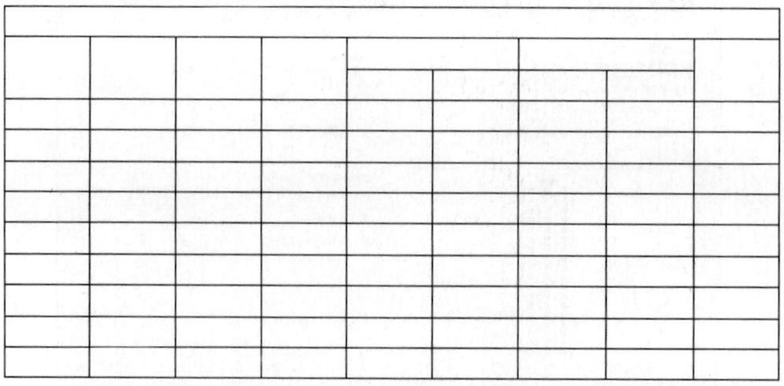

图 7-38　修改后的表格

（7）双击单元格，打开"文字格式"对话框，在表格中输入标题及表头，最后绘制结果如图 7-32 所示。

【技巧荟萃】

如果有多个文本格式一样，可以采用复制后修改文字内容的方法进行表格文字的填充，这样只需双击就可以直接修改表格文字的内容，而不用重新设置每个文本格式。

7.4.4　实例——绘制建筑制图样板图

绘制如图 7-39 所示的建筑制图样板图。

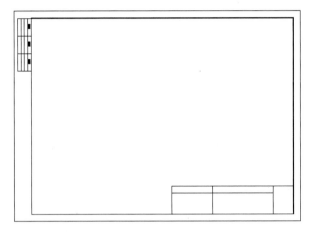

图 7-39　样板图

（1）绘制标题栏。标题栏具体大小和样式如图 7-40 所示（标题栏也简称"图标"）。

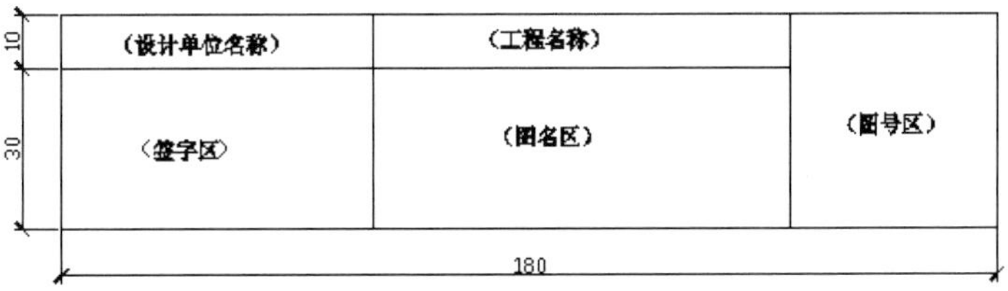

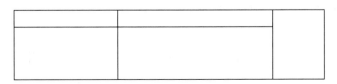

图 7-40　标题栏示意图

（2）分别单击"默认"选项卡"绘图"面板中的"矩形"按钮 □ 和"默认"选项卡"修改"面板中的"分解"按钮 、"偏移"按钮 和"修剪"按钮 ，绘制出标题栏，绘制结果如图 7-41 所示。

图 7-41　标题栏绘制结果

（3）绘制会签栏。会签栏具体大小和样式如图 7-42 所示。同样利用"矩形"、"分解"、"偏移"等命令绘制出会签栏，绘制结果如图 7-43 所示。

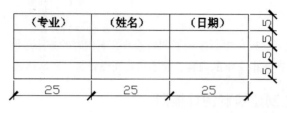

图 7-42　会签栏示意图

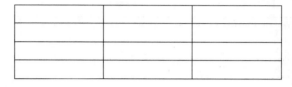

图 7-43　会签栏的绘制结果

（4）单击"快速访问工具栏"中的"保存"按钮，将两个表格分别进行保存。单击"快速访问工具栏"中的"新建"按钮，新建一个图形文件。

（5）单击"默认"选项卡"绘图"面板中的"矩形"按钮，绘制一个 420×297（A3 图纸大小）的矩形作为图纸范围。

（6）单击"默认"选项卡"修改"面板中的"分解"按钮，把矩形分解。再单击"默认"选项卡"修改"面板中的"偏移"按钮，将左边的直线向右偏移 25，如图 7-44 所示。

（7）单击"默认"选项卡"修改"面板中的"偏移"按钮，将矩形其他的 3 条边分别向内偏移 10，偏移结果如图 7-45 所示。

图 7-44　绘制矩形和偏移操作

图 7-45　偏移结果

（8）单击"默认"选项卡"绘图"面板中的"多段线"按钮，按照偏移线绘制如图 7-46 所示的多段线作为图框，注意设置线宽为 0.3mm；然后单击"修改"工具栏中的"删除"按钮，删除偏移的直线。

（9）单击"快速访问工具栏"中的"打开"按钮，找到并打开前面保存的标题栏文件，再选择菜单栏中的"编辑"→"带基点复制"命令，选择标题栏的右下角点作为基点，把标题栏图形复制，然后返回到原来图形中；接着选择菜单栏中的"编辑"→"粘贴"命令，选择图框右下角点作为基点进行粘贴，粘贴结果如图 7-47 所示。

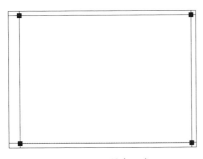

图 7-46　绘制多段线

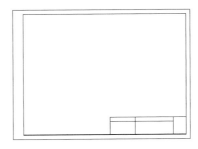

图 7-47　粘贴标题栏

（10）单击"快速访问工具栏"中的"打开"按钮 ，找到并打开前面保存的会签栏文件，再选择菜单栏中的"编辑"→"带基点复制"命令，选择会签栏的右下角点作为基点，把会签栏图形复制，然后返回到原来图形中；接着选择菜单栏中的"编辑"→"粘贴"命令，在空白处粘贴会签栏。

（11）单击"注释"选项卡"文字"面板中的"对话框启动器"按钮 ，系统打开"文字样式"对话框。单击"新建"按钮，系统打开"新建文字样式"对话框，接受默认的"样式 1"作为文字样式名，单击"确定"按钮退出。系统返回"文字样式"对话框，在"字体名"下拉列表框中选择"仿宋_GB2312"选项，在"宽度因子"文本框中将宽度比例设置为 0.7，在"高度"文本框中设置文字高度为 2.5，单击"应用"按钮，然后单击"关闭"按钮。

（12）单击"默认"选项卡"注释"面板中的"多行文字"按钮 A，命令行提示与操作如下。

```
命令：_mtext
当前文字样式："样式 1"  当前文字高度：2.5
指定第一角点：指定一点
指定对角点或 [高度(H)/对正(J)/行距(L)/旋转(R)/样式(S)/宽度(W)]：指定第二点
```

系统打开多行文字编辑器，选择颜色为黑色，输入文字"专业"，单击"确定"按钮退出。

（13）单击"默认"选项卡"修改"面板中的"移动"按钮 ，将标注的文字"专业"移动到表格中的合适位置；单击"默认"选项卡"修改"面板中的"复制"按钮 ，将标注的文字"专业"复制到另两个表格中，如图 7-48 所示。

（14）双击表格中要修改的文字，然后在打开的多行文字编辑器中把它们分别修改为"姓名"和"日期"，结果如图 7-49 所示。

（15）单击"默认"选项卡"修改"面板中的"旋转"按钮 ，将会签栏旋转–90°，得到竖放的会签栏，结果如图 7-50 所示。

（16）单击"默认"选项卡"修改"面板中的"移动"按钮 ，将会签栏移动到图纸左上角，结果如图 7-39 所示。这样就得到了一个带有标题栏和会签栏的样板图形。

（17）选择菜单栏中的"文件"→"另存为"命令，系统打开"图形另存为"对话框，将图形保存为 DWT 格式的文件。

专业	专业	专业

图 7-48　添加文字说明

图 7-50　竖放的会签栏

专业	姓名	日期

图 7-49　修改文字

7.5　上机操作

【实例 1】 标注如图 7-51 所示的技术要求。

> 1.当无标准齿轮时,允许检查下列三项代替检查径
> 向综合公差和一齿径向综合公差
> 　　a.齿圈径向跳动公差Fr为0.056
> 　　b.齿形公差ff为0.016
> 　　c.基节极限偏差±f_{pb}为0.018
> 2.未注倒角1x45。

图 7-51　技术要求

1．目的要求

文字标注在零件图或装配图的技术要求中经常用到，正确进行文字标注是 AutoCAD 绘图中必不可少的一项工作。通过本例的练习，读者应掌握文字标注的一般方法，尤其是特殊字体的标注方法。

2．操作提示

（1）设置文字标注的样式。

（2）利用"多行文字"命令进行标注。

（3）利用快捷菜单，输入特殊字符。

【实例 2】 在"实例 1"标注的技术要求中加入下面一段文字。

3. 尺寸为Φ30$^{+0.05}_{-0.06}$的孔抛光处理。

1．目的要求

文字编辑是对标注的文字进行调整的重要手段。本例通过添加技术要求文字，让读者掌握文

字，尤其是特殊符号的编辑方法和技巧。

2．操作提示

（1）选择实例 1 中标注好的文字，进行文字编辑。

（2）在打开的文字编辑器中输入要添加的文字。

（3）在输入尺寸公差时要注意，一定要输入"+0.05^-0.06"，然后选择这些文字，单击"文字格式"对话框中的"堆叠"按钮。

【实例 3】 绘制如图 7-52 所示的变速箱组装图明细表。

14	端盖	1	HT150	
13	端盖	1	HT150	
12	定距环	1	Q235A	
11	大齿轮	1	40	
10	键 16×70	1	Q275	GB 1095-79
9	轴	1	45	
8	轴承	2		30208
7	端盖	1	HT200	
6	轴承	2		30211
5	轴	1	45	
4	键8×50	1	Q275	GB 1095-79
3	端盖	1	HT200	
2	调整垫片	2组	08F	
1	减速器箱体	1	HT200	
序号	名　　称	数量	材　　料	备　　注

图 7-52　变速箱组装图明细表

1．目的要求

明细表是工程制图中常用的表格。本例通过绘制明细表，要求读者掌握表格相关命令的用法，体会表格功能的便捷性。

2．操作提示

（1）设置表格样式。

（2）插入空表格，并调整列宽。

（3）重新输入文字和数据。

7.6　模拟真题

1．在设置文字样式的时候，设置了文字的高度，其效果是（　　　）。

　　A．在输入单行文字时，可以改变文字高度

　　B．在输入单行文字时，不可以改变文字高度

    C. 在输入多行文字时，不能改变文字高度

    D. 都能改变文字高度

2. 使用多行文本编辑器时，其中%%C、%%D、%%P 分别表示（　　　）。

    A. 直径、度数、下画线　　　　　　　　B. 直径、度数、正负

    C. 度数、正负、直径　　　　　　　　　D. 下画线、直径、度数

3. 在正常输入汉字时却显示"？"，原因是（　　　）。

    A. 因为文字样式没有设定好　　　　　　B. 输入错误

    C. 堆叠字符　　　　　　　　　　　　　D. 字高太高

4. 试用 MTEXT 命令输入如图 7-53 所示的文本。

5. 试用 DTEXT 命令输入如图 7-54 所示的文本。

技术要求：
1. Ø20的孔配做。
2. 未注倒角1×45°。

图 7-53　MTEXT 命令练习

用特殊字符输入下划线
字体倾斜角度为15度

图 7-54　DTEXT 命令练习

6. 以下哪种不是表格的单元格式数据类型（　　　）。

    A. 百分比　　　　　　B. 时间　　　　　　C. 货币　　　　　　D. 点

7. 在表格中不能插入（　　　）。

    A. 块　　　　　　　　B. 字段　　　　　　C. 公式　　　　　　D. 点

第8章

高级绘图工具

在设计绘图过程中经常会遇到一些重复出现的图形，例如机械设计中的螺钉、螺母，建筑设计中的桌椅、门窗等。如果每次都重新绘制这些图形，不仅造成大量的重复工作，而且存储这些图形及其信息也要占据很大的磁盘空间。图块提出了模块化作图的概念，这样不仅避免了大量的重复工作，提高了绘图速度，而且可以大大节省磁盘空间。AutoCAD 2015 设计中心也提供了观察和重用设计内容的强大工具，用它可以浏览系统内部的资源，还可以从 Internet 上下载有关内容。本章主要介绍图块及其属性，以及设计中心的应用、工具选项板的使用等知识。

8.1 图块操作

图块也称块，它是由一组图形对象组成的集合，一组对象一旦被定义为图块，它们将成为一个整体，选中图块中任意一个图形对象即可选中构成图块的所有对象。AutoCAD 把一个图块作为一个对象进行编辑修改等操作，用户可根据绘图需要把图块插入到图中指定的位置，在插入时还可以指定不同的缩放比例和旋转角度。如果需要对组成图块的单个图形对象进行修改，还可以利用"分解"命令把图块炸开，分解成若干个对象。图块还可以重新定义，一旦被重新定义，整个图中基于该块的对象都将随之改变。

8.1.1 定义图块

【执行方式】

- 命令行：BLOCK（快捷命令：B）。
- 菜单栏：选择菜单栏中的"绘图"→"块"→"创建"命令。
- 工具栏：单击"绘图"工具栏中的"创建块"按钮。
- 功能区：单击"默认"选项卡"块"面板中的"创建"按钮（如图 8-1 所示），或单击"插入"选项卡"块定义"面板中的"创建块"按钮（如图 8-2 所示）。

图 8-1 "块"面板

执行上述操作后，系统打开如图 8-3 所示的"块定义"对话框，利用该对话框可定义图块并为之命名。

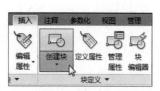

图 8-2 "块定义"面板 图 8-3 "块定义"对话框

【选项说明】

（1）"基点"选项组：确定图块的基点，默认值是（0,0,0），也可以在下面的 X、Y、Z 文本框中输入块的基点坐标值。单击"拾取点"按钮，系统临时切换到绘图区，在绘图区选择一点后，返回"块定义"对话框中，把选择的点作为图块的放置基点。

（2）"对象"选项组：用于选择制作图块的对象，以及设置图块对象的相关属性。如图 8-4 所示，把图（a）中的正五边形定义为图块，图（b）为选择"删除"单选按钮的结果，图（c）为选择"保留"单选按钮的结果。

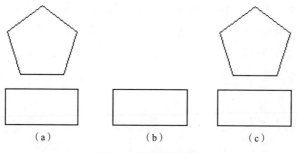

（a） （b） （c）

图 8-4 设置图块对象

（3）"设置"选项组：指定从 AutoCAD 设计中心拖动图块时用于测量图块的单位，以及缩放、分解和超链接等设置。

（4）"在块编辑器中打开"复选框：勾选此复选框，可以在块编辑器中定义动态块（后面将详细介绍）。

（5）"方式"选项组：指定块的行为。"注释性"复选框，指定在图纸空间中块参照的方向与布局方向匹配；"按统一比例缩放"复选框，指定是否阻止块参照不按统一比例缩放；"允许分解"复选框，指定块参照是否可以被分解。

8.1.2　图块的存盘

利用 BLOCK 命令定义的图块保存在其所属的图形当中，该图块只能在该图形中插入，而不能插入到其他的图形中。但是有些图块在许多图形中要经常用到，这时可以用 WBLOCK 命令把图块以图形文件的形式（扩展名为.dwg）写入磁盘。图形文件可以在任意图形中用 INSERT 命令插入。

【执行方式】

- 命令行：WBLOCK（快捷命令：W）。
- 功能区：单击"插入"选项卡"块定义"面板中的"写块"按钮。

执行上述命令后，系统打开"写块"对话框，如图 8-5 所示，利用此对话框可把图形对象保存为图形文件或把图块转换成图形文件。

图 8-5　"写块"对话框

【选项说明】

（1）"源"选项组：确定要保存为图形文件的图块或图形对象。选择"块"单选按钮，单击右侧的下拉列表框，在其展开的列表中选择一个图块，将其保存为图形文件；选择"整个图形"单选按钮，则把当前的整个图形保存为图形文件；选择"对象"单选按钮，则把不属于图块的图形对象保存为图形文件。对象的选择通过"对象"选项组来完成。

（2）"目标"选项组：用于指定图形文件的名称、保存路径和插入单位。

8.1.3　实例——将图形定义为图块

将如图 8-6 所示的图形定义为图块，命名为 HU3，并保存。

（1）单击"插入"选项卡"块定义"面板中的"创建块"按钮，或单击"绘图"工具栏中的"创建块"按钮，打开"块定义"对话框。

（2）在"名称"文本框中输入"HU3"。

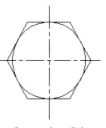

图 8-6　定义图块

（3）单击"拾取点"按钮，切换到绘图区，选择圆心为插入基点，返回"块定义"对话框。

（4）单击"选择对象"按钮，切换到绘图区，选择如图 8-6 所示的对象后，按<Enter>键返回"块定义"对话框。

（5）单击"确定"按钮，关闭对话框。

（6）在命令行输入"WBLOCK"，按<Enter>键，系统打开"写块"对话框，在"源"选项组中选择"块"单选按钮，在右侧的下拉列表框中选择"HU3"块，单击"确定"按钮，即把图形定义为"HU3"图块。

8.1.4 图块的插入

在 AutoCAD 绘图过程中，可根据需要随时把已经定义好的图块或图形文件插入到当前图形的任意位置，在插入的同时还可以改变图块的大小、旋转一定角度或把图块炸开等。插入图块的方法有多种，本小节将逐一进行介绍。

【执行方式】

- 命令行：INSERT（快捷命令：I）。
- 菜单栏：选择菜单栏中的"插入"→"块"命令。
- 工具栏：单击"插入点"工具栏中的"插入块"按钮或单击"绘图"工具栏中的"插入块"按钮。
- 功能区：单击"默认"选项卡"块"面板中的"插入"按钮或单击"插入"选项卡"块"面板中的"插入"按钮。

执行上述操作后，系统打开"插入"对话框，如图 8-7 所示，可以指定要插入的图块及插入位置。

图 8-7 "插入"对话框

【选项说明】

（1）"路径"显示框：显示图块的保存路径。

（2）"插入点"选项组：指定插入点，插入图块时该点与图块的基点重合。可以在绘图区指定该点，也可以在下面的文本框中输入坐标值。

（3）"比例"选项组：确定插入图块时的缩放比例。图块被插入到当前图形中时，可以以任意比例放大或缩小。如图 8-8 所示，图（a）是被插入的图块；图（b）为按比例系数 1.5 插入该图块的结果；图（c）为按比例系数 0.5 插入该图块的结果。X 轴方向和 Y 轴方向的比例系数也可以取不同，如图（d）所示，插入的图块 X 轴方向的比例系数为 1，Y 轴方向的比例系数为 1.5。另外，比例系数还可以是一个负数，当为负数时表示插入图块的镜像，其效果如图 8-9 所示。

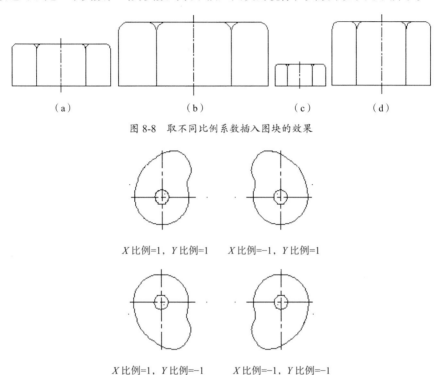

图 8-8 取不同比例系数插入图块的效果

X 比例=1，Y 比例=1 X 比例=−1，Y 比例=1

X 比例=1，Y 比例=−1 X 比例=−1，Y 比例=−1

图 8-9 取比例系数为负值插入图块的效果

（4）"旋转"选项组：指定插入图块时的旋转角度。图块被插入到当前图形中时，可以绕其基点旋转一定的角度，角度可以是正数（表示沿逆时针方向旋转），也可以是负数（表示沿顺时针方向旋转）。如图 8-10（a）所示为源图块，图（b）为图块旋转 30° 后插入的效果，图（c）为图块旋转−30° 后插入的效果。

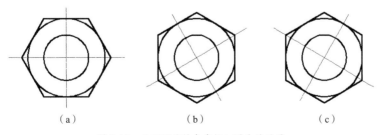

图 8-10 以不同旋转角度插入图块的效果

如果勾选"在屏幕上指定"复选框，系统切换到绘图区，在绘图区选择一点，AutoCAD 自动测量插入点与该点连线和 X 轴正方向之间的夹角，并把它作为块的旋转角。也可以在"角度"文本框中直接输入插入图块时的旋转角度。

（5）"分解"复选框：勾选此复选框，则在插入块的同时把其炸开，插入到图形中的组成块对象不再是一个整体，可对每个对象单独进行编辑操作。

8.1.5 实例——标注粗糙度符号

标注如图 8-11 所示图形中的粗糙度符号。

（1）单击"默认"选项卡"绘图"面板中的"直线"按钮 ，绘制如图 8-12 所示的图形。

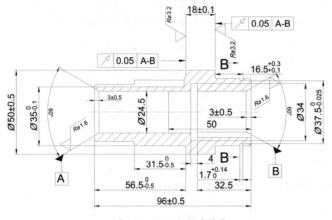

图 8-11 标注粗糙度符号

图 8-12 绘制粗糙度符号

（2）单击"插入"选项卡"块定义"面板中的"写块"按钮 ，打开"写块"对话框。单击"拾取点"按钮 ，选择图形的下尖点为基点，单击"选择对象"按钮 ，选择上面的图形为对象，输入图块名称并指定路径保存图块，单击"确定"按钮退出。

（3）单击"插入"选项卡"块"面板中的"插入"按钮 ，打开"插入"对话框。单击"浏览"按钮，找到刚才保存的图块，在绘图区指定插入点、比例和旋转角度，将该图块插入到图 8-11 所示的图形中。

（4）单击"注释"选项卡"文字"面板中的"单行文字"按钮 **A**，标注文字，标注时注意对文字进行旋转。

（5）采用相同的方法，标注其他粗糙度符号。

8.1.6 动态块

动态块具有灵活性和智能性的特点。用户在操作时可以轻松地更改图形中的动态块参照，通过自定义夹点或自定义特性来操作动态块参照中的几何图形，使用户可以根据需要在位调整块，而不用搜索另一个块以插入或重定义现有的块。

如果在图形中插入一个"门"块参照，编辑图形时可能需要更改门的大小。如果该块是动态的，并且定义为可调整大小，那么只需拖动自定义夹点或在"特性"选项板中指定不同的大小就可以修改门的大小，如图 8-13 所示。用户可能还需要修改门的打开角度，如图 8-14 所示。该"门"块还可能会包含对齐夹点，使用对齐夹点可以轻松地将门块参照与图形中的其他几何图形对齐，如图 8-15 所示。

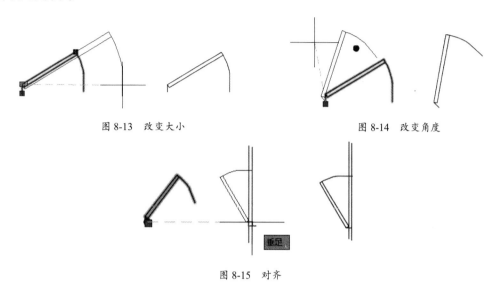

图 8-13　改变大小　　　　　　　　　　　　图 8-14　改变角度

图 8-15　对齐

可以使用块编辑器创建动态块。块编辑器是一个专门的编写区域，用于添加能够使块成为动态块的元素。用户可以创建新的块，也可以向现有的块定义中添加动态行为，还可以像在绘图区中一样创建几何图形。

【执行方式】

- 命令行：BEDIT（快捷命令：BE）。
- 菜单栏：选择菜单栏中的"工具"→"块编辑器"命令。
- 工具栏：单击"标准"工具栏中的"块编辑器"按钮 ⬚。
- 快捷菜单：选择一个块参照，在绘图区单击鼠标右键，选择快捷菜单中的"块编辑器"命令。
- 功能区：单击"插入"选项卡"块定义"面板中的"块编辑器"按钮 ⬚。

执行上述操作后，系统打开"编辑块定义"对话框，如图 8-16 所示，在"要创建或编辑的块"文本框中输入图块名，或在列表框中选择已定义的块或当前图形。确认后，系统打开块编写选项板和"块编辑器"工具栏，如图 8-17 所示。

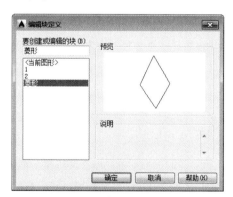

图 8-16　"编辑块定义"对话框

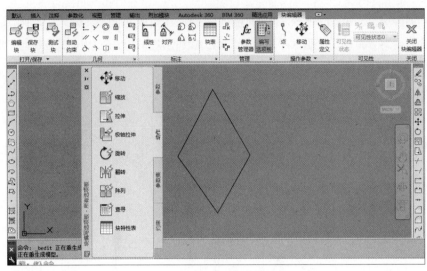

图 8-17　块编辑状态绘图平面

【选项说明】

1. 块编写选项板

（1）"参数"选项卡：提供用于向块编辑器中的动态块定义中添加参数的工具。参数用于指定几何图形在块参照中的位置、距离和角度。将参数添加到动态块定义中时，该参数将将定义块的一个或多个自定义特性。此选项卡也可以通过命令 BPARAMETER 来打开。

① 点参数：可向动态块定义中添加一个点参数，并为块参照定义自定义 X 和 Y 特性。点参数定义图形中的 X 和 Y 位置。在块编辑器中，点参数类似于一个坐标标注。

② 线性参数：可向动态块定义中添加一个线性参数，并为块参照定义自定义距离特性。线性参数显示两个目标点之间的距离。线性参数限制沿预设角度进行的夹点移动。在块编辑器中，线性参数类似于对齐标注。

③ 极轴参数：可向动态块定义中添加一个极轴参数，并为块参照定义自定义距离和角度特性。极轴参数显示两个目标点之间的距离和角度值。可以使用夹点和"特性"选项板来共同更改距离值和角度值。在块编辑器中，极轴参数类似于对齐标注。

④ XY 参数：可向动态块定义中添加一个 XY 参数，并为块参照定义自定义水平距离和垂直距离特性。XY 参数显示距参数基点的 X 距离和 Y 距离。在块编辑器中，XY 参数显示为一对标注（水平标注和垂直标注）。这一对标注共享一个公共基点。

⑤ 旋转参数：可向动态块定义中添加一个旋转参数，并为块参照定义自定义角度特性。旋转参数用于定义角度。在块编辑器中，旋转参数显示为一个圆。

⑥ 对齐参数：可向动态块定义中添加一个对齐参数。对齐参数用于定义 X 位置、Y 位置和角度。对齐参数总是应用于整个块，并且无须与任何动作相关联。对齐参数允许块参照自动围绕一个点旋转，以便与图形中的其他对象对齐。对齐参数影响块参照的角度特性。在块编辑器中，对

齐参数类似于对齐线。

⑦ 翻转参数：可向动态块定义中添加一个翻转参数，并为块参照定义自定义翻转特性。翻转参数用于翻转对象。在块编辑器中，翻转参数显示为投影线。可以围绕这条投影线翻转对象。翻转参数将显示一个值，该值显示块参照是否已被翻转。

⑧ 可见性参数：可向动态块定义中添加一个可见性参数，并为块参照定义自定义可见性特性。通过可见性参数，用户可以创建可见性状态并控制块中对象的可见性。可见性参数总是应用于整个块，并且无须与任何动作相关联。在图形中单击夹点可以显示块参照中所有可见性状态的列表。在块编辑器中，可见性参数显示为带有关联夹点的文字。

⑨ 查寻参数：可向动态块定义中添加一个查寻参数，并为块参照定义自定义查寻特性。查寻参数用于定义自定义特性，用户可以指定或设置该特性，以便从定义的列表或表格中计算出某个值。该参数可以与单个查寻夹点相关联。在块参照中单击该夹点可以显示可用值的列表。在块编辑器中，查寻参数显示为文字。

⑩ 基点参数：可向动态块定义中添加一个基点参数。基点参数用于定义动态块参照相对于块中的几何图形的基点。基点参数无法与任何动作相关联，但可以属于某个动作的选择集。在块编辑器中，基点参数显示为带有十字光标的圆。

（2）"动作"选项卡：提供用于向块编辑器中的动态块定义中添加动作的工具。动作定义了在图形中操作块参照的自定义特性时，动态块参照的几何图形将如何移动或变化。应将动作与参数相关联。此选项卡也可以通过命令 BACTIONTOOL 来打开。

① 移动动作：可在用户将移动动作与点参数、线性参数、极轴参数或 XY 参数关联时，将该动作添加到动态块定义中。移动动作类似于 MOVE 命令。在动态块参照中，移动动作将使对象移动指定的距离和角度。

② 缩放动作：可在用户将缩放动作与线性参数、极轴参数或 XY 参数关联时将该动作添加到动态块定义中。缩放动作类似于 SCALE 命令。在动态块参照中，当通过移动夹点或使用"特性"选项板编辑关联的参数时，缩放动作将使其选择集发生缩放。

③ 拉伸动作：可在用户将拉伸动作与点参数、线性参数、极轴参数或 XY 参数关联时将该动作添加到动态块定义中。拉伸动作将使对象在指定的位置移动和拉伸指定的距离。

④ 极轴拉伸动作：可在用户将极轴拉伸动作与极轴参数关联时将该动作添加到动态块定义中。当通过夹点或"特性"选项板更改关联的极轴参数上的关键点时，极轴拉伸动作将使对象旋转、移动和拉伸指定的角度与距离。

⑤ 旋转动作：可在用户将旋转动作与旋转参数关联时将该动作添加到动态块定义中。旋转动作类似于 ROTATE 命令。在动态块参照中，当通过夹点或"特性"选项板编辑相关联的参数时，旋转动作将使其相关联的对象进行旋转。

⑥ 翻转动作：可在用户将翻转动作与翻转参数关联时将该动作添加到动态块定义中。使用翻

转动作可以围绕指定的轴（称为投影线）翻转动态块参照。

⑦ 阵列动作：可在用户将阵列动作与线性参数、极轴参数或 XY 参数关联时将该动作添加到动态块定义中。通过夹点或"特性"选项板编辑关联的参数时，阵列动作将复制关联的对象并按矩形的方式进行阵列。

⑧ 查寻动作：可向动态块定义中添加一个查寻动作。向动态块定义中添加查寻动作并将其与查寻参数相关联后，将创建查寻表。可以使用查寻表将自定义特性和值指定给动态块。

（3）"参数集"选项卡：提供用于在块编辑器中向动态块定义中添加一个参数和至少一个动作的工具。将参数集添加到动态块中时，动作将自动与参数相关联。将参数集添加到动态块中后，请双击黄色警示图标（或使用 BACTIONSET 命令），然后按照命令行上的提示将动作与几何图形选择集相关联。此选项卡也可以通过命令 BPARAMETER 来打开。

① 点移动：可向动态块定义中添加一个点参数。系统会自动添加与该点参数相关联的移动动作。

② 线性移动：可向动态块定义中添加一个线性参数。系统会自动添加与该线性参数的端点相关联的移动动作。

③ 线性拉伸：可向动态块定义中添加一个线性参数。系统会自动添加与该线性参数相关联的拉伸动作。

④ 线性阵列：可向动态块定义中添加一个线性参数。系统会自动添加与该线性参数相关联的阵列动作。

⑤ 线性移动配对：可向动态块定义中添加一个线性参数。系统会自动添加两个移动动作，一个与基点相关联，另一个与线性参数的端点相关联。

⑥ 线性拉伸配对：可向动态块定义中添加一个线性参数。系统会自动添加两个拉伸动作，一个与基点相关联，另一个与线性参数的端点相关联。

⑦ 极轴移动：可向动态块定义中添加一个极轴参数。系统会自动添加与该极轴参数相关联的移动动作。

⑧ 极轴拉伸：可向动态块定义中添加一个极轴参数。系统会自动添加与该极轴参数相关联的拉伸动作。

⑨ 环形阵列：可向动态块定义中添加一个极轴参数。系统会自动添加与该极轴参数相关联的阵列动作。

⑩ 极轴移动配对：可向动态块定义中添加一个极轴参数。系统会自动添加两个移动动作，一个与基点相关联，另一个与极轴参数的端点相关联。

⑪ 极轴拉伸配对：可向动态块定义中添加一个极轴参数。系统会自动添加两个拉伸动作，一个与基点相关联，另一个与极轴参数的端点相关联。

⑫ XY 移动：可向动态块定义中添加一个 XY 参数。系统会自动添加与 XY 参数的端点相关联的移动动作。

⑬ XY 移动配对：可向动态块定义中添加一个 XY 参数。系统会自动添加两个移动动作，一个与基点相关联，另一个与 XY 参数的端点相关联。

⑭ XY 移动方格集：运行 BPARAMETER 命令，然后指定 4 个夹点并选择"XY 参数"选项，可向动态块定义中添加一个 XY 参数。系统会自动添加 4 个移动动作，分别与 XY 参数上的 4 个关键点相关联。

⑮ XY 拉伸方格集：可向动态块定义中添加一个 XY 参数。系统会自动添加 4 个拉伸动作，分别与 XY 参数上的 4 个关键点相关联。

⑯ XY 阵列方格集：可向动态块定义中添加一个 XY 参数。系统会自动添加与该 XY 参数相关联的阵列动作。

⑰ 旋转集：可向动态块定义中添加一个旋转参数。系统会自动添加与该旋转参数相关联的旋转动作。

⑱ 翻转集：可向动态块定义中添加一个翻转参数。系统会自动添加与该翻转参数相关联的翻转动作。

⑲ 可见性集：可向动态块定义中添加一个可见性参数并允许定义可见性状态。无须添加与可见性参数相关联的动作。

⑳ 查寻集：可向动态块定义中添加一个查寻参数。系统会自动添加与该查寻参数相关联的查寻动作。

（4）"约束"选项卡：提供用于将几何约束和约束参数应用于对象的工具。将几何约束应用于一对对象时，选择对象的顺序及选择每个对象的点可能影响对象相对于彼此的放置方式。

1）几何约束

- 重合约束：可同时将两个点或一个点约束至曲线（或曲线的延伸线）。对象上的任意约束点均可以与其他对象上的任意约束点重合。
- 垂直约束：可使选定直线垂直于另一条直线。垂直约束在两个对象之间应用。
- 平行约束：可使选定的直线位于彼此平行的位置。平行约束在两个对象之间应用。
- 相切约束：可使曲线与其他曲线相切。相切约束在两个对象之间应用。
- 水平约束：可使直线或点对位于与当前坐标系的 X 轴平行的位置。
- 竖直约束：可使直线或点对位于与当前坐标系的 Y 轴平行的位置。
- 共线约束：可使两条直线段沿同一条直线的方向。
- 同心约束：可将两条圆弧、圆或椭圆约束到同一个中心点。与将重合应用于曲线的中心点所产生的结果相同。
- 平滑约束：可在共享一个重合端点的两条样条曲线之间创建曲率连续（G2）条件。

- 对称约束：可使选定的直线或圆受相对于选定直线的对称约束。
- 相等约束：可将选定圆弧和圆的尺寸重新调整为半径相同，或将选定直线的尺寸重新调整为长度相同。
- 固定约束：可将点和曲线锁定在位。

2）约束参数

- 对齐约束：可约束直线的长度或两条直线之间、对象上的点和直线之间或不同对象上的两个点之间的距离。
- 水平约束：可约束直线或不同对象上的两个点之间的 X 距离。有效对象包括直线段和多段线线段。
- 竖直约束：可约束直线或不同对象上的两个点之间的 Y 距离。有效对象包括直线段和多段线线段。
- 角度约束：可约束两条直线段或多段线线段之间的角度。这与角度标注类似。
- 半径约束：可约束圆、圆弧或多段圆弧段的半径。
- 直径约束：可约束圆、圆弧或多段圆弧段的直径。

2. "块编辑器"选项卡

该选项卡提供了在块编辑器中使用、创建动态块及设置可见性状态的工具。

（1）编辑块 ：显示"编辑块定义"对话框。

（2）保存块 ：保存当前块定义。

（3）将块另存为 ：显示"将块另存为"对话框，可以在其中用一个新名称保存当前块定义的副本。

（4）测试块 ：运行 BTESTBLOCK 命令，可从块编辑器打开一个外部窗口以测试动态块。

（5）自动约束 ：运行 AUTOCONSTRAIN 命令，可根据对象相对于彼此的方向将几何约束应用于对象的选择集。

（6）显示/隐藏 ：运行 CONSTRAINTBAR 命令，可显示或隐藏对象上的可用几何约束。

（7）块表 ：运行 BTABLE 命令，可显示对话框以定义块的变量。

（8）参数管理器 fx：参数管理器处于未激活状态时执行 PARAMETERS 命令；否则，将执行 PARAMETERSCLOSE 命令。

（9）编写选项板 ：编写选项板处于未激活状态时执行 BAUTHORPALETTE 命令；否则，将执行 BAUTHORPALETTECLOSE 命令。

（10）属性定义 ：显示"属性定义"对话框，从中可以定义模式、属性标记、提示、值、插入点和属性的文字选项。

（11）可见性模式 ：设置 BVMODE 系统变量，可以使当前可见性状态下不可见的对象变暗或隐藏。

（12）使可见 █：运行 BVSHOW 命令，可以使对象在当前可见性状态或所有可见性状态下均可见。

（13）使不可见 █：运行 BVHIDE 命令，可以使对象在当前可见性状态或所有可见性状态下均不可见。

（14）可见性状态 █：显示"可见性状态"对话框，从中可以创建、删除、重命名和设置当前可见性状态。在列表框中选择一种状态，单击鼠标右键，选择快捷菜单中的"新状态"命令，打开"新建可见性状态"对话框，可以设置可见性状态。

（15）关闭块编辑器 █：运行 BCLOSE 命令，可关闭块编辑器，并提示用户保存或放弃对当前块定义所做的任何更改。

8.1.7　实例——利用动态块功能标注粗糙度符号

利用动态块功能标注图 8-11 所示图形中的粗糙度符号。

（1）单击"插入"选项卡"块"面板中的"插入"按钮 █，在屏幕上指定设置插入点和比例，旋转角度为固定的任意值。单击"浏览"按钮，找到保存的粗糙度图块，在绘图区指定插入点和比例，将该图块插入到如图 8-18 所示的图形中。

（2）在当前图形中选择插入的图块，系统显示图块的动态旋转标记。选中该标记，按住鼠标左键拖动，直到图块旋转到满意的位置为止，如图 8-19 所示。

图 8-18　插入粗糙度符号

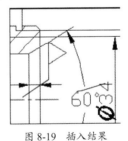

图 8-19　插入结果

（3）单击"注释"选项卡"文字"面板中的"单行文字"按钮 █，标注文字。标注时注意对文字进行旋转。

（4）同样利用插入图块的方法标注其他粗糙度。

8.2　图块属性

图块除了包含图形对象外，还可以具有非图形信息。例如把一个椅子的图形定义为图块后，还可把椅子的号码、材料、重量、价格及说明等文本信息一并加入到图块当中。图块的这些非图形信息叫作图块的属性，它是图块的一个组成部分，与图形对象一起构成一个整体，在插入图块时 AutoCAD 把图形对象连同属性一起插入到图形中。

8.2.1 定义图块属性

✏ 【执行方式】

- 命令行：ATTDEF（快捷命令：ATT）。
- 菜单栏：选择菜单栏中的"绘图"→"块"→"定义属性"命令。
- 功能区：单击"默认"选项卡"块"面板中的"定义属性"按钮 或单击"插入"选项卡 "块定义"面板中的"定义属性"按钮 。

执行上述操作后，打开"属性定义"对话框，如图 8-20 所示。

图 8-20 "属性定义"对话框

📂 【选项说明】

（1）"模式"选项组：用于确定属性的模式。

① "不可见"复选框：勾选此复选框，属性为不可见显示方式，即插入图块并输入属性值后，属性值在图中并不显示出来。

② "固定"复选框：勾选此复选框，属性值为常量，即属性值在属性定义时给定，在插入图块时系统不再提示输入属性值。

③ "验证"复选框：勾选此复选框，当插入图块时，系统重新显示属性值，提示用户验证该值是否正确。

④ "预设"复选框：勾选此复选框，当插入图块时，系统自动把事先设置好的默认值赋予属性，而不再提示输入属性值。

⑤ "锁定位置"复选框：锁定块参照中属性的位置。解锁后，属性可以相对于使用夹点编辑块的其他部分移动，并且可以调整多行文字属性的大小。

⑥ "多行"复选框：勾选此复选框，可以指定属性值包含多行文字，也可以指定属性的边界宽度。

（2）"属性"选项组：用于设置属性值。在每个文本框中，AutoCAD 允许输入不超过 256 个字符。

① "标记"文本框：输入属性标签。属性标签可由除空格和感叹号以外的所有字符组成，系统自动把小写字母改为大写字母。

② "提示"文本框：输入属性提示。属性提示是插入图块时系统要求输入属性值的提示，如果不在此文本框中输入文字，则以属性标签作为提示。如果在"模式"选项组中勾选"固定"复选框，即设置属性为常量，则不需要设置属性提示。

③ "默认"文本框：设置默认的属性值。可把使用次数较多的属性值作为默认值，也可不设默认值。

（3）"插入点"选项组：用于确定属性文本的位置。可以在插入时由用户在图形中确定属性文本的位置，也可在 X、Y、Z 文本框中直接输入属性文本的位置坐标。

（4）"文字设置"选项组：用于设置属性文本的对齐方式、文本样式、字高和倾斜角度。

（5）"在上一个属性定义下对齐"复选框：勾选此复选框，表示把属性标签直接放在前一个属性的下面，而且该属性继承前一个属性的文本样式、字高和倾斜角度等特性。

【技巧荟萃】

在动态块中，由于属性的位置包括在动作的选择集中，因此必须将其锁定。

8.2.2　修改属性的定义

在定义图块之前，可以对属性的定义加以修改，不仅可以修改属性标签，还可以修改属性提示和属性默认值。

【执行方式】

- 命令行：DDEDIT（快捷命令：ED）。
- 菜单栏：选择菜单栏中的"修改"→"对象"→"文字"→"编辑"命令。
- 快捷方法：双击要修改的属性定义。

执行上述操作后，打开"编辑属性定义"对话框，如图 8-21 所示。该对话框表示要修改属性的标记为"文字"，提示为"数值"，无默认值，可在各文本框中对各项进行修改。

图 8-21　"编辑属性定义"对话框

8.2.3 图块属性编辑

当属性被定义到图块当中，甚至图块被插入到图形当中之后，用户还可以对图块属性进行编辑。利用 ATTEDIT 命令可以通过对话框对指定图块的属性值进行修改。利用 ATTEDIT 命令不仅可以修改属性值，而且可以对属性的位置、文本等其他设置进行编辑。

【执行方式】

- 命令行：ATTEDIT（快捷命令：ATE）。
- 菜单栏：选择菜单栏中的"修改"→"对象"→"属性"→"单个"命令。
- 工具栏：单击"修改"工具栏中的"编辑属性"按钮 。

【操作步骤】

命令行提示与操作如下。

```
命令：ATTEDIT↙↙
选择块参照：
```

执行上述命令后，光标变为拾取框，选择要修改属性的图块，系统打开如图 8-22 所示的"编辑属性"对话框。该对话框中显示出所选图块中包含的前 8 个属性的值，用户可对这些属性值进行修改。如果该图块中还有其他的属性，可单击"上一个"和"下一个"按钮对它们进行观察和修改。

当用户通过菜单栏或工具栏执行上述命令时，系统打开"增强属性编辑器"对话框，如图 8-23 所示。该对话框不仅可以编辑属性值，还可以编辑属性的文字选项和图层、线型、颜色等特性值。

图 8-22 "编辑属性"对话框 1

图 8-23 "增强属性编辑器"对话框

另外，还可以通过"块属性管理器"对话框来编辑属性。选择菜单栏中的"修改"→"对象"→"属性"→"块属性管理器"命令，系统打开"块属性管理器"对话框，如图 8-24 所示。单击"编辑"按钮，系统打开"编辑属性"对话框，如图 8-25 所示，可以通过该对话框编辑属性。

图 8-24 "块属性管理器"对话框

图 8-25 "编辑属性"对话框 2

8.2.4 实例——粗糙度数值设置成图块属性并重新标注

将 8.1.5 节实例中的粗糙度数值设置成图块属性，并重新进行标注。

（1）单击"默认"选项卡"绘图"面板中的"直线"按钮，绘制粗糙度符号。

（2）单击"插入"选项卡"定义块"面板中的"属性定义"按钮，系统打开"属性定义"对话框，进行如图 8-26 所示的设置，其中插入点为粗糙度符号水平线的中点，确认退出。

图 8-26 "属性定义"对话框

（3）在命令行输入"WBLOCK"，按<Enter>键，打开"写块"对话框。单击"拾取点"按钮，选择图形的下尖点为基点，单击"选择对象"按钮，选择上面的图形为对象，输入图块名称并指定路径保存图块，单击"确定"按钮退出。

（4）单击"插入"选项卡"块"面板中的"插入"按钮，打开"插入"对话框。单击"浏览"按钮，找到保存的粗糙度图块，在绘图区指定插入点、比例和旋转角度，将该图块插入到绘图区的任意位置。这时，命令行会提示输入属性，并要求验证属性值，此时输入粗糙度数值 1.6，就完成了一个粗糙度的标注。

（5）继续插入粗糙度图块，输入不同属性值作为粗糙度数值，直到完成所有粗糙度标注。

8.3 设计中心

使用 AutoCAD 设计中心可以很容易地组织设计内容，并把它们拖动到自己的图形中。可以使用 AutoCAD 设计中心窗口的内容显示框，观察用 AutoCAD 设计中心资源管理器所浏览资源的细目，如图 8-27 所示。在该图中，左侧方框为 AutoCAD 设计中心的资源管理器，右侧方框为 AutoCAD 设计中心的内容显示框。其中上面窗口为文件显示框，中间窗口为图形预览显示框，下面窗口为说明文本显示框。

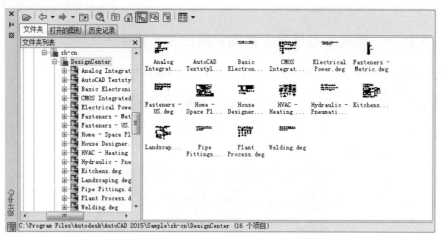

图 8-27　AutoCAD 设计中心的资源管理器和内容显示区

8.3.1　启动设计中心

【执行方式】

- 命令行：ADCENTER（快捷命令：ADC）。
- 菜单栏：选择菜单栏中的"工具"→"选项板"→"设计中心"命令。
- 工具栏：单击"标准"工具栏中的"设计中心"按钮。
- 快捷键：按<Ctrl>+<2>组合键。
- 功能区：单击"视图"选项卡"选项板"面板中的"设计中心"按钮。

执行上述操作后，系统打开"设计中心"选项板。第一次启动设计中心时，默认打开的选项卡为"文件夹"选项卡。内容显示区采用大图标显示，左边的资源管理器采用树状显示方式显示系统的树形结构，浏览资源的同时，在内容显示区显示所浏览资源的有关细目或内容，如图 8-27 所示。

可以利用鼠标拖动边框的方法来改变 AutoCAD 设计中心资源管理器和内容显示区及 AutoCAD 绘图区的大小，但内容显示区的最小尺寸应能显示两列大图标。

如果要改变 AutoCAD 设计中心的位置，可以按住鼠标左键拖动它，松开鼠标左键后，AutoCAD 设计中心便处于当前位置。到新位置后，仍可用鼠标改变各窗口的大小。也可以通过单击设计中心边框左上方的"自动隐藏"按钮来自动隐藏设计中心。

8.3.2 插入图块

在利用 AutoCAD 绘制图形时，可以将图块插入到图形当中。将一个图块插入到图形中时，块定义就被复制到图形数据库当中。在一个图块被插入图形之后，如果原来的图块被修改，则插入到图形当中的图块也随之改变。

当其他命令正在执行时，不能插入图块到图形当中。例如，如果在插入块时，在提示行正在执行一个命令，此时光标变成一个带斜线的圆，提示操作无效。另外，一次只能插入一个图块。AutoCAD 设计中心提供了插入图块的两种方法："利用鼠标指定比例和旋转方式"和"精确指定坐标、比例和旋转角度方式"。

1. 利用鼠标指定比例和旋转方式插入图块

图 8-28 快捷菜单

系统根据光标拉出的线段长度、角度确定比例与旋转角度。插入图块的步骤如下。

（1）从文件夹列表或查找结果列表中选择要插入的图块，按住鼠标左键，将其拖动到打开的图形中。松开鼠标左键，此时选择的对象被插入到当前被打开的图形当中。利用当前设置的捕捉方式，可以将对象插入到任何存在的图形当中。

（2）在绘图区单击指定一点作为插入点，移动鼠标，光标位置点与插入点之间的距离为缩放比例，单击确定比例。采用同样的方法移动鼠标，光标指定位置和插入点的连线与水平线的夹角为旋转角度。被选择的对象就根据光标指定的比例和角度插入到图形当中。

2. 精确指定坐标、比例和旋转角度方式插入图块

利用该方法可以设置插入图块的参数。插入图块的步骤如下。

（1）从文件夹列表或查找结果列表框中选择要插入的对象，拖动对象到打开的图形中。

（2）单击鼠标右键，可以选择快捷菜单中的"缩放"、"旋转"等命令，如图 8-28 所示。

（3）在相应的命令行提示下输入比例和旋转角度等数值。被选择的对象根据指定的参数插入到图形当中。

8.3.3 图形复制

1. 在图形之间复制图块

利用 AutoCAD 设计中心可以浏览和装载需要复制的图块，然后将图块复制到剪贴板中，再利用剪贴板将图块粘贴到图形当中，具体方法如下。

（1）在"设计中心"选项板中选择需要复制的图块，单击鼠标右键，选择快捷菜单中的"复制"命令。

（2）将图块复制到剪贴板上，然后通过"粘贴"命令粘贴到当前图形上。

2．在图形之间复制图层

利用 AutoCAD 设计中心可以将任何一个图形的图层复制到其他图形。如果已经绘制了一个包括设计所需的所有图层的图形，在绘制新图形的时候，可以新建一个图形，并通过 AutoCAD 设计中心将已有的图层复制到新的图形当中，这样可以节省时间，并保证图形间的一致性。现对图形之间复制图层的两种方法介绍如下。

（1）拖动图层到已打开的图形。确认要复制图层的目标图形文件被打开，并且是当前的图形文件。在"设计中心"选项板中选择要复制的一个或多个图层，按住鼠标左键拖动图层到打开的图形文件，松开鼠标后被选择的图层即被复制到打开的图形当中。

（2）复制或粘贴图层到打开的图形。确认要复制图层的图形文件被打开，并且是当前的图形文件。在"设计中心"选项板中选择要复制的一个或多个图层，单击鼠标右键，选择快捷菜单中的"复制"命令。如果要粘贴图层，确认粘贴的目标图形文件被打开，并为当前文件。

8.4　工具选项板

"工具选项板"中的选项卡提供了组织、共享和放置块及填充图案的有效方法。"工具选项板"还可以包含由第三方开发人员提供的自定义工具。

8.4.1　打开工具选项板

【执行方式】

- 命令行：TOOLPALETTES（快捷命令：TP）。
- 菜单栏：选择菜单栏中的"工具"→"选项板"→"工具选项板"命令。
- 工具栏：单击"标准"工具栏中的"工具选项板窗口"按钮。
- 快捷键：按<Ctrl>+<3>组合键。
- 功能区：单击"视图"选项卡"选项板"面板中的"设计中心"按钮。

执行上述操作后，系统自动打开工具选项板，如图 8-29 所示。

在工具选项板中，系统设置了一些常用图形选项卡，方便用户绘图。

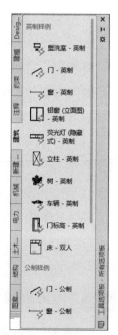

图 8-29　工具选项板

【技巧荟萃】

在绘图中还可以将常用命令添加到工具选项板中。"自定义"对话框打开后，就可以将工具按钮从工具栏拖到工具选项板中，或将工具从"自定义用户界面（CUI）"编辑器拖到工具选项板中。

8.4.2　新建工具选项板

用户可以创建新的工具选项板，这样有利于个性化作图，也能够满足特殊作图的需要。

【执行方式】

- 命令行：CUSTOMIZE。
- 菜单栏：选择菜单栏中的"工具"→"自定义"→"工具选项板"命令。
- 工具选项板：单击"工具选项板"中的"特性"按钮 ✿，在打开的快捷菜单中选择"自定义选项板"（或"新建选项板"）命令。
- 快捷菜单：在任意工具栏上单击鼠标右键，然后选择"自定义选项板"命令。

执行上述操作后，系统打开"自定义"对话框，如图 8-30 所示。在"选项板"列表框中单击鼠标右键，打开快捷菜单，如图 8-31 所示，选择"新建选项板"命令，在"选项板"列表框中出现一个"新建选项板"，可以为新建的工具选项板命名。确定后，工具选项板中就增加了一个新的选项卡，如图 8-32 所示。

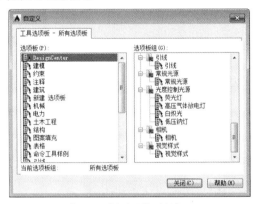

图 8-30　"自定义"对话框

图 8-31　选择"新建选项板"命令

图 8-32　新建选项卡

8.4.3　向工具选项板中添加内容

将图形、块和图案填充从设计中心拖动到工具选项板中。

例如，在 Designcenter 文件夹上单击鼠标右键，系统打开快捷菜单，选择"创建块的工具选项板"命令，如图 8-33（a）所示，设计中心中存储的图元就出现在工具选项板中新建的 Designcenter 选项卡上，如图 8-33（b）所示，这样就可以将设计中心与工具选项板结合起来，创建一个快捷、方便的工具选项板。将工具选项板中的图形拖动到另一个图形时，图形将作为块插入。

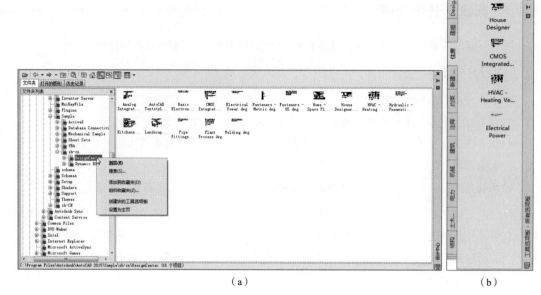

（a） （b）

图 8-33 将存储图元创建成"设计中心"工具选项板

8.4.4 实例——绘制居室布置平面图

利用设计中心绘制如图 8-34 所示的居室布置平面图。

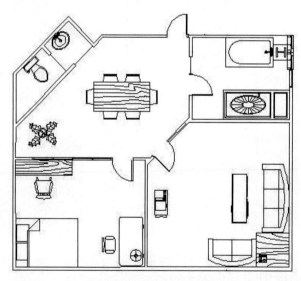

图 8-34 居室布置平面图

（1）利用前面学过的绘图命令与编辑命令绘制住房结构截面图。其中，进门为餐厅，左手边为厨房，右手边为卫生间，正对面为客厅，客厅左边为寝室。

（2）单击"视图"选项卡"选项板"面板中的"工具选项板"按钮，打开工具选项板。在工具选项板中单击鼠标右键，选择快捷菜单中的"新建选项板"命令，创建新的工具选项板选项卡并命名为"住房"。

（3）单击"视图"选项卡"选项板"面板中的"设计中心"按钮，打开"设计中心"选项板，将设计中心中的"Kitchens"、"House Designer"、"Home Space Planner"图块拖动到工具选项板的"住房"选项卡中，如图 8-35 所示。

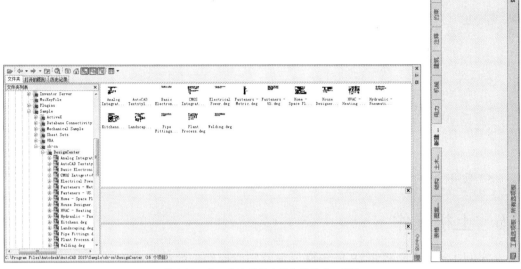

图 8-35　向工具选项板中添加设计中心图块

（4）布置餐厅。将工具选项板中的"Home Space Planner"图块拖动到当前图形中，利用缩放命令调整图块与当前图形的相对大小，如图 8-36 所示。对该图块进行分解操作，将"Home Space Planner"图块分解成单独的小图块集。将图块集中的"饭桌"和"植物"图块拖动到餐厅适当的位置，如图 8-37 所示。

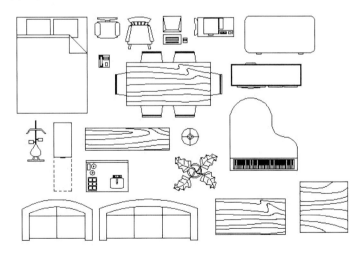

图 8-36　将"Home Space Planner"图块拖动到当前图形

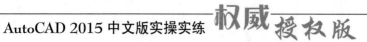

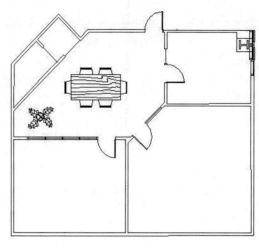

图 8-37　布置餐厅

（5）采用相同的方法，布置居室其他房间。

8.5　上机操作

【实例1】 标注如图 8-38 所示穹顶展览馆立面图形的标高符号。

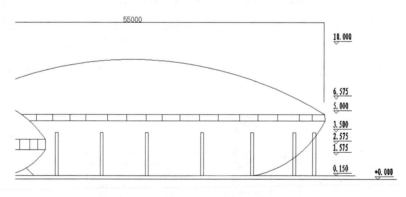

图 8-38　标注标高符号

1. 目的要求

在实际绘图过程中，会经常遇到重复性的图形单元。解决这类问题最简单、快捷的办法是将重复性的图形单元制作成图块，然后将图块插入图形。本例通过标高符号的标注，使读者掌握图块相关的操作。

2. 操作提示

（1）利用"直线"命令绘制标高符号。

（2）定义标高符号的属性，将标高值设置为其中需要验证的标记。

（3）将绘制的标高符号及其属性定义成图块。

（4）保存图块。

（5）在建筑图形中插入标高图块，每次插入时输入不同的标高值作为属性值。

【**实例 2**】将如图 8-39（a）所示的轴、轴承、盖板和螺钉图形作为图块插入到图 8-39（b）中，完成箱体组装图。

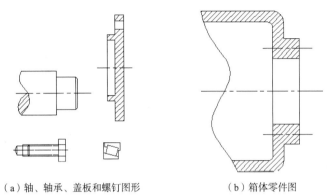

（a）轴、轴承、盖板和螺钉图形　　　　（b）箱体零件图

图 8-39　箱体组装零件图

1．目的要求

组装图是机械制图中最重要也是最复杂的图形。为了保持零件图与组装图的一致性，同时减少一些常用零件的重复绘制，经常采用图块插入的形式。本例通过组装零件图，使读者掌握图块相关命令的使用方法与技巧。

2．操作提示

（1）将图 8-39（a）中的盖板零件图定义为图块并保存。

（2）打开绘制好的箱体零件图，如图 8-39（b）所示。

（3）执行"插入块"命令，将步骤（1）中定义好的图块设置相关参数，插入到箱体零件图中。最终形成的组装图如图 8-40 所示。

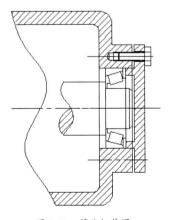

图 8-40　箱体组装图

【**实例 3**】利用工具选项板绘制如图 8-41 所示的图形。

1．目的要求

工具选项板最大的优点是简捷、方便、集中，读者可以在某个专门的工具选项板上组织需要的素材，快速、简便地绘制图形。通过本例图形的绘制，使读者掌握怎样灵活利用工具选项板进行快速绘图。

2．操作提示

（1）打开工具选项板，在工具选项板的"机械"选项卡中选择"滚珠轴承"图块，插入到新建空白图形，通过快捷菜单进行缩放。

（2）利用"图案填充"命令对图形剖面进行填充。

【**实例 4**】利用设计中心创建一个常用机械零件工具选项板，并利用该选项板绘制如图 8-42 所示的盘盖组装图。

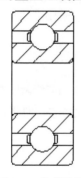

图 8-41　绘制图形

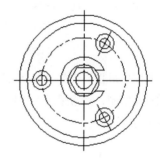

图 8-42　盘盖组装图

1．目的要求

设计中心与工具选项板的优点是能够建立一个完整的图形库，并且能够快速、简捷地绘制图形。通过本例组装图形的绘制，使读者掌握利用设计中心创建工具选项板的方法。

2．操作提示

（1）打开设计中心与工具选项板。

（2）创建一个新的工具选项板选项卡。

（3）在设计中心查找已经绘制好的常用机械零件图。

（4）将查找到的常用机械零件图拖入到新创建的工具选项板选项卡中。

（5）打开一个新图形文件。

（6）将需要的图形文件模块从工具选项板上拖入到当前图形中，并进行适当的缩放、移动、旋转等操作，最终完成如图 8-42 所示的图形。

8.6 模拟真题

1. 使用块的优点有下面哪些（   ）。

   A. 一个块中可以定义多个属性
   B. 多个块可以共用一个属性
   C. 块必须定义属性
   D. A 和 B

2. 如果插入的块所使用的图形单位与为图形指定的单位不同，则（   ）。

   A. 对象以一定比例缩放以维持视觉外观

   B. 英制的放大 25.4 倍

   C. 公制的缩小 25.4 倍

   D. 块将自动按照两种单位相比的等价比例因子进行缩放

3. 用 BLOCK 命令定义的内部图块，哪个说法是正确的（   ）。

   A. 只能在定义它的图形文件内自由调用

   B. 只能在另一个图形文件内自由调用

   C. 既能在定义它的图形文件内自由调用，又能在另一个图形文件内自由调用

   D. 两者都不能用

4. 利用 AutoCAD "设计中心" 不可能完成的操作是（   ）。

   A. 根据特定的条件快速查找图形文件

   B. 打开所选的图形文件

   C. 将某一图形中的块通过鼠标拖放添加到当前图形中

   D. 删除图形文件中未使用的命名对象，例如块定义、标注样式、图层、线型和文字样式等

5. 在 AutoCAD 的"设计中心"窗口的哪一项选项卡中，可以查看当前图形中的图形信息(   )。

   A. "文件夹"   B. "打开的图形"   C. "历史记录"   D. "联机设计中心"

6. 下列操作不能在 "设计中心" 完成的有（   ）。

   A. 两个 DWG 文件的合并
   B. 创建文件夹的快捷方式
   C. 创建 Web 站点的快捷方式
   D. 浏览不同的图形文件

7. 在设计中心中打开图形错误的方法是（   ）。

   A. 在设计中心内容区的图形图标上单击鼠标右键，选择 "在应用程序窗口中打开"
   B. 按住<Ctrl>键，同时将图形图标从设计中心内容区拖至绘图区域
   C. 将图形图标从设计中心内容区拖动到应用程序窗口绘图区域以外的任何位置
   D. 将图形图标从设计中心内容区拖动到绘图区域中

8. 无法通过设计中心更改的是（   ）。

   A. 大小   B. 名称   C. 位置   D. 外观

第 9 章

尺寸标注

尺寸标注是绘图设计过程中非常重要的一个环节，因为图形的主要作用是表达物体的形状，而物体各部分的真实大小和各部分之间的确切位置只能通过尺寸标注来表达。因此，没有正确的尺寸标注，绘制出的图纸对于加工制造就没什么意义。AutoCAD 2015 提供了方便、准确标注尺寸的功能。

本章介绍 AutoCAD 2015 的尺寸标注功能，主要包括尺寸标注和 QDIM 功能等。

9.1　尺寸样式

组成尺寸标注的尺寸线、尺寸界线、尺寸文本和尺寸箭头可以采用多种形式，尺寸标注以什么形态出现，取决于当前所采用的尺寸标注样式。标注样式决定尺寸标注的形式，包括尺寸线、尺寸界线、尺寸箭头和中心标记的形式、尺寸文本的位置、特性等。在 AutoCAD 2015 中用户可以利用"标注样式管理器"对话框方便地设置自己需要的尺寸标注样式。

9.1.1　新建或修改尺寸样式

在进行尺寸标注前，先要创建尺寸标注的样式。如果用户不创建尺寸样式而直接进行标注，系统使用默认名称为 Standard 的样式。如果用户认为使用的标注样式某些设置不合适，也可以修改标注样式。

【执行方式】

- 命令行：DIMSTYLE（快捷命令：D）。
- 菜单栏：选择菜单栏中的"格式"→"标注样式"命令或"标注"→"标注样式"命令。
- 工具栏：单击"标注"工具栏中的"标注样式"按钮 ⬚。
- 功能区：单击"默认"选项卡"注释"面板中的"标注样式"按钮 ⬚，或单击"注释"选项卡"标注"面板上的"标注样式"下拉菜单中的"管理标注样式"按钮，或单击"注释"选项卡"标注"面板中的"对话框启动器"按钮 ⬛。

执行上述操作后，系统打开"标注样式管理器"对话框，如图 9-1 所示。利用此对话框可方便、直观地定制和浏览尺寸标注样式，包括创建新的标注样式、修改已存在的标注样式、设置当前尺寸标注样式、样式重命名及删除已有标注样式等。

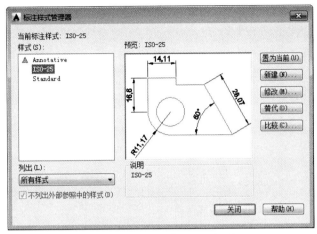

图 9-1　"标注样式管理器"对话框

【选项说明】

（1）"置为当前"按钮：单击此按钮，把在"样式"列表框中选择的样式设置为当前标注样式。

（2）"新建"按钮：创建新的尺寸标注样式。单击此按钮，系统打开"创建新标注样式"对话框，如图 9-2 所示，利用此对话框可创建一个新的尺寸标注样式，其中各项的功能说明如下。

图 9-2　"创建新标注样式"对话框

① "新样式名"文本框：为新的尺寸标注样式命名。

② "基础样式"下拉列表框：选择创建新样式所基于的标注样式。单击"基础样式"下拉列表框，打开当前已有的样式列表，从中选择一个作为定义新样式的基础，新的样式是在所选样式的基础上修改一些特性得到的。

③ "用于"下拉列表框：指定新样式应用的尺寸类型。单击此下拉列表框，打开尺寸类型列表。如果新建样式应用于所有尺寸，则选择"所有标注"选项；如果新建样式只应用于特定的尺寸标注（如只在标注直径时使用此样式），则选择相应的尺寸类型。

④ "继续"按钮：各选项设置好以后，单击"继续"按钮，系统打开"新建标注样式"对话框，如图 9-3 所示，利用此对话框可对新标注样式的各项特性进行设置。该对话框中各部分的含义和功能将在后面介绍。

（3）"修改"按钮：修改一个已存在的尺寸标注样式。单击此按钮，系统打开"修改标注样式"

对话框，该对话框中的各选项与"新建标注样式"对话框中完全相同，可以对已有标注样式进行修改。

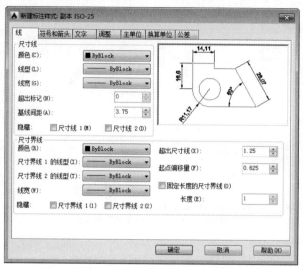

图 9-3 "新建标注样式"对话框

（4）"替代"按钮：设置临时覆盖的尺寸标注样式。单击此按钮，系统打开"替代当前样式"对话框，该对话框中的各选项与"新建标注样式"对话框中完全相同，用户可改变选项的设置，以覆盖原来的设置，但这种修改只对指定的尺寸标注起作用，而不影响当前其他尺寸变量的设置。

（5）"比较"按钮：比较两个尺寸标注样式在参数上的区别，或浏览一个尺寸标注样式的参数设置。单击此按钮，系统打开"比较标注样式"对话框，如图 9-4 所示。可以把比较结果复制到剪贴板上，然后再粘贴到其他的 Windows 应用软件上。

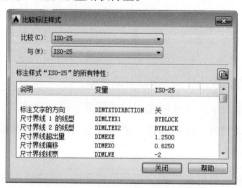

图 9-4 "比较标注样式"对话框

9.1.2 线

在"新建标注样式"对话框中，第一个选项卡就是"线"选项卡，如图 9-3 所示。该选项卡用于设置尺寸线、尺寸界线的形式和特性。现对该选项卡中的各选项分别说明如下。

（1）"尺寸线"选项组：用于设置尺寸线的特性，其中各选项的含义如下。

①"颜色"下拉列表框：用于设置尺寸线的颜色。可直接输入颜色名字，也可从下拉列表框中选择。如果选择"选择颜色"选项，系统打开"选择颜色"对话框供用户选择其他颜色。

②"线型"下拉列表框：用于设置尺寸线的线型。

③"线宽"下拉列表框：用于设置尺寸线的线宽，下拉列表框中列出了各种线宽的名称和宽度。

④"超出标记"微调框：当尺寸箭头设置为短斜线、短波浪线等，或尺寸线上无箭头时，可利用此微调框设置尺寸线超出尺寸界线的距离。

⑤"基线间距"微调框：设置以基线方式标注尺寸时，相邻两尺寸线之间的距离。

⑥"隐藏"复选框组：确定是否隐藏尺寸线及相应的箭头。勾选"尺寸线 1"复选框，表示隐藏第一段尺寸线；勾选"尺寸线 2"复选框，表示隐藏第二段尺寸线。

（2）"尺寸界线"选项组：用于确定尺寸界线的形式，其中各选项的含义如下。

①"颜色"下拉列表框：用于设置尺寸界线的颜色。

②"尺寸界线 1 的线型"下拉列表框：用于设置第一条尺寸界线的线型（DIMLTEX1 系统变量）。

③"尺寸界线 2 的线型"下拉列表框：用于设置第二条尺寸界线的线型（DIMLTEX2 系统变量）。

④"线宽"下拉列表框：用于设置尺寸界线的线宽。

⑤"超出尺寸线"微调框：用于确定尺寸界线超出尺寸线的距离。

⑥"起点偏移量"微调框：用于确定尺寸界线的实际起始点相对于指定尺寸界线起始点的偏移量。

⑦"隐藏"复选框组：确定是否隐藏尺寸界线。勾选"尺寸界线 1"复选框，表示隐藏第一段尺寸界线；勾选"尺寸界线 2"复选框，表示隐藏第二段尺寸界线。

⑧"固定长度的尺寸界线"复选框：勾选该复选框，系统以固定长度的尺寸界线标注尺寸，可以在其下面的"长度"文本框中输入长度值。

（3）尺寸样式显示框：在"新建标注样式"对话框的右上方有一个尺寸样式显示框，该显示框以样例的形式显示用户设置的尺寸样式。

9.1.3　符号和箭头

在"新建标注样式"对话框中，第二个选项卡是"符号和箭头"选项卡，如图 9-5 所示。该选项卡用于设置箭头、圆心标记、弧长符号和半径标注折弯的形式与特性。现对该选项卡中的各选项分别说明如下。

图 9-5 "符号和箭头"选项卡

（1）"箭头"选项组：用于设置尺寸箭头的形式。AutoCAD 提供了多种箭头形状，列在"第一个"和"第二个"下拉列表框中。另外，还允许采用用户自定义的箭头形状。两个尺寸箭头可以采用相同的形式，也可采用不同的形式。

① "第一个"下拉列表框：用于设置第一个尺寸箭头的形式。单击此下拉列表框，打开各种箭头形式，其中列出了各类箭头的形状，即名称。一旦选择了第一个箭头的类型，第二个箭头则自动与其匹配。要想第二个箭头取不同的形状，可在"第二个"下拉列表框中设定。

如果在列表框中选择了"用户箭头"选项，则打开如图 9-6 所示的"选择自定义箭头块"对话框，可以事先把自定义的箭头存成一个图块，在此对话框中输入该图块名即可。

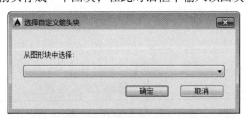

图 9-6 "选择自定义箭头块"对话框

② "第二个"下拉列表框：用于设置第二个尺寸箭头的形式，可与第一个箭头形式不同。

③ "引线"下拉列表框：用于确定引线箭头的形式，与"第一个"设置类似。

④ "箭头大小"微调框：用于设置尺寸箭头的大小。

（2）"圆心标记"选项组：用于设置半径标注、直径标注和中心标注中的中心标记与中心线形式。其中各项含义如下。

① "无"单选按钮：选择该单选按钮，既不产生中心标记，也不产生中心线。

② "标记"单选按钮：选择该单选按钮，中心标记为一个点记号。

③ "直线"单选按钮：选择该单选按钮，中心标记采用中心线的形式。

④ "大小"微调框：用于设置中心标记和中心线的大小与粗细。

（3）"折断标注"选项组：用于控制折断标注的间距宽度。

（4）"弧长符号"选项组：用于控制弧长标注中圆弧符号的显示，对其中的 3 个单选按钮含义介绍如下。

① "标注文字的前缀"单选按钮：选择该单选按钮，将弧长符号放在标注文字的左侧，如图 9-7（a）所示。

② "标注文字的上方"单选按钮：选择该单选按钮，将弧长符号放在标注文字的上方，如图 9-7（b）所示。

③ "无"单选按钮：选择该单选按钮，不显示弧长符号，如图 9-7（c）所示。

（a）　　　　　　　（b）　　　　　　　（c）

图 9-7　弧长符号

（5）"半径折弯标注"选项组：用于控制折弯（Z 字形）半径标注的显示。折弯半径标注通常在中心点位于页面外部时创建。在"折弯角度"文本框中可以输入连接半径标注的尺寸界线和尺寸线的横向直线角度，如图 9-8 所示。

（6）"线性折弯标注"选项组：用于控制折弯线性标注的显示。当标注不能精确表示实际尺寸时，常将折弯线添加到线性标注中。通常，实际尺寸比所需值小。

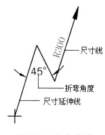

图 9-8　折弯角度

9.1.4　文字

在"新建标注样式"对话框中，第 3 个选项卡是"文字"选项卡，如图 9-9 所示。该选项卡用于设置尺寸文本文字的形式、布置、对齐方式等。现对该选项卡中的各选项分别说明如下。

（1）"文字外观"选项组。

① "文字样式"下拉列表框：用于选择当前尺寸文本采用的文字样式。单击此下拉列表框，可以从中选择一种文字样式。也可单击右侧的 [...] 按钮，打开"文字样式"对话框以创建新的文字样式或对文字样式进行修改。

② "文字颜色"下拉列表框：用于设置尺寸文本的颜色，其操作方法与设置尺寸线颜色的方法相同。

③ "填充颜色"下拉列表框：用于设置标注中文字背景的颜色。如果选择"选择颜色"选项，系统打开"选择颜色"对话框，可以从 255 种 AutoCAD 索引（ACI）颜色、真彩色和配色系统颜色中选择颜色。

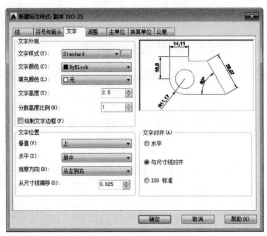

图 9-9 "文字"选项卡

④ "文字高度"微调框：用于设置尺寸文本的字高。如果选用的文本样式中已设置了具体的字高（不是 0），则此处的设置无效；如果文本样式中设置的字高为 0，才以此处设置为准。

⑤ "分数高度比例"微调框：用于确定尺寸文本的比例系数。

⑥ "绘制文字边框"复选框：勾选此复选框，AutoCAD 在尺寸文本的周围加上边框。

（2）"文字位置"选项组。

① "垂直"下拉列表框：用于确定尺寸文本相对于尺寸线在垂直方向的对齐方式。单击此下拉列表框，可从中选择的对齐方式有以下 5 种。

- 居中：将尺寸文本放在尺寸线的中间。
- 上：将尺寸文本放在尺寸线的上方。
- 外部：将尺寸文本放在远离第一条尺寸界线起点的位置，即和所标注的对象分列于尺寸线的两侧。
- 下：将尺寸文本放在尺寸线的下方。
- JIS：使尺寸文本的放置符合 JIS（日本工业标准）规则。

其中 4 种文本布置方式效果如图 9-10 所示。

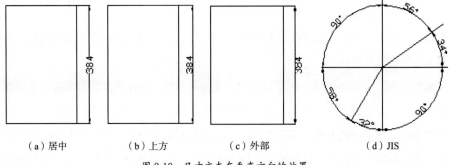

　（a）居中　　　　（b）上方　　　　（c）外部　　　　（d）JIS

图 9-10 尺寸文本在垂直方向的放置

②"水平"下拉列表框：用于确定尺寸文本相对于尺寸线和尺寸界线在水平方向的对齐方式。单击此下拉列表框，可从中选择的对齐方式有 5 种：居中、第一条尺寸界线、第二条尺寸界线、第一条尺寸界线上方、第二条尺寸界线上方，如图 9-11 所示。

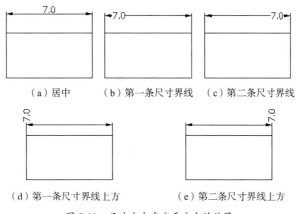

（a）居中　　（b）第一条尺寸界线　　（c）第二条尺寸界线

（d）第一条尺寸界线上方　　　　　（e）第二条尺寸界线上方

图 9-11　尺寸文本在水平方向的放置

③"观察方向"下拉列表框：用于控制标注文字的观察方向（可用 DIMTXTDIRECTION 系统变量设置）。"观察方向"包括以下两项选项。

- 从左到右：按从左到右阅读的方式放置文字。
- 从右到左：按从右到左阅读的方式放置文字。

④"从尺寸线偏移"微调框：当尺寸文本放在断开的尺寸线中间时，此微调框用来设置尺寸文本与尺寸线之间的距离。

（3）"文字对齐"选项组：用于控制尺寸文本的排列方向。

①"水平"单选按钮：选择该单选按钮，尺寸文本沿水平方向放置。不论标注什么方向的尺寸，尺寸文本总保持水平。

②"与尺寸线对齐"单选按钮：选择该单选按钮，尺寸文本沿尺寸线方向放置。

③"ISO 标准"单选按钮：选择该单选按钮，当尺寸文本在尺寸界线之间时，沿尺寸线方向放置；在尺寸界线之外时，沿水平方向放置。

9.1.5　调整

在"新建标注样式"对话框中，第 4 个选项卡是"调整"选项卡，如图 9-12 所示。该选项卡根据两条尺寸界线之间的空间，设置将尺寸文本、尺寸箭头放置在两尺寸界线内还是外。如果空间允许，AutoCAD 总是把尺寸文本和箭头放置在尺寸界线的里面；如果空间不够，则根据本选项卡的各项设置放置。现对该选项卡中的各选项分别说明如下。

（1）"调整选项"选项组。

①"文字或箭头"单选按钮：选择此单选按钮，如果空间允许，把尺寸文本和箭头都放置在两尺寸界线之间；如果两尺寸界线之间只够放置尺寸文本，则把尺寸文本放置在尺寸界线之间，

而把箭头放置在尺寸界线之外；如果只够放置箭头，则把箭头放在里面，把尺寸文本放在外面；如果两尺寸界线之间既放不下文本，也放不下箭头，则把二者均放在外面。

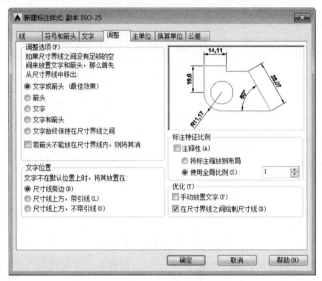

图 9-12　"调整"选项卡

②"箭头"单选按钮：选择此单选按钮，如果空间允许，把尺寸文本和箭头都放置在两尺寸界线之间；如果空间只够放置箭头，则把箭头放在尺寸界线之间，把文本放在外面；如果尺寸界线之间放不下箭头，则把箭头和文本均放在外面。

③"文字"单选按钮：选择此单选按钮，如果空间允许，把尺寸文本和箭头都放置在两尺寸界线之间；否则把文本放在尺寸界线之间，把箭头放在外面；如果尺寸界线之间放不下尺寸文本，则把文本和箭头都放在外面。

④"文字和箭头"单选按钮：选择此单选按钮，如果空间允许，把尺寸文本和箭头都放置在两尺寸界线之间；否则把文本和箭头都放在尺寸界线外面。

⑤"文字始终保持在尺寸界线之间"单选按钮：选择此单选按钮，AutoCAD 总是把尺寸文本放在两条尺寸界线之间。

⑥"若箭头不能放在尺寸界线内，则将其消除"复选框：勾选此复选框，尺寸界线之间的空间不够时省略尺寸箭头。

（2）"文字位置"选项组：用于设置尺寸文本的位置，其中 3 个单选按钮的含义如下。

①"尺寸线旁边"单选按钮：选择此单选按钮，把尺寸文本放在尺寸线的旁边，如图 9-13（a）所示。

②"尺寸线上方，带引线"单选按钮：选择此单选按钮，把尺寸文本放在尺寸线的上方，并用引线与尺寸线相连，如图 9-13（b）所示。

③"尺寸线上方，不带引线"单选按钮：选择此单选按钮，把尺寸文本放在尺寸线的上方，中间无引线，如图 9-13（c）所示。

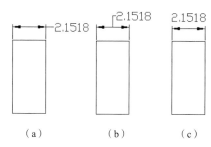

（a）　　　　　　　（b）　　　　　　　（c）

图 9-13　尺寸文本的位置

（3）"标注特征比例"选项组。

①"将标注缩放到布局"单选按钮：根据当前模型空间视口和图纸空间之间的比例确定比例因子。当在图纸空间而不是模型空间视口中工作时，或当 TILEMODE 被设置为 1 时，将使用默认的比例因子 1.0。

②"使用全局比例"单选按钮：确定尺寸的整体比例系数。其后面的"比例值"微调框可以用来选择需要的比例。

（4）"优化"选项组：用于设置附加的尺寸文本布置选项，包含以下两个选项。

①"手动放置文字"复选框：勾选此复选框，标注尺寸时由用户确定尺寸文本的放置位置，忽略前面的对齐设置。

②"在尺寸界线之间绘制尺寸线"复选框：勾选此复选框，不论尺寸文本在尺寸界线里面还是外面，AutoCAD 均在两尺寸界线之间绘出一条尺寸线；否则当尺寸界线内放不下尺寸文本而将其放在外面时，尺寸界线之间无尺寸线。

9.1.6　主单位

在"新建标注样式"对话框中，第 5 个选项卡是"主单位"选项卡，如图 9-14 所示。该选项卡用来设置尺寸标注的主单位和精度，以及为尺寸文本添加固定的前缀或后缀。本选项卡包含两个选项组，分别对长度型标注和角度型标注进行设置。现对该选项卡中的各选项分别说明如下。

（1）"线性标注"选项组：用于设置标注长度型尺寸时采用的单位和精度。

①"单位格式"下拉列表框：用于确定标注尺寸时使用的单位制（角度型尺寸除外）。在其下拉列表框中 AutoCAD 2015 提供了"科学"、"小数"、"工程"、"建筑"、"分数"和"Windows 桌面"6 种单位制，可根据需要选择。

②"精度"下拉列表框：用于确定标注尺寸时的精度，也就是精确到小数点后几位。

③"分数格式"下拉列表框：用于设置分数的形式。AutoCAD 2015 提供了"水平"、"对角"和"非堆叠"3 种形式供用户选用。

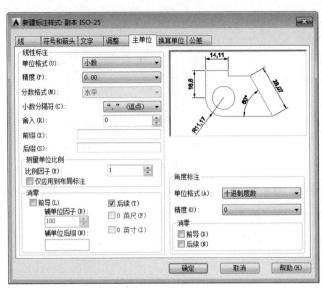

图 9-14　"主单位"选项卡

④ "小数分隔符"下拉列表框：用于确定十进制单位（Decimal）的分隔符。AutoCAD 2015 提供了句点（.）、逗点（,）和空格 3 种形式。

⑤ "舍入"微调框：用于设置除角度之外的尺寸测量圆整规则。在文本框中输入一个值，如果输入 1，则所有测量值均圆整为整数。

⑥ "前缀"文本框：为尺寸标注设置固定前缀。可以输入文本，也可以利用控制符产生特殊字符，这些文本将被加在所有尺寸文本之前。

⑦ "后缀"文本框：为尺寸标注设置固定后缀。

⑧ "测量单位比例"选项组：用于确定 AutoCAD 自动测量尺寸时的比例因子。其中"比例因子"微调框用来设置除角度之外所有尺寸测量的比例因子。例如，用户确定比例因子为 2，AutoCAD 则把实际测量为 1 的尺寸标注为 2。如果勾选"仅应用到布局标注"复选框，则设置的比例因子只适用于布局标注。

⑨ "消零"选项组：用于设置是否省略标注尺寸时的 0。

- "前导"复选框：勾选此复选框，省略尺寸值处于高位的 0。例如，0.50000 标注为.50000。

- "后续"复选框：勾选此复选框，省略尺寸值小数点后末尾的 0。例如，8.5000 标注为 8.5，而 30.0000 标注为 30。

- "0 英尺"复选框：勾选此复选框，采用"工程"和"建筑"单位制时，如果尺寸值小于 1 尺时，省略尺。例如，0'-6 1/2" 标注为 6 1/2"。

- "0 英寸"复选框：勾选此复选框，采用"工程"和"建筑"单位制时，如果尺寸值是整数尺时，省略寸。例如，1'-0"标注为 1'。

（2）"角度标注"选项组：用于设置标注角度时采用的角度单位。

① "单位格式"下拉列表框：用于设置角度单位制。AutoCAD 2015 提供了"十进制度数"、"度

/分/秒"、"百分度"和"弧度"4 种角度单位。

② "精度"下拉列表框：用于设置角度型尺寸标注的精度。

③ "消零"选项组：用于设置是否省略标注角度时的 0。

9.1.7 换算单位

在"新建标注样式"对话框中，第 6 个选项卡是"换算单位"选项卡，如图 9-15 所示，该选项卡用于对替换单位进行设置。现对该选项卡中的各选项分别说明如下。

图 9-15 "换算单位"选项卡

（1）"显示换算单位"复选框：勾选此复选框，则替换单位的尺寸值也同时显示在尺寸文本上。

（2）"换算单位"选项组：用于设置替换单位，其中各选项的含义如下。

① "单位格式"下拉列表框：用于选择替换单位采用的单位制。

② "精度"下拉列表框：用于设置替换单位的精度。

③ "换算单位倍数"微调框：用于指定主单位和替换单位的转换因子。

④ "舍入精度"微调框：用于设定替换单位的圆整规则。

⑤ "前缀"文本框：用于设置替换单位文本的固定前缀。

⑥ "后缀"文本框：用于设置替换单位文本的固定后缀。

（3）"消零"选项组。

① "前导"复选框：勾选此复选框，不输出所有十进制标注中的前导 0。例如，0.5000 标注为.5000。

② "辅单位因子"微调框：将辅单位的数量设置为一个单位。它用于在距离小于一个单位时

以辅单位为单位计算标注距离。例如，如果后缀为 m 而辅单位后缀为以 cm 显示，则输入 100。

③ "辅单位后缀" 文本框：用于设置标注值辅单位中包含的后缀。可以输入文字或使用控制代码显示特殊符号。例如，输入 cm 可将.96m 显示为 96cm。

④ "后续" 复选框：勾选此复选框，不输出所有十进制标注的后续零。例如，12.5000 标注为 12.5，30.0000 标注为 30。

⑤ "0 英尺" 复选框：勾选此复选框，如果长度小于 1 英尺，则消除 "英尺-英寸" 标注中的英尺部分。例如，0'-6 1/2"标注为 6 1/2"。

⑥ "0 英寸" 复选框：勾选此复选框，如果长度为整英尺数，则消除 "英尺-英寸" 标注中的英寸部分。例如，1'-0"标注为 1'。

（4） "位置" 选项组：用于设置替换单位尺寸标注的位置。

① "主值后" 单选按钮：选择该单选按钮，把替换单位尺寸标注放在主单位标注的后面。

② "主值下" 单选按钮：选择该单选按钮，把替换单位尺寸标注放在主单位标注的下面。

9.1.8 公差

在 "新建标注样式" 对话框中，第 7 个选项卡是 "公差" 选项卡，如图 9-16 所示，该选项卡用于确定标注公差的方式。现对该选项卡中的各选项分别说明如下。

图 9-16 "公差" 选项卡

（1） "公差格式" 选项组：用于设置公差的标注方式。

① "方式" 下拉列表框：用于设置公差标注的方式。AutoCAD 提供了 5 种标注公差的方式，分别是 "无"、"对称"、"极限偏差"、"极限尺寸" 和 "基本尺寸"，其中 "无" 表示不标注公差，其余 4 种标注情况如图 9-17 所示。

图 9-17 公差标注的形式

② "精度"下拉列表框：用于确定公差标注的精度。

③ "上偏差"微调框：用于设置尺寸的上偏差。

④ "下偏差"微调框：用于设置尺寸的下偏差。

⑤ "高度比例"微调框：用于设置公差文本的高度比例，即公差文本的高度与一般尺寸文本的高度之比。

⑥ "垂直位置"下拉列表框：用于控制"对称"和"极限偏差"形式公差标注的文本对齐方式，如图 9-18 所示。

- 上：公差文本的顶部与一般尺寸文本的顶部对齐。
- 中：公差文本的中线与一般尺寸文本的中线对齐。
- 下：公差文本的底线与一般尺寸文本的底线对齐。

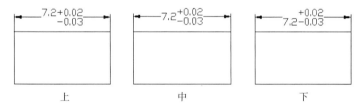

图 9-18 公差文本的对齐方式

（2）"公差对齐"选项组：用于在堆叠时，控制上偏差值和下偏差值的对齐。

① "对齐小数分隔符"单选按钮：选择该单选按钮，通过值的小数分隔符堆叠值。

② "对齐运算符"单选按钮：选择该单选按钮，通过值的运算符堆叠值。

（3）"消零"选项组：用于控制是否禁止输出前导 0 和后续 0，以及 0 英尺和 0 英寸部分（可用 DIMTZIN 系统变量设置）。消零设置也会影响由 AutoLISP® rtos 和 angtos 函数执行的实数到字符串的转换。

① "前导"复选框：勾选此复选框，不输出所有十进制公差标注中的前导 0。例如，0.5000 标注为 .5000。

② "后续"复选框：勾选此复选框，不输出所有十进制公差标注的后续 0。例如，12.5000 标注为 12.5，30.0000 标注为 30。

③ "0 英尺"复选框：勾选此复选框，如果长度小于 1 英尺，则消除"英尺-英寸"标注中的英尺部分。例如，0'-6 1/2"标注为 6 1/2"。

④ "0 英寸"复选框：勾选此复选框，如果长度为整英尺数，则消除"英尺-英寸"标注中的英寸部分。例如，1'-0"标注为 1'。

（4）"换算单位公差"选项组：用于对形位公差标注的替换单位进行设置，各项的设置方法与上面相同。

9.2 标注尺寸

正确地进行尺寸标注是设计绘图工作中非常重要的一个环节，AutoCAD 2015 提供了方便、快捷的尺寸标注方法，可通过执行命令实现，也可利用菜单或工具按钮实现。本节重点介绍如何对各种类型的尺寸进行标注。

9.2.1 长度型尺寸标注

【执行方式】

- 命令行：DIMLINEAR（缩写名：DIMLIN，快捷命令：DLI）。
- 菜单栏：选择菜单栏中的"标注"→"线性"命令。
- 工具栏：单击"标注"工具栏中的"线性"按钮⊢。
- 功能区：单击"默认"选项卡"注释"面板中的"线性"按钮⊢（如图 9-19 所示），或单击"注释"选项卡"标注"面板中的"线性"按钮⊢（如图 9-20 所示）。

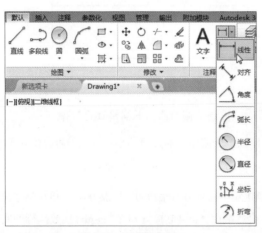

图 9-19 "注释"面板

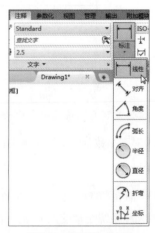

图 9-20 "标注"面板

【操作步骤】

命令行提示与操作如下。

```
命令: DIMLIN↙
指定第一个尺寸界线原点或 <选择对象>:
```

1. 直接按<Enter>键

光标变为拾取框，并在命令行提示如下。

选择标注对象：用拾取框选择要标注尺寸的线段
指定尺寸线位置或[多行文字(M)/文字(T)/角度(A)/水平(H)/垂直(V)/旋转(R)]：

2. 选择对象

指定第一条与第二条尺寸界线的起始点。

👜【选项说明】

（1）指定尺寸线位置：用于确定尺寸线的位置。用户可移动鼠标选择合适的尺寸线位置，然后按<Enter>键或单击，AutoCAD 则自动测量要标注线段的长度并标注出相应的尺寸。

（2）多行文字（M）：用多行文本编辑器确定尺寸文本。

（3）文字（T）：用于在命令行提示下输入或编辑尺寸文本。选择此选项后，命令行提示如下。

输入标注文字 <默认值>：

其中的默认值是 AutoCAD 自动测量得到的被标注线段的长度，直接按<Enter>键即可采用此长度值，也可输入其他数值代替默认值。当尺寸文本中包含默认值时，可使用尖括号“<>”表示默认值。

（4）角度（A）：用于确定尺寸文本的倾斜角度。

（5）水平（H）：水平标注尺寸，不论标注什么方向的线段，尺寸线总保持水平放置。

（6）垂直（V）：垂直标注尺寸，不论标注什么方向的线段，尺寸线总保持垂直放置。

（7）旋转（R）：输入尺寸线旋转的角度值，旋转标注尺寸。

🔍【技巧荟萃】

线性标注有水平、垂直或对齐放置。使用对齐标注时，尺寸线将平行于两尺寸界线原点之间的直线（想象或实际）。基线（或平行）和连续（或链）标注是一系列基于线性标注的连续标注，连续标注是首尾相连的多个标注。在创建基线或连续标注之前，必须创建线性、对齐或角度标注。可从当前任务最近创建的标注中以增量方式创建基线标注。

9.2.2 实例——标注螺栓尺寸

标注如图 9-21 所示的螺栓尺寸。

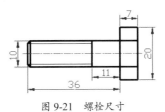

图 9-21 螺栓尺寸

（1）在命令行输入"DIMSTYLE"，按<Enter>键，系统打开"标注样式管理器"对话框，如图 9-22 所示。

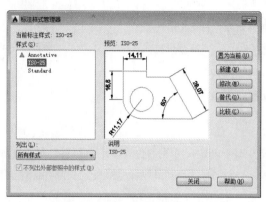

图 9-22 "标注样式管理器"对话框

由于系统的标注样式有些不符合要求，因此，根据图 9-23 中的标注样式，对角度、直径、半径标注样式进行设置。单击"新建"按钮，打开"创建新标注样式"对话框，如图 9-23 所示，在"用于"下拉列表框中选择"线性标注"选项，然后单击"继续"按钮，打开"新建标注样式"对话框，单击"文字"选项卡，设置文字高度为 5，其他选项保持默认设置，单击"确定"按钮，返回"标注样式管理器"对话框。单击"置为当前"按钮，将设置的标注样式置为当前标注样式，再单击"关闭"按钮。

图 9-23 "创建新标注样式"对话框

（2）先单击"对象捕捉"工具栏中的"捕捉到端点"按钮，再单击"默认"选项卡"注释"面板中的"线性"按钮，标注主视图高度，命令行提示与操作如下。

```
命令：_dimlinear
    指定第一个尺寸界线原点或 <选择对象>：捕捉标注为"11"的边的一个端点，作为第一条尺寸界线的原点
    指定第二条尺寸界线原点：捕捉标注为"11"的边的另一个端点，作为第二条尺寸界线的原点
    指定尺寸线位置或[多行文字(M)/文字(T)/角度(A)/水平(H)/垂直(V)/旋转(R)]：T↙ 系统在命令行显示尺寸的自动测量值，可以对尺寸值进行修改
    输入标注文字<11>：↙ 采用尺寸的自动测量值"11"
    指定尺寸线位置或[多行文字(M)/文字(T)/角度(A)/水平(H)/垂直(V)/旋转(R)]：指定尺寸线的位置。拖动鼠标，将出现动态的尺寸标注，在合适的位置单击，确定尺寸线的位置
    标注文字=11
```

（3）单击"默认"选项卡"注释"面板中的"线性"按钮┣┥，标注其他水平与竖直方向的尺寸，方法与上面相同。

9.2.3　对齐标注

【执行方式】

- 命令行：DIMALIGNED（快捷命令：DAL）。
- 菜单栏：选择菜单栏中的"标注"→"对齐"命令。
- 工具栏：单击"标注"工具栏中的"对齐"按钮╲。
- 功能区：单击"默认"选项卡"注释"面板中的"对齐"按钮╲，或单击"注释"选项卡"标注"面板中的"对齐"按钮╲。

【操作步骤】

命令行提示与操作如下。

> 命令：DIMALIGNED✓
> 指定第一个尺寸界线原点或 <选择对象>：

对齐标注的尺寸线与所标注轮廓线平行，标注起始点到终点之间的距离尺寸。

9.2.4　坐标尺寸标注

【执行方式】

- 命令行：DIMORDINATE（快捷命令：DOR）。
- 菜单栏：选择菜单栏中的"标注"→"坐标"命令。
- 工具栏：单击"标注"工具栏中的"坐标"按钮⊥。
- 功能区：单击"默认"选项卡"注释"面板中的"坐标"按钮⊥，或单击"注释"选项卡"标注"面板中的"坐标"按钮⊥。

【操作步骤】

命令行提示与操作如下。

> 命令：DIMORDINATE✓
> 指定点坐标：选择要标注坐标的点
> 指定引线端点或 [X 基准(X)/Y 基准(Y)/多行文字(M)/文字(T)/角度(A)]：

【选项说明】

（1）指定引线端点：确定另外一点，根据这两点之间的坐标差决定是生成 X 坐标尺寸还是 Y 坐标尺寸。如果这两点的 Y 坐标之差比较大，则生成 X 坐标尺寸；反之，生成 Y 坐标尺寸。

（2）X 基准（X）：生成该点的 X 坐标。

（3）Y 基准（Y）：生成该点的 Y 坐标。

（4）文字（T）：在命令行提示下自定义标注文字，生成的标注测量值显示在尖括号（<>）中。

（5）角度（A）：修改标注文字的角度。

9.2.5　角度型尺寸标注

📏【执行方式】

- 命令行：DIMANGULAR（快捷命令：DAN）。
- 菜单栏：选择菜单栏中的"标注"→"角度"命令。
- 工具栏：单击"标注"工具栏中的"角度"按钮△。
- 功能区：单击"默认"选项卡"注释"面板中的"角度"按钮△，或单击"注释"选项卡"标注"面板中的"角度"按钮△。

🖱【操作步骤】

命令行提示与操作如下。

> 命令：DIMANGULAR↙
> 选择圆弧、圆、直线或 <指定顶点>：

📑【选项说明】

（1）选择圆弧：标注圆弧的中心角。当用户选择一段圆弧后，命令行提示如下。

> 指定标注弧线位置或 [多行文字(M)/文字(T)/角度(A)]：

在此提示下确定尺寸线的位置，AutoCAD 系统按自动测量得到的值标注出相应的角度。在此之前用户可以选择"多行文字"、"文字"或"角度"选项，通过多行文本编辑器或命令行来输入或定制尺寸文本，以及指定尺寸文本的倾斜角度。

（2）选择圆：标注圆上某段圆弧的中心角。当用户选择圆上的一点后，命令行提示如下。

> 指定角的第二个端点：　选择另一点，该点可在圆上，也可不在圆上
> 指定标注弧线位置或 [多行文字(M)/文字(T)/角度(A)]：

在此提示下确定尺寸线的位置，AutoCAD 系统标注出一个角度值。该角度以圆心为顶点，两条尺寸界线通过所选取的两点，第二点可以不必在圆周上。用户还可以选择"多行文字"、"文字"或"角度"选项，编辑其尺寸文本或指定尺寸文本的倾斜角度，如图 9-24 所示。

（3）选择直线：标注两条直线间的夹角。当用户选择一条直线后，命令行提示如下。

> 选择第二条直线：选择另一条直线
> 指定标注弧线位置或 [多行文字(M)/文字(T)/角度(A)]：

在此提示下确定尺寸线的位置，系统自动标出两条直线之间的夹角。该角以两条直线的交点为顶点，以两条直线为尺寸界线，所标注角度取决于尺寸线的位置，如图 9-25 所示。用户还可以选择"多行文字"、"文字"或"角度"选项，编辑其尺寸文本或指定尺寸文本的倾斜角度。

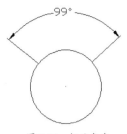

图 9-24 标注角度

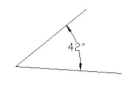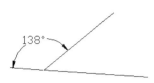

图 9-25 标注两直线的夹角

（4）指定顶点：直接按<Enter>键，命令行提示与操作如下。

> 指定角的顶点：指定顶点
> 指定角的第一个端点：输入角的第一个端点
> 指定角的第二个端点：输入角的第二个端点，创建无关联的标注
> 指定标注弧线位置或 [多行文字(M)/文字(T)/角度(A)/象限点（Q）]：输入一点作为角的顶点

在此提示下给定尺寸线的位置，AutoCAD 根据指定的三点标注出角度，如图 9-26 所示。另外，用户还可以选择"多行文字"、"文字"或"角度"选项，编辑其尺寸文本或指定尺寸文本的倾斜角度。

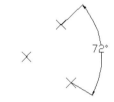

图 9-26 指定三点确定的角度

（5）指定标注弧线位置：指定尺寸线的位置并确定绘制延伸线的方向。指定位置之后，DIMANGULAR 命令将结束。

（6）多行文字（M）：显示在位文字编辑器，可用它来编辑标注文字。要添加前缀或后缀，请在生成的测量值前后输入前缀或后缀。用控制代码和 Unicode 字符串来输入特殊字符或符号（参见第 7 章介绍的常用控制码）。

（7）文字（T）：自定义标注文字，生成的标注测量值显示在尖括号（<>）中。命令行提示与操作如下。

> 输入标注文字 <当前>：

输入标注文字，或按<Enter>键接受生成的测量值。要包括生成的测量值，请用尖括号（<>）表示生成的测量值。

（8）角度（A）：修改标注文字的角度。

（9）象限点（Q）：指定标注应锁定到的象限。打开象限行为后，将标注文字放置在角度标注外时，尺寸线会延伸超过延伸线。

【技巧荟萃】

角度标注可以测量指定的象限点，该象限点是在直线或圆弧的端点、圆心或两个顶点之间对角度进行标注时形成的。创建角度标注时，可以测量 4 个可能的角度。通过指定象限点，使用户可以确保标注正确的角度。指定象限点后，放置角度标注时，用户可以将标注文字放置在标注的尺寸界线之外，尺寸线将自动延长。

9.2.6 弧长标注

【执行方式】

- 命令行：DIMARC。
- 菜单栏：选择菜单栏中的"标注"→"弧长"命令。
- 工具栏：单击"标注"工具栏中的"弧长"按钮 ⌒。
- 功能区：单击"默认"选项卡"注释"面板中的"弧长"按钮 ⌒，或单击"注释"选项卡 "标注"面板中的"弧长"按钮 ⌒。

【操作步骤】

命令行提示与操作如下。

```
命令：DIMARC↙
选择弧线段或多段线弧线段：选择圆弧
指定弧长标注位置或 [多行文字(M)/文字(T)/角度(A)/部分(P)/引线(L)]：
```

【选项说明】

（1）指定弧长标注位置：指定尺寸线的位置并确定延伸线的方向。

（2）多行文字（M）：显示在位文字编辑器，可用它来编辑标注文字。要添加前缀或后缀，请 在生成的测量值前后输入前缀或后缀。用控制代码和 Unicode 字符串来输入特殊字符或符号。

（3）文字（T）：自定义标注文字，生成的标注测量值显示在尖括号（<>）中。

（4）角度（A）：修改标注文字的角度。

（5）部分（P）：缩短弧标注的长度，如图 9-27 所示。

（6）引线（L）：添加引线对象，仅当圆弧（或弧线段）大于 90°时才会显示此选项。引线是按 径向绘制的，指向所标注圆弧的圆心，如图 9-28 所示。

图 9-27 部分圆弧标注

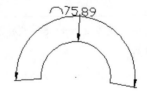

图 9-28 引线标注圆弧

9.2.7 直径标注

【执行方式】

- 命令行：DIMDIAMETER（快捷命令：DDI）。
- 菜单栏：选择菜单栏中的"标注"→"直径"命令。
- 工具栏：单击"标注"工具栏中的"直径"按钮 ⊘。

- 功能区：单击"默认"选项卡"注释"面板中的"直径"按钮◎，或单击"注释"选项卡"标注"面板中的"直径"按钮◎。

🖱 【操作步骤】

命令行提示与操作如下。

> 命令：DIMDIAMETER✓
> 选择圆弧或圆：选择要标注直径的圆或圆弧
> 指定尺寸线位置或 [多行文字(M)/文字(T)/角度(A)]：确定尺寸线的位置或选择某一选项

用户可以选择"多行文字"、"文字"或"角度"选项来输入、编辑尺寸文本或确定尺寸文本的倾斜角度，也可以直接确定尺寸线的位置，标注出指定圆或圆弧的直径。

👉 【选项说明】

（1）指定尺寸线位置：确定尺寸线的角度和标注文字的位置。如果未将标注放置在圆弧上而导致标注指向圆弧外，AutoCAD 会自动绘制圆弧延伸线。

（2）多行文字（M）：显示在位文字编辑器，可用它来编辑标注文字。要添加前缀或后缀，请在生成的测量值前后输入前缀或后缀。用控制代码和 Unicode 字符串来输入特殊字符或符号。

（3）文字（T）：自定义标注文字，生成的标注测量值显示在尖括号（<>）中。

（4）角度（A）：修改标注文字的角度。

9.2.8　半径标注

📏 【执行方式】

- 命令行：DIMRADIUS（快捷命令：DRA）。
- 菜单栏：选择菜单栏中的"标注"→"半径"命令。
- 工具栏：单击"标注"工具栏中的"半径"按钮◎。
- 功能区：单击"默认"选项卡"注释"面板中的"半径"按钮◎，或单击"注释"选项卡"标注"面板中的"半径"按钮◎。

🖱 【操作步骤】

命令行提示与操作如下。

> 命令：DIMRADIUS✓
> 选择圆弧或圆：选择要标注半径的圆或圆弧
> 指定尺寸线位置或 [多行文字(M)/文字(T)/角度(A)]：确定尺寸线的位置或选择某一选项

用户可以选择"多行文字"、"文字"或"角度"选项来输入、编辑尺寸文本或确定尺寸文本的倾斜角度，也可以直接确定尺寸线的位置，标注出指定圆或圆弧的半径。

9.2.9 折弯标注

【执行方式】

- 命令行：DIMJOGGED（快捷命令：DJO 或 JOG）。
- 菜单栏：选择菜单栏中的"标注"→"折弯"命令。
- 工具栏：单击"标注"工具栏中的"折弯"按钮 。
- 功能区：单击"默认"选项卡"注释"面板中的"折弯"按钮 ，或单击"注释"选项卡"标注"面板中的"折弯"按钮 。

【操作步骤】

命令行提示与操作如下。

> 命令：DIMJOGGED✓
> 选择圆弧或圆：选择圆弧或圆
> 指定中心位置替代：指定一点
> 标注文字 = 51.28
> 指定尺寸线位置或 [多行文字(M)/文字(T)/角度(A)]：指定一点
> 或选择某一选项
> 指定折弯位置：指定折弯位置，如图 9-29 所示

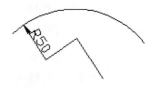

图 9-29　折弯标注

9.2.10 实例——标注曲柄尺寸

标注如图 9-30 所示的曲柄尺寸。

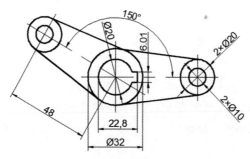

图 9-30　曲柄尺寸的标注

（1）打开源文件"曲柄.dwg"。

（2）设置绘图环境。

> 命令：LAYER✓ 创建一个新图层"BZ"，并将其设置为当前层
> 命令：DIMSTYLE✓

按<Enter>键后，弹出"标注样式管理器"对话框，如图 9-31 所示。单击"新建"按钮，在弹出的"创建新标注样式"对话框中的"新样式名"文本框中输入"机械制图"，单击"继续"按钮，弹出"新建标注样式：机械制图"对话框，分别按图 9-32 ~ 图 9-35 所示进行设置。设置完成后，

单击"置为当前"按钮，将"机械制图"标注样式设置为当前标注样式。

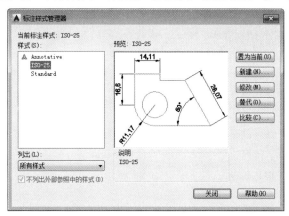

图 9-31　"标注样式管理器"对话框

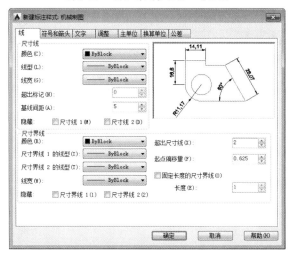

图 9-32　设置"线"选项卡

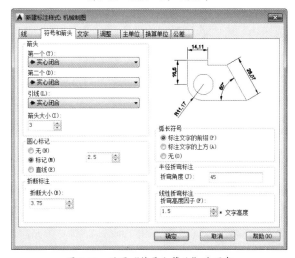

图 9-33　设置"符号和箭头"选项卡

图 9-34　设置"文字"选项卡

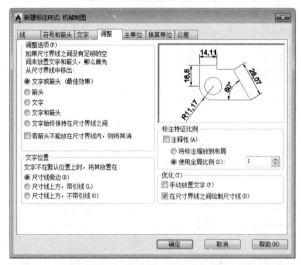

图 9-35　设置"调整"选项卡

（3）标注曲柄中的线性尺寸。

> 命令：DIMLINEAR✓　进行线性标注，标注图中的尺寸"Φ32"
> 指定第一条尺寸界线原点或 <选择对象>：捕捉Φ32圆与水平中心线的左交点，作为第一条尺寸界线的起点
> 指定第二条尺寸界线原点：捕捉Φ32圆与水平中心线的右交点，作为第二条尺寸界线的起点
> 指定尺寸线位置或[多行文字(M)/文字(T)/角度(A)/水平(H)/垂直(V)/旋转(R)]：T✓
> 输入标注文字 <32>：%%c32✓输入标注文字（如直接按<Enter>键，则取默认值，但是没有直径符号"Φ"）
> 指定尺寸线位置或[多行文字(M)/文字(T)/角度(A)/水平(H)/垂直(V)/旋转(R)]：指定尺寸线位置
> 标注文字 =32

用同样的方法标注线性尺寸 22.68 和 6。

（4）标注曲柄中的对齐尺寸。

```
命令：DIMALIGNED↙  标注图中的对齐尺寸"48"
指定第一条尺寸界线原点或 <选择对象>：捕捉倾斜部分中心线的交点，作为第一条尺寸界线的起点
指定第二条尺寸界线原点：捕捉中间中心线的交点，作为第二条尺寸界线的起点
指定尺寸线位置或[多行文字(M)/文字(T)/角度(A)]：指定尺寸线位置
标注文字 =48
```

（5）标注曲柄中的直径尺寸。在"标注样式管理器"对话框中单击"新建"按钮，在"用于"下拉列表框中选择"直径标注"选项，单击"继续"按钮，弹出"新建标注样式：机械制图：直径"对话框，按图 9-36 和图 9-37 所示进行设置，其他选项卡的设置保持不变。方法同前，设置"角度"标注样式，用于角度标注，如图 9-38 所示。

图 9-36　"直径"标注样式的"文字"选项卡

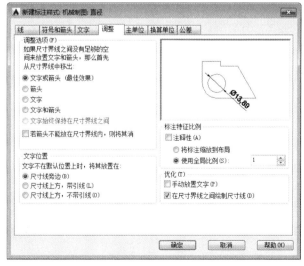

图 9-37　"直径"标注样式的"调整"选项卡

图 9-38 "角度"标注样式的"文字"选项卡

> 命令：DIMDIAMETER✓ 标注图中的直径尺寸"2-Φ10"
>
> 选择圆弧或圆：选择右边Φ10 小圆
>
> 标注文字 =10
>
> 指定尺寸线位置或 [多行文字(M)/文字(T)/角度(A)]：M✓ 在弹出的多行文字编辑器中输入"<>"表示测量值，即"Φ10"，在前面输入"2-"，即为"2-Φ10"
>
> 指定尺寸线位置或 [多行文字(M)/文字(T)/角度(A)]：指定尺寸线位置

用同样的方法标注直径尺寸 Φ20 和 2-Φ20。

（6）标注曲柄中的角度尺寸。

> 命令：DIMANGULAR✓ 标注图中的角度尺寸"150°"
>
> 选择圆弧、圆、直线或 <指定顶点>：选择标注为"150°"角的一条边
>
> 选择第二条直线：选择标注为"150°"角的另一条边
>
> 指定标注弧线位置或 [多行文字(M)/文字(T)/角度(A)]：指定尺寸线位置
>
> 标注文字 =150

标注结果如图 9-30 所示。

9.2.11 圆心标记和中心线标注

【执行方式】

- 命令行：DIMCENTER（快捷命令：DCE）。
- 菜单栏：选择菜单栏中的"标注"→"圆心标记"命令。
- 工具栏：单击"标注"工具栏中的"圆心标记"按钮 ⊕。
- 功能区：单击"注释"选项卡"标注"面板中的"圆心标记"按钮 ⊕。

【操作步骤】

命令行提示与操作如下。

> 命令：DIMCENTER↙
> 选择圆弧或圆：选择要标注中心或中心线的圆或圆弧

9.2.12　基线标注

基线标注用于产生一系列基于同一尺寸界线的尺寸标注，适用于长度尺寸、角度和坐标标注。在使用基线标注方式之前，应该先标注出一个相关的尺寸作为基线标准。

【执行方式】

- 命令行：DIMBASELINE（快捷命令：DBA）。
- 菜单栏：选择菜单栏中的"标注"→"基线"命令。
- 工具栏：单击"标注"工具栏中的"基线"按钮 。
- 功能区：单击"注释"选项卡"标注"面板中的"基线"按钮 。

【操作步骤】

命令行提示与操作如下。

> 命令：DIMBASELINE↙
> 指定第二条尺寸界线原点或 [放弃(U)/选择(S)] <选择>：

【选项说明】

（1）指定第二条尺寸界线原点：直接确定另一个尺寸的第二条尺寸界线的起点，AutoCAD 以上次标注的尺寸为基准标注，标注出相应尺寸。

（2）选择（S）：在上述提示下直接按<Enter>键，命令行提示如下。

> 选择基准标注：选择作为基准的尺寸标注

9.2.13　连续标注

连续标注又叫尺寸链标注，用于产生一系列连续的尺寸标注，后一个尺寸标注均把前一个标注的第二条尺寸界线作为它的第一条尺寸界线。适用于长度型尺寸、角度型和坐标标注。在使用连续标注方式之前，应该先标注出一个相关的尺寸。

【执行方式】

- 命令行：DIMCONTINUE（快捷命令：DCO）。
- 菜单栏：选择菜单栏中的"标注"→"连续"命令。
- 工具栏：单击"标注"工具栏中的"连续"按钮 。
- 功能区：单击"注释"选项卡"标注"面板中的"连续"按钮 。

【操作步骤】

命令行提示与操作如下。

> 命令：DIMCONTINUE↙

选择连续标注:
指定第二条尺寸界线原点或 [放弃(U)/选择(S)] <选择>:

此提示下的各选项与基线标注中完全相同,此处不再赘述。

🔍【技巧荟萃】

AutoCAD 允许用户利用基线标注方式和连续标注方式进行角度标注,如图 9-39 所示。

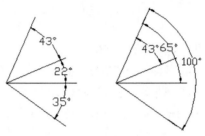

图 9-39 连续型和基线型角度标注

9.2.14 实例——标注阶梯尺寸

标注如图 9-40 所示的阶梯尺寸。

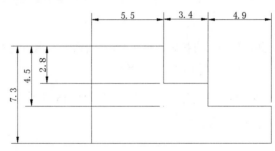

图 9-40 标注阶梯尺寸

(1)绘制图形。利用学过的绘图命令与编辑命令绘制图形,如图 9-41 所示。

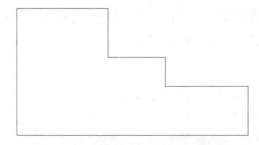

图 9-41 基本图形

(2)标注垂直尺寸。

命令: dimdli↙
输入 DIMDLI 的新值 <0.5000>: 1↙ 调整基准标注尺寸间隙

① 单击"注释"选项卡"标注"面板中的"线性"按钮⊢⊣，命令行提示与操作如下。

```
命令: _dimlinear
指定第一条尺寸界线原点或 <选择对象>: 按下状态栏中的"对象捕捉"按钮⊡，捕捉第一条尺寸界
线原点
指定第二条尺寸界线原点: 捕捉第二条尺寸界线原点
指定尺寸线位置或[多行文字(M)/文字(T)/角度(A)/水平(H)/垂直(V)/旋转(R)]: 指定尺寸线位置
标注文字 =2.8
```

② 单击"注释"选项卡"标注"面板中的"基线"按钮⊢⊏，命令行提示与操作如下。

```
命令: _dimbaseline
指定第二条尺寸界线原点或 [放弃(U)/选择(S)] <选择>: 指定第二条尺寸界线原点
标注文字 =4.5
指定第二条尺寸界线原点或 [放弃(U)/选择(S)] <选择>: 指定第二条尺寸界线原点
标注文字 =7.3
指定第二条尺寸界线原点或 [放弃(U)/选择(S)] <选择>: ✓
```

（3）标注水平尺寸。

① 单击"注释"选项卡"标注"面板中的"线性"按钮⊢⊣，命令行提示与操作如下。

```
命令: _dimlinear
指定第一条尺寸界线原点或 <选择对象>: 捕捉第一条尺寸界线原点
指定第二条尺寸界线原点: 捕捉第二条尺寸界线原点
指定尺寸线位置或[多行文字(M)/文字(T)/角度(A)/水平(H)/垂直(V)/旋转(R)]: 指定尺寸线位置
标注文字 =5.5
```

② 单击"注释"选项卡"标注"面板中的"连续"按钮⊦⊢⊣，命令行提示与操作如下。

```
命令: _dimcontinue
指定第二条尺寸界线原点或 [放弃(U)/选择(S)] <选择>: 指定第二条尺寸界线原点
标注文字 =3.4
指定第二条尺寸界线原点或 [放弃(U)/选择(S)] <选择>: 指定第二条尺寸界线原点
标注文字 =4.9
指定第二条尺寸界线原点或 [放弃(U)/选择(S)] <选择>: ✓
```

最终标注结果如图 9-40 所示。

（4）保存文件。在命令行中输入"QSAVE"，按<Enter>键，或选择菜单栏中的"文件"→"保存"命令，或单击"快速访问工具栏"中的"保存"按钮🖫，保存标注的图形文件。

9.2.15　快速尺寸标注

快速尺寸标注命令"QDIM"使用户可以交互、动态、自动化地进行尺寸标注。利用"QDIM"命令可以同时选择多个圆或圆弧标注直径或半径，也可同时选择多个对象进行基线标注和连续标注，选择一次即可完成多个标注，既节省时间，又可提高工作效率。

【执行方式】

- 命令行：QDIM。
- 菜单栏：选择菜单栏中的"标注"→"快速标注"命令。
- 工具栏：单击"标注"工具栏中的"快速标注"按钮。
- 功能区：单击"注释"选项卡"标注"面板中的"快速标注"按钮。

【操作步骤】

命令行提示与操作如下。

> 命令：QDIM↙
> 选择要标注的几何图形：选择要标注尺寸的多个对象↙
> 指定尺寸线位置或 [连续(C)/并列(S)/基线(B)/坐标(O)/半径(R)/直径(D)/基准点(P)/编辑(E)/设置(T)] <连续>:

【选项说明】

（1）指定尺寸线位置：直接确定尺寸线的位置，系统在该位置按默认的尺寸标注类型标注出相应的尺寸。

（2）连续（C）：产生一系列连续标注的尺寸。在命令行输入"C"，AutoCAD 系统提示用户选择要进行标注的对象，选择完成后按<Enter>键，返回上面的提示，给定尺寸线位置，则完成连续尺寸标注。

（3）并列（S）：产生一系列交错的尺寸标注，如图 9-42 所示。

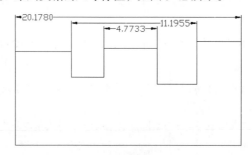

图 9-42　交错尺寸标注

（4）基线（B）：产生一系列基线标注尺寸。后面的"坐标（O）"、"半径（R）"、"直径（D）"含义与此类同。

（5）基准点（P）：为基线标注和连续标注指定一个新的基准点。

（6）编辑（E）：对多个尺寸标注进行编辑。AutoCAD 允许对已存在的尺寸标注添加或移去尺寸点。选择此选项，命令行提示如下。

> 指定要删除的标注点或 [添加(A)/退出(X)] <退出>:

在此提示下确定要移去的点后按<Enter>键，系统对尺寸标注进行更新。如图 9-43 所示为图 9-42 中删除中间标注点后的尺寸标注。

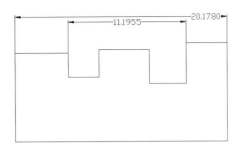

图 9-43　删除中间标注点后的尺寸标注

9.3　引线标注

AutoCAD 提供了引线标注功能，利用该功能不仅可以标注特定的尺寸，如圆角、倒角等，还可以实现在图中添加多行旁注、说明。在引线标注中指引线可以是折线，也可以是曲线；指引线端部可以有箭头，也可以没有箭头。

9.3.1　一般引线标注

利用 LEADER 命令可以创建灵活多样的引线标注形式，可根据需要把指引线设置为折线或曲线。指引线可带箭头，也可不带箭头。注释文本可以是多行文本，也可以是形位公差；可以从图形其他部位复制，也可以是一个图块。

【执行方式】

- 命令行：LEADER（快捷命令：LEAD）。
- 功能区：单击"默认"选项卡"注释"面板中的"引线"按钮 ⌒。

【操作步骤】

命令行提示与操作如下。

```
命令：LEADER↙
指定引线起点：输入指引线的起始点
指定下一点：输入指引线的另一点
指定下一点或 [注释(A)/格式(F)/放弃(U)] <注释>：
```

【选项说明】

（1）指定下一点：直接输入一点，AutoCAD 根据前面的点绘制出折线作为指引线。

（2）注释（A）：输入注释文本，为默认项。在此提示下直接按<Enter>键，命令行提示如下。

```
输入注释文字的第一行或 <选项>：
```

① 输入注释文字。在此提示下输入第一行文字后按<Enter>键，用户可继续输入第二行文字，如此反复执行，直到输入全部注释文字。然后在此提示下直接按<Enter>键，AutoCAD 会在指引线终端标注出所输入的多行文本文字，并结束 LEADER 命令。

② 直接按<Enter>键。如果在上面的提示下直接按<Enter>键，命令行提示如下。

> 输入注释选项 [公差(T)/副本(C)/块(B)/无(N)/多行文字(M)] <多行文字>:

在此提示下选择一个注释选项或直接按<Enter>键默认选择"多行文字"选项，其他各选项的含义如下。

- 公差（T）：标注形位公差（参见 8.4 节）。
- 副本（C）：把已利用 LEADER 命令创建的注释复制到当前指引线的末端。选择该选项，命令行提示如下。

> 选择要复制的对象:

在此提示下选择一个已创建的注释文本，则 AutoCAD 把它复制到当前指引线的末端。

- 块（B）：插入块，把已经定义好的图块插入到指引线的末端。选择该选项，命令行提示如下。

> 输入块名或 [?]:

在此提示下输入一个已定义好的图块名，AutoCAD 把该图块插入到指引线的末端；或输入"？"列出当前已有图块，用户可从中选择。

- 无（N）：不进行注释，没有注释文本。
- 多行文字（M）：用多行文本编辑器标注注释文本，并定制文本格式，为默认选项。

（3）格式（F）：确定指引线的形式。选择该选项，命令行提示如下。

> 输入引线格式选项 [样条曲线(S)/直线(ST)/箭头(A)/无(N)] <退出>:

选择指引线形式，或直接按<Enter>键返回上一级提示。

① 样条曲线（S）：设置指引线为样条曲线。

② 直线（ST）：设置指引线为折线。

③ 箭头（A）：在指引线的起始位置画箭头。

④ 无（N）：在指引线的起始位置不画箭头。

⑤ 退出：此项为默认选项，选择该选项退出"格式（F）"选项，返回"指定下一点或[注释（A）/格式（F）/放弃（U）]<注释>"提示，并且指引线形式按默认方式设置。

9.3.2 快速引线标注

利用 QLEADER 命令可快速生成指引线及注释，而且可以通过命令行优化对话框进行用户自定义，由此可以消除不必要的命令行提示，获得较高的工作效率。

✐ 【执行方式】

命令行：QLEADER（快捷命令：LE）。

【操作步骤】

命令行提示与操作如下。

```
命令：QLEADER↙
指定第一个引线点或 [设置(S)] <设置>:
```

【选项说明】

（1）指定第一个引线点：在上面的提示下确定一点作为指引线的第一点，命令行提示如下。

```
指定下一点：输入指引线的第二点
指定下一点：输入指引线的第三点
```

AutoCAD 提示用户输入点的数目由"引线设置"对话框（如图 9-44 所示）确定。输入完指引线的点后，命令行提示如下。

```
指定文字宽度 <0.0000>：输入多行文本文字的宽度
输入注释文字的第一行 <多行文字(M)>:
```

此时，有两种命令输入选择，含义如下。

① 输入注释文字的第一行：在命令行输入第一行文本文字，命令行提示如下。

```
输入注释文字的下一行：输入另一行文本文字
输入注释文字的下一行：输入另一行文本文字或按<Enter>键
```

② 多行文字（M）：打开多行文字编辑器，输入编辑多行文字。

输入全部注释文本后，在此提示下直接按<Enter>键，AutoCAD 结束 QLEADER 命令，并把多行文本标注在指引线的末端附近。

（2）设置（S）：在上面的提示下直接按<Enter>键或输入"S"，系统打开如图 9-44 所示"引线设置"对话框，允许对引线标注进行设置。该对话框包含"注释"、"引线和箭头"、"附着" 3 个选项卡，下面分别进行介绍。

图 9-44　"引线设置"对话框

① "注释"选项卡：用于设置引线标注中注释文本的类型、多行文本的格式并确定注释文本是否多次使用。

② "引线和箭头"选项卡（如图 9-45 所示）：用于设置引线标注中指引线和箭头的形式。其中"点数"选项组用于设置执行 QLEADER 命令时，AutoCAD 提示用户输入的点的数目。例如，设置点数为 3，执行 QLEADER 命令时，当用户在提示下指定 3 个点后，系统自动提示用户输入注释文本。注意：设置的点数要比用户希望的指引线段数多 1，可利用微调框进行设置。如果勾选"无限制"复选框，则 AutoCAD 会一直提示用户输入点直到连续按<Enter>键两次为止。"角度约束"选项组用于设置第一段和第二段指引线的角度约束。

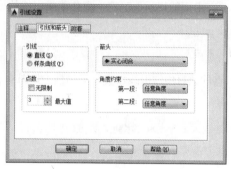

图 9-45 "引线和箭头"选项卡

③ "附着"选项卡（如图 9-46 所示）：用于设置注释文本和指引线的相对位置。如果最后一段指引线指向右边，AutoCAD 自动把注释文本放在右侧；如果最后一段指引线指向左边，AutoCAD 自动把注释文本放在左侧。利用本页左侧和右侧的单选按钮分别设置位于左侧和右侧的注释文本与最后一段指引线的相对位置，二者可相同也可不相同。

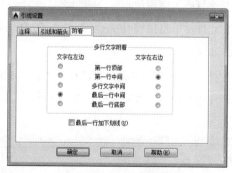

图 9-46 "附着"选项卡

9.3.3 多重引线标注

多重引线可创建为箭头优先、引线基线优先或内容优先。

【执行方式】

- 命令行：MLEADER。
- 菜单栏：选择菜单栏中的"标注"→"多重引线"命令。
- 工具栏："多重引线"→"多重引线"按钮。
- 功能区：单击"注释"选项卡"引线"面板中的"多重引线"按钮。

【操作步骤】

> 命令：MLEADER✓
> 指定引线箭头的位置或 [引线基线优先(L)/内容优先(C)/选项(O)] <选项>：✓

【选项说明】

（1）指定引线箭头的位置：指定多重引线对象箭头的位置。

（2）引线基线优先（L）：指定多重引线对象的基线的位置。如果先前绘制的多重引线对象是基线优先，则后续的多重引线也将先创建基线（除非另外指定）。

（3）内容优先（C）：指定与多重引线对象相关联的文字或块的位置。如果先前绘制的多重引线对象是内容优先，则后续的多重引线对象也将先创建内容（除非另外指定）。

（4）选项（O）：指定用于放置多重引线对象的选项。

9.3.4 实例——标注止动垫圈尺寸

标注如图 9-47 所示的止动垫圈尺寸。

（1）单击"注释"选项卡"文字"面板中的"对话框启动器"按钮 ，设置文字样式，为后面尺寸标注输入文字做准备。

（2）单击"注释"选项卡"标注"面板中的"对话框启动器"按钮 ，设置标注样式。

（3）在命令行输入"QLEADER"，利用"引线"命令标注齿轮主视图上部圆角半径。例如标注上端 $\Phi 2$，按下面的方法操作。

> 命令：qleader✓
> 指定第一个引线点或 [设置(S)] <设置>：s✓ 对引线类型进行设置
> 指定第一个引线点或 [设置(S)] <设置>：在标注的位置指定一点
> 指定下一点：在标注的位置指定第二点
> 指定下一点：在标注的位置指定第三点
> 指定文字宽度 <5>：✓
> 输入注释文字的第一行 <多行文字(M)>：%%c2✓
> 输入注释文字的下一行：✓

如图 9-48 所示为使用该标注方式的标注结果。

图 9-47 止动垫圈

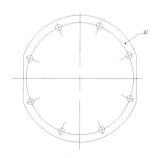

图 9-48 引线标注

（4）用"线性"标注、"直径"标注和"角度"标注命令标注止动垫圈视图中的其他尺寸。在标注公差的过程中，同样要先设置替代尺寸样式，在替代样式中逐个设置公差，最终结果如图 9-47 所示。

9.4 形位公差

9.4.1 形位公差标注

为方便机械设计工作，AutoCAD 提供了标注形位公差的功能。形位公差的标注形式如图 9-49 所示，包括指引线、特征符号、公差值和附加符号及基准代号。

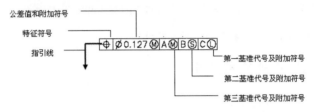

图 9-49 形位公差标注

【执行方式】

- 命令行：TOLERANCE（快捷命令：TOL）。
- 菜单栏：选择菜单栏中的"标注"→"公差"命令。
- 工具栏：单击"标注"工具栏中的"公差"按钮 ⊕1。
- 功能区：单击"注释"选项卡"标注"面板中的"公差"按钮 ⊕1。

执行上述操作后，系统打开如图 9-50 所示的"形位公差"对话框，可通过此对话框对形位公差标注进行设置。

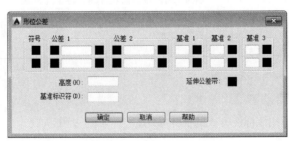

图 9-50 "形位公差"对话框

【选项说明】

（1）符号：用于设定或改变公差代号。单击下面的黑块，系统打开如图 9-51 所示的"特征符号"列表框，可从中选择需要的公差代号。

（2）公差 1/2：用于产生第一/二个公差的公差值及"附加符号"符号。白色文本框左侧的黑块控制是否在公差值之前加一个直径符号，单击它，则出现一个直径符号；再次单击，则消失。白色文本框用于确定公差值，在其中输入一个具体数值。右侧黑块用于插入"包容条件"符号，单击它，系统打开如图 9-52 所示的"附加符号"列表框，用户可从中选择所需符号。

图 9-51 "特征符号"列表框

图 9-52 "附加符号"列表框

（3）基准 1/2/3：用于确定第一/二/三个基准代号及材料状态符号。在白色文本框中输入一个基准代号。单击其右侧的黑块，系统打开"包容条件"列表框，可从中选择适当的"包容条件"符号。

（4）"高度"文本框：用于确定标注复合形位公差的高度。

（5）延伸公差带：单击此黑块，在复合公差带后面加一个复合公差符号，如图 9-53（d）所示，其他形位公差标注如图 9-53 所示。

（6）"基准标识符"文本框：用于产生一个标识符号，用一个字母表示。

【技巧荟萃】

在"形位公差"对话框中有两行可以同时对形位公差进行设置，可实现复合形位公差的标注。如果两行中输入的公差代号相同，则得到如图 9-53（e）所示的形式。

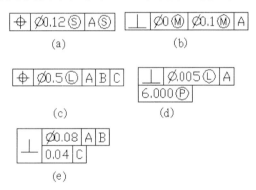

图 9-53 形位公差标注举例

9.4.2 实例——标注轴的尺寸

标注如图 9-54 所示轴的尺寸。

（1）单击"默认"选项卡"图层"面板中的"图层特性"按钮，打开"图层特性管理器"选项板，单击"新建图层"按钮，设置如图 9-55 所示的图层。

（2）单击"快速访问工具栏"中的"打开"按钮，打开轴图形，将其复制粘贴到文件中，如图 9-56 所示。

（3）设置尺寸标注样式。在系统默认的 ISO-25 标注样式中，设置箭头大小为"3"，文字高度为"4"，文字对齐方式为"与尺寸线对齐"，精度设为"0.0"，其他选项设置如图 9-57 所示。

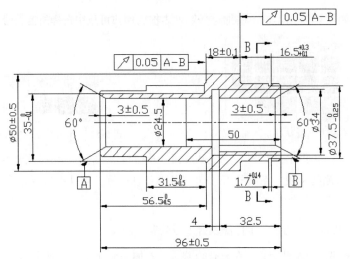

图 9-54　轴的尺寸标注

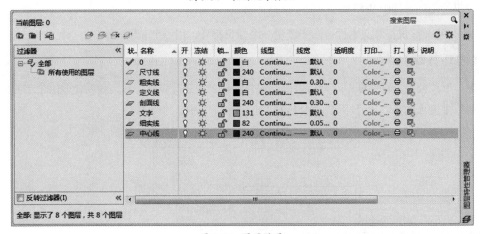

图 9-55　图层设置

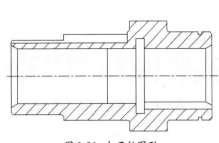

图 9-56　打开轴图形

图 9-57　设置尺寸标注样式

（4）标注基本尺寸。如图 9-58 所示，包括 3 个线性尺寸、2 个角度尺寸和 2 个直径尺寸，而实际上这 2 个直径尺寸也是按线性尺寸的标注方法进行标注的，按下状态栏中的"对象捕捉"按钮 。

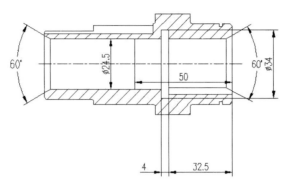

图 9-58　标注基本尺寸

① 标注线性尺寸 4，命令行提示与操作如下。

> 命令：DIMLINEAR↙
> 指定第一个尺寸界线原点或 <选择对象>：捕捉第一条尺寸界线原点
> 指定第二条尺寸界线原点：捕捉第二条尺寸界线原点
> 指定尺寸线位置或[多行文字(M)/文字(T)/角度(A)/水平(H)/垂直(V)/旋转（R）]：指定尺寸线位置
> 标注文字 =4

采用相同的方法，标注线性尺寸 32.5、50、Φ34、Φ24.5。

② 标注角度尺寸 60，命令行提示与操作如下。

> 命令：DIMANGULAR↙
> 选择圆弧、圆、直线或 <指定顶点>：选择要标注的轮廓线
> 选择第二条直线：选择第二条轮廓线
> 指定标注弧线位置或 [多行文字(M)/文字(T)/角度(A)/象限点(Q)]：指定尺寸线位置
> 标注文字 =60

采用相同的方法，标注另一个角度尺寸 60º，标注结果如图 9-58 所示。

（5）标注公差尺寸。图 9-60 中包括 5 个对称公差尺寸和 6 个极限偏差尺寸。单击"注释"选项卡"标注"面板中的"对话框启动器"按钮 ，打开"标注样式管理器"对话框。单击对话框中的"替代"按钮，打开"替代当前样式"对话框，单击"公差"选项卡，按每一个尺寸公差的不同进行替代设置，如图 9-59 所示。替代设定后，进行尺寸标注，命令行提示与操作如下。

> 命令：DIMLINEAR↙
> 指定第一条尺寸界线原点或 <选择对象>：捕捉第一条尺寸界线原点
> 指定第二条尺寸界线原点：捕捉第二条尺寸界线原点
> 创建了无关联的标注
> 指定尺寸线位置或[多行文字(M)/文字(T)/角度(A)/水平(H)/垂直(V)/旋转(R)]：M↙ 并在打开的多行文本编辑器的编辑栏尖括号前加"%%C"，标注直径符号

> 指定尺寸线位置或[多行文字(M)/文字(T)/角度(A)/水平(H)/垂直(V)/旋转(R)]：↙
> 标注文字 =50

对公差按尺寸要求进行替代设置。

采用相同的方法，对标注样式进行替代设置，然后标注线性公差尺寸 35、3、31.5、56.5、96、18、3、1.7、16.5、ϕ37.5，标注结果如图 9-60 所示。

图 9-59 "公差"选项卡

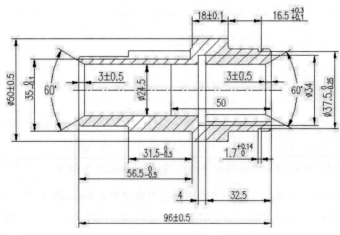

图 9-60 标注尺寸公差

（6）标注形位公差。

① 单击"标注"工具栏中的"公差"按钮，打开"形位公差"对话框，进行如图 9-61 所示的设置，确定后在图形上指定放置位置。

② 标注引线，命令行提示与操作如下。

> 命令：LEADER↙
> 指定引线起点：指定起点

指定下一点：指定下一点

指定下一点或 [注释(A)/格式(F)/放弃(U)] <注释>：✓

输入注释文字的第一行或 <选项>：✓

输入注释选项 [公差(T)/副本(C)/块(B)/无(N)/多行文字(M)] <多行文字>：N✓ 引线指向形位公差符号，故无注释文本

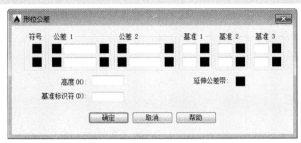

图 9-61 "形位公差"对话框

采用相同的方法，标注另一个形位公差，标注结果如图 9-62 所示。

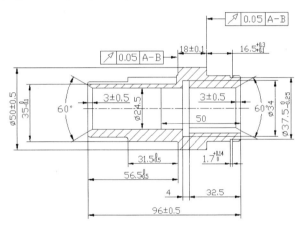

图 9-62 标注形位公差

（7）标注形位公差基准。形位公差的基准可以通过引线标注命令、绘图命令及单行文字命令绘制，此处不再赘述。最后完成的标注结果如图 9-54 所示。

（8）保存文件。在命令行输入"QSAVE"，或选择菜单栏中的"文件"→"保存"命令，或单击"快速访问工具栏"中的"保存"按钮 ，保存标注的图形文件。

9.5 编辑尺寸标注

AutoCAD 允许对已经创建好的尺寸标注进行编辑修改，包括修改尺寸文本的内容、改变其位置、使尺寸文本倾斜一定的角度等，还可以对尺寸界线进行编辑。

9.5.1 利用 DIMEDIT 命令编辑尺寸标注

利用 DIMEDIT 命令可以修改已有尺寸标注的文本内容、把尺寸文本倾斜一定的角度，还可以

对尺寸界线进行修改，使其旋转一定角度，从而标注一段线段在某一方向上的投影尺寸。DIMEDIT命令可以同时对多个尺寸标注进行编辑。

【执行方式】

- 命令行：DIMEDIT（快捷命令：DED）。
- 菜单栏：选择菜单栏中的"标注"→"对齐文字"→"默认"命令。
- 工具栏：单击"标注"工具栏中的"编辑标注"按钮 ∠ 。

【操作步骤】

命令行提示与操作如下。

```
命令：DIMEDIT↙
输入标注编辑类型 [默认(H)/新建(N)/旋转(R)/倾斜(O)] <默认>：
```

【选项说明】

（1）默认（H）：按尺寸标注样式中设置的默认位置和方向放置尺寸文本，如图9-63（a）所示。选择此选项，命令行提示如下。

```
选择对象：选择要编辑的尺寸标注
```

（2）新建（N）：选择此选项，系统打开多行文字编辑器，可利用此编辑器对尺寸文本进行修改。

（3）旋转（R）：改变尺寸文本行的倾斜角度。尺寸文本的中心点不变，使文本沿指定的角度方向倾斜排列，如图9-63（b）所示。若输入角度为0，则按"新建标注样式"对话框"文字"选项卡中设置的默认方向排列。

（4）倾斜（O）：修改长度型尺寸标注的尺寸界线，使其倾斜一定角度，与尺寸线不垂直，如图9-63（c）所示。

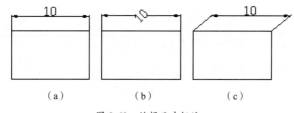

（a）　　　　　　（b）　　　　　　（c）

图9-63　编辑尺寸标注

9.5.2　利用 DIMTEDIT 命令编辑尺寸标注

利用 DIMTEDIT 命令可以改变尺寸文本的位置，使其位于尺寸线上的左端、右端或中间，而且可使文本倾斜一定的角度。

【执行方式】

- 命令行：DIMTEDIT（快捷命令：DIMTED）。

- 菜单栏：选择菜单栏中的"标注"→"对齐文字"→除"默认"命令外的其他命令。
- 工具栏：单击"标注"工具栏中的"编辑标注文字"按钮。

【操作步骤】

命令行提示与操作如下。

命令：DIMTEDIT↙
选择标注：选择一个尺寸标注
指定标注文字的新位置或 [左对齐(L)/右对齐(R)/居中(C)/默认(H)/角度(A)]：

【选项说明】

（1）指定标注文字的新位置：更新尺寸文本的位置，用鼠标把文本拖到新的位置。

（2）左对齐（L）/右对齐（R）：使尺寸文本沿尺寸线向左（右）对齐，如图 9-64（a）和（b）所示。此选项只对长度型、半径型、直径型尺寸标注起作用。

（3）居中（C）：把尺寸文本放在尺寸线上的中间位置，如图 9-64（c）所示。

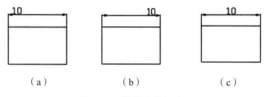

（a）　　　　　　　　（b）　　　　　　　　（c）

图 9-64　编辑尺寸标注

（4）默认（H）：把尺寸文本按默认位置放置。

（5）角度（A）：改变尺寸文本行的倾斜角度。

9.6　上机操作

【实例 1】标注如图 9-65 所示的垫片尺寸。

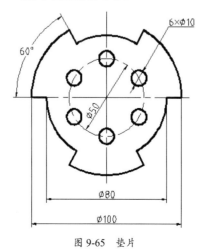

图 9-65　垫片

1．目的要求

本例有线性、直径、角度 3 种尺寸需要标注，由于具体尺寸的要求不同，需要重新设置和转换尺寸标注样式。通过本例，要求读者掌握各种标注尺寸的基本方法。

2．操作提示

（1）利用"注释"选项卡"文字"面板中的"对话框启动器"按钮设置文字样式和标注样式，为后面的尺寸标注输入文字做准备。

（2）利用"注释"选项卡"标注"面板中的"线性"命令标注垫片图形中的线性尺寸。

（3）利用"注释"选项卡"标注"面板中的"直径"命令标注垫片图形中的直径尺寸，其中需要重新设置标注样式。

（4）利用"注释"选项卡"标注"面板中的"角度"命令标注垫片图形中的角度尺寸，其中需要重新设置标注样式。

【**实例 2**】为如图 9-66 所示的阀盖尺寸设置标注样式。

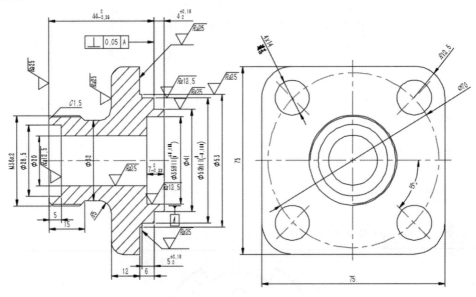

图 9-66　阀盖

1．目的要求

设置标注样式是标注尺寸的首要工作。一般可以根据图形的复杂程度和尺寸类型的多少，决定设置几种尺寸标注样式。本例要求针对图 9-66 所示的阀盖设置 3 种尺寸标注样式，分别用于普通线性标注、带公差的线性标注及角度标注。

2．操作提示

（1）单击"注释"选项卡"标注"面板中的"对话框启动器"按钮 ，打开"标注样式管理器"对话框。

（2）单击"新建"按钮，打开"创建新标注样式"对话框，在"新样式名"文本框中输入新样式名。

（3）单击"继续"按钮，打开"新建标注样式"对话框。

（4）在对话框的各个选项卡中进行直线和箭头、文字、调整、主单位、换算单位和公差的设置。

（5）确认退出。采用相同的方法设置另外两个标注样式。

9.7 模拟真题

1. 尺寸公差中的上下偏差可以在线性标注的哪个选项中堆叠起来（　　）。

    A. 多行文字　　　　　B. 文字　　　　　C. 角度　　　　　D. 水平

2. 将尺寸标注对象如尺寸线、尺寸界线、箭头和文字作为单一的对象，必须将（　　）尺寸标注变量设置为 ON。

    A. DIMASZ　　　　　B. DIMASO　　　　　C. DIMON　　　　　D. DIMEXO

3. 所有尺寸标注共用一条尺寸界线的是（　　）。

    A. 引线标注　　　　　B. 连续标注　　　　　C. 基线标注　　　　　D. 公差标注

4. 创建标注样式时，下面不是文字对齐方式的是（　　）。

    A. 垂直　　　　　B. 与尺寸线对齐　　C. ISO 标准　　　　　D. 水平

5. 标注如图 9-67 所示的尺寸公差。

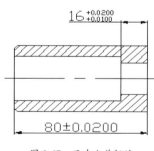

图 9-67　尺寸公差标注

第 10 章

绘制和编辑三维表面

随着 AutoCAD 技术的普及，越来越多的工程技术人员开始使用 AutoCAD 进行工程设计。虽然在工程设计中，通常都使用二维图形来描述三维实体，但是由于三维图形的逼真效果，可以通过三维立体图直接得到透视图或平面效果图。因此，计算机三维设计越来越受到工程技术人员的青睐。

本章主要介绍三维坐标系统、创建三维坐标系、动态观察三维图形、三维点的绘制、三维直线的绘制、三维构造线的绘制、三维多段线的绘制、三维曲面的绘制等知识。

10.1 三维坐标系统

AutoCAD 2015 使用的是笛卡儿坐标系。其使用的直角坐标系有两种类型，一种是世界坐标系（WCS），另一种是用户坐标系（UCS）。绘制二维图形时，常用的坐标系即世界坐标系（WCS），由系统默认提供。世界坐标系又称通用坐标系或绝对坐标系，对于二维绘图来说，世界坐标系足以满足要求。为了方便创建三维模型，AutoCAD 2015 允许用户根据自己的需要设定坐标系，即用户坐标系（UCS），合理地创建 UCS，可以方便地创建三维模型。

10.1.1 坐标设置

【执行方式】

- 命令行：UCSMAN（快捷命令：UC）。
- 菜单栏：选择菜单栏中的"工具"→"命名 UCS"命令。
- 工具栏：单击"UCS"工具栏中的"命名 UCS"按钮 ⊡。

执行上述操作后，系统打开如图 10-1 所示的"UCS"对话框。

【选项说明】

1."命名 UCS"选项卡

该选项卡用于显示已有的 UCS、设置当前坐标系，如图 10-1 所示。

图 10-1　"UCS"对话框

在"命名 UCS"选项卡中，用户可以将世界坐标系、上一次使用的 UCS 或某一命名的 UCS 设置为当前坐标。其具体方法是：从列表框中选择某一坐标系，单击"置为当前"按钮。还可以利用选项卡中的"详细信息"按钮，了解指定坐标系相对于某 坐标系的详细信息。其具体步骤是：单击"详细信息"按钮，系统打开如图 10-2 所示的"UCS 详细信息"对话框，该对话框详细说明了用户所选坐标系的原点及 X、Y 和 Z 轴的方向。

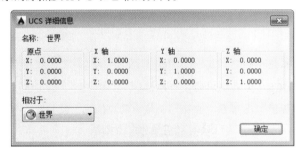

图 10-2　"UCS 详细信息"对话框

2."正交 UCS"选项卡

该选项卡用于将 UCS 设置成某一正交模式，如图 10-3 所示。其中，"深度"列用来定义用户坐标系 XY 平面上的正投影与通过用户坐标系原点平行平面之间的距离。

图 10-3　"正交 UCS"选项卡

3. "设置"选项卡

该选项卡用于设置 UCS 图标的显示形式、应用范围等，如图 10-4 所示。

图 10-4 "设置"选项卡

10.1.2 创建坐标系

【执行方式】

- 命令行：ucs。
- 菜单栏：选择菜单栏中的"工具"→"新建 UCS"命令。
- 工具栏：单击"UCS"工具栏中的任一按钮。
- 功能区：单击"视图"选项卡"坐标"面板中的"UCS"按钮 ∠（如图 10-5 所示）。

图 10-5 "坐标"面板

【操作步骤】

命令行提示与操作如下。

```
命令：ucs↙
当前 UCS 名称：＊左视＊
指定 UCS 的原点或 [面(F)/命名(NA)/对象(OB)/上一个(P)/视图(V)/世界(W)/X/Y/Z/Z 轴
(ZA)] <世界>：
```

【选项说明】

（1）指定 UCS 的原点：使用一点、两点或三点定义一个新的 UCS。如果指定单个点 1，当前 UCS 的原点将会移动而不会更改 X、Y 和 Z 轴的方向。选择该选项，命令行提示与操作如下。

```
指定 X 轴上的点或 <接受>：继续指定 X 轴通过的点 2 或直接按<Enter>键，接受原坐标系 X 轴为
```

> 新坐标系的 X 轴
>
> 　　指定 XY 平面上的点或 <接受>：继续指定 XY 平面通过的点 3 以确定 Y 轴或直接按<Enter>键，接受原坐标系 XY 平面为新坐标系的 XY 平面，根据右手法则，相应的 Z 轴也同时确定

示意图如图 10-6 所示。

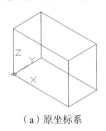　　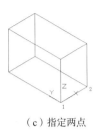　　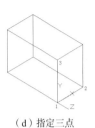

　　（a）原坐标系　　　　（b）指定一点　　　　（c）指定两点　　　　（d）指定三点

图 10-6　指定原点

　　（2）面（F）：将 UCS 与三维实体的选定面对齐。要选择一个面，请在此面的边界内或面的边上单击，被选中的面将亮显，UCS 的 X 轴将与找到的第一个面上最近的边对齐。选择该选项，命令行提示与操作如下。

> 　　选择实体对象的面：选择面
>
> 　　输入选项 [下一个(N)/X 轴反向(X)/Y 轴反向(Y)] <接受>：✓

结果如图 10-7 所示。

　　如果选择"下一个"选项，系统将 UCS 定位于邻接的面或选定边的后向面。

　　（3）对象（OB）：根据选定的三维对象定义新的坐标系，如图 10-8 所示。新建 UCS 的拉伸方向（Z 轴正方向）与选定对象的拉伸方向相同。选择该选项，命令行提示与操作如下。

> 　　选择对齐 UCS 的对象：选择对象

　　对于大多数对象，新 UCS 的原点位于离选定对象最近的顶点处，并且 X 轴与一条边对齐或相切。对于平面对象，UCS 的 XY 平面与该对象所在的平面对齐。对于复杂对象，将重新定位原点，但是轴的当前方向保持不变。

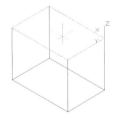　　　　　　　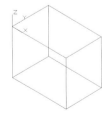

　　图 10-7　选择面确定坐标系　　　　　　图 10-8　选择对象确定坐标系

　　（4）视图（V）：以垂直于观察方向（平行于屏幕）的平面为 XY 平面，创建新的坐标系。UCS 原点保持不变。

　　（5）世界（W）：将当前用户坐标系设置为世界坐标系。WCS 是所有用户坐标系的基准，不能被重新定义。

【技巧荟萃】

该选项不能用于三维多段线、三维网格和构造线等对象。

（6）X、Y、Z：绕指定轴旋转当前 UCS。

（7）Z 轴（ZA）：利用指定的 Z 轴正半轴定义 UCS。

10.1.3　动态坐标系

打开动态坐标系的具体操作方法是按下状态栏中的"允许/禁止动态 UCS"按钮 。可以使用动态 UCS 在三维实体的平整面上创建对象，而无须手动更改 UCS 方向。在执行命令的过程中，当将光标移动到面上方时，动态 UCS 会临时将 UCS 的 *XY* 平面与三维实体的平整面对齐，如图 10-9 所示。

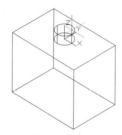

（a）原坐标系　　　　　　　　　（b）绘制圆柱体时的动态坐标系

图 10-9　动态 UCS

动态 UCS 激活后，指定的点和绘图工具（如极轴追踪和栅格）都将与动态 UCS 建立的临时 UCS 相关联。

10.2　观察模式

观察功能包括动态观察功能、相机功能、漫游、飞行和运动路径动画等功能。

10.2.1　动态观察

AutoCAD 2015 提供了具有交互控制功能的三维动态观测器，利用三维动态观测器，用户可以实时地控制和改变当前视口中创建的三维视图，以得到期望的效果。动态观察分为 3 类，分别是受约束的动态观察、自由动态观察和连续动态观察，具体介绍如下。

1. 受约束的动态观察

【执行方式】

- 命令行：3DORBIT（快捷命令：3DO）。
- 菜单栏：选择菜单栏中的"视图"→"动态观察"→"受约束的动态观察"命令。
- 快捷菜单：启用交互式三维视图后，在视口中单击鼠标右键，打开快捷菜单，如图 10-10 所示，选择"受约束的动态观察"命令。

图 10-10　快捷菜单

- 工具栏：单击"动态观察"工具栏中的"受约束的动态观察"按钮 ⊕ 或"三维导航"工具栏中的"受约束的动态观察"按钮 ⊕，如图 10-11 所示。

图 10-11　"动态观察"和"三维导航"工具栏

- 功能区：单击"视图"选项卡"导航"面板上的"动态观察"下拉菜单中的"动态观察"按钮 ⊕，如图 10-12 所示。

图 10-12　"动态观察"下拉菜单

执行上述操作后，视图的目标将保持静止，而视点将围绕目标移动。但是，从用户的视点看起来就像三维模型正在随着光标的移动而旋转，用户可以以此方式指定模型的任意视图。

系统显示三维动态观察光标图标。如果水平拖动鼠标，相机将平行于世界坐标系（WCS）的 XY 平面移动。如果垂直拖动鼠标，相机将沿 Z 轴移动，如图 10-13 所示。

（a）原始图形　　　　　　　　　　（b）拖动鼠标

图 10-13　受约束的三维动态观察

【技巧荟萃】

3DORBIT 命令处于活动状态时，无法编辑对象。

2. 自由动态观察

📏 【执行方式】

- 命令行：3DFORBIT。
- 菜单栏：选择菜单栏中的"视图"→"动态观察"→"自由动态观察"命令。
- 快捷菜单：启用交互式三维视图后，在视口中单击鼠标右键，打开快捷菜单，如图 10-10 所示，选择"自由动态观察"命令。
- 工具栏：单击"动态观察"工具栏中的"自由动态观察"按钮 或"三维导航"工具栏中的"自由动态观察"按钮 。
- 功能区：单击"视图"选项卡"导航"面板上的"动态观察"下拉菜单中的"自由动态观察"按钮 。

执行上述操作后，在当前视口出现一个绿色的大圆，在大圆上有 4 个绿色的小圆，如图 10-14 所示，此时通过拖动鼠标就可以对视图进行旋转观察。

在三维动态观测器中，查看目标的点被固定，用户可以利用鼠标控制相机位置绕观察对象得到动态的观测效果。当光标在绿色大圆的不同位置进行拖动时，光标的表现形式是不同的，视图的旋转方向也不同。视图的旋转由光标的表现形式和其位置决定，光标在不同位置有 ⊙、⊙、⊕、⊕ 几种表现形式，可分别对对象进行不同形式的旋转。

3. 连续动态观察

📏 【执行方式】

- 命令行：3DCORBIT。
- 菜单栏：选择菜单栏中的"视图"→"动态观察"→"连续动态观察"命令。
- 快捷菜单：启用交互式三维视图后，在视口中单击鼠标右键，打开快捷菜单，如图 10-10 所示，选择"连续动态观察"命令。
- 工具栏：单击"动态观察"工具栏中的"连续动态观察"按钮 或"三维导航"工具栏中的"连续动态观察"按钮 。
- 功能区：单击"视图"选项卡"导航"面板上的"动态观察"下拉菜单中的"连续动态观察"按钮 。

执行上述操作后，绘图区出现动态观察图标，按住鼠标左键拖动，图形按鼠标拖动的方向旋转，旋转速度为鼠标拖动的速度，如图 10-15 所示。

图 10-14 自由动态观察

图 10-15 连续动态观察

【技巧荟萃】

如果设置了相对于当前 UCS 的平面视图，就可以在当前视图用绘制二维图形的方法在三维对象的相应面上绘制图形。

10.2.2　视图控制器

使用视图控制器功能，可以方便地转换方向视图。

【执行方式】

命令行：navvcube。

【操作步骤】

命令行提示与操作如下。

```
命令：navvcube↙
输入选项 [开(ON)/关(OFF)/设置(S)] <ON>：
```

上述命令控制视图控制器的打开与关闭。当打开该功能时，绘图区的右上角自动显示视图控制器，如图 10-16 所示。

单击控制器的显示面或指示箭头，界面图形就自动转换到相应的方向视图。如图 10-17 所示为单击控制器"上"面后，系统转换到上视图的情形。单击控制器上的 按钮，系统回到西南等轴测视图。

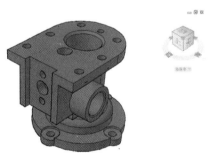

图 10-16　显示视图控制器

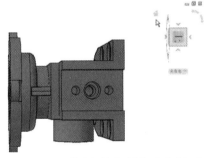

图 10-17　单击控制器"上"面后的视图

10.2.3　实例——观察阀体三维模型

（1）选择配套资源中的"源文件\阀体.dwg"文件，单击"打开"按钮，或双击该文件名，即可将该文件打开，如图 10-18 所示。

（2）运用"视图样式"对图案进行填充，单击"视图"选项卡"视觉样式"面板中的"消隐"按钮 。

（3）选择菜单栏中的"视图"→"显示"→"UCS 图标"→"开"命令，即可显示图标，否则隐藏图标。使用 UCS 命令将坐标系原点设置到阀体的上端顶面中心点上，命令行提示如下。

图 10-18 阀体

```
命令：UCS↙
当前 UCS 名称：*没有名称*
指定 UCS 的原点或 [面(F)/命名(NA)/对象(OB)/上一个(P)/视图(V)/世界(W)/X/Y/Z/Z 轴
(ZA)]<世界>：选择阀体顶面圆的圆心
指定 X 轴上的点或 <接受>：0, 1, 0↙
指定 XY 平面上的点或 <接受>：↙
```

结果如图 10-19 所示。

（4）利用 VPOINT 设置三维视点。选择菜单栏中的"视图"→"三维视图"→"视点"命令，打开坐标轴和三轴架图，如图 10-20 所示，然后在坐标球上选择一点作为视点图（在坐标球上使用鼠标移动十字光标，同时三轴架根据坐标指示的观察方向旋转）。命令行提示如下。

```
命令：_vpoint
当前视图方向：VIEWDIR=-3.5396,2.1895,1.4380
指定视点或 [旋转(R)] <显示坐标球和三轴架>：在坐标球上指定点
```

<table>
<tr>
<td>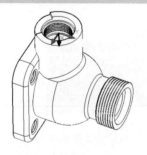</td>
<td>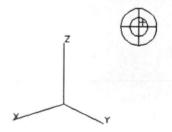</td>
</tr>
<tr>
<td align="center">图 10-19 UCS 移到顶面结果</td>
<td align="center">图 10-20 坐标轴和三轴架图</td>
</tr>
</table>

（5）单击"视图"选项卡"导航"面板上的"动态观察"下拉菜单中的"自由动态观察"按钮，使用鼠标移动视图，将阀体移动到合适的位置。

10.3 显示形式

在 AutoCAD 中，三维实体有多种显示形式，包括二维线框、三维线框、三维消隐、真实、概念、消隐显示等。

10.3.1　消隐

📏【执行方式】

- 命令行：HIDE（快捷命令：HI）。
- 菜单栏：选择菜单栏中的"视图"→"消隐"命令。
- 工具栏：单击"渲染"工具栏中的"隐藏"按钮 ⬡。
- 功能区：单击"视图"选项卡"视觉样式"面板中的"隐藏"按钮 ⬡。

执行上述操作后，系统将被其他对象挡住的图线隐藏起来，以增强三维视觉效果，效果如图 10-21 所示。

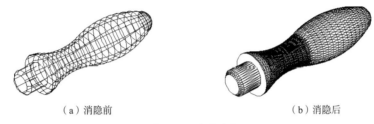

（a）消隐前　　　　　　　　　　　　　（b）消隐后

图 10-21　消隐效果

10.3.2　视觉样式

📏【执行方式】

- 命令行：VSCURRENT。
- 菜单栏：选择菜单栏中的"视图"→"视觉样式"→"二维线框"命令。
- 工具栏：单击"视觉样式"工具栏中的"二维线框"按钮 ⬡。
- 功能区：单击"视图"选项卡"视觉样式"面板中的"视觉样式"下拉菜单，如图 10-22 所示。

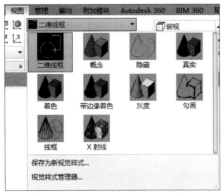

图 10-22　"视觉样式"下拉菜单

🖱【操作步骤】

命令行提示与操作如下。

命令: VSCURRENT↙

输入选项 [二维线框(2)/线框(W)/隐藏(H)/真实(R)/概念(C)/着色(S)/带边缘着色(E)/灰度(G)/勾画(SK)/X射线(X)/其他(O)] <二维线框>:

👉 【选项说明】

（1）二维线框（2）：用直线和曲线表示对象的边界。光栅和 OLE 对象、线型及线宽都是可见的。即使将 COMPASS 系统变量的值设置为 1，它也不会出现在二维线框视图中。如图 10-23 所示为 UCS 坐标和手柄的二维线框图。

（2）线框（W）：显示对象时利用直线和曲线表示边界。显示一个已着色的三维 UCS 图标。光栅和 OLE 对象、线型及线宽不可见。可将 COMPASS 系统变量设置为 1 来查看坐标球，将显示应用到对象的材质颜色。如图 10-24 所示为 UCS 坐标和手柄的三维线框图。

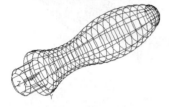

图 10-23　UCS 坐标和手柄的二维线框图

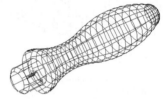

图 10-24　UCS 坐标和手柄的三维线框图

（3）消隐（H）：显示用三维线框表示的对象并隐藏表示后向面的直线。如图 10-25 所示为 UCS 坐标和手柄的消隐图。

（4）真实（R）：着色多边形平面间的对象，并使对象的边平滑化。如果已为对象附着材质，将显示已附着到对象的材质。如图 10-26 所示为 UCS 坐标和手柄的真实图。

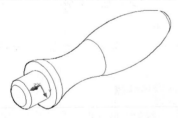

图 10-25　UCS 坐标和手柄的消隐图

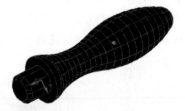

图 10-26　UCS 坐标和手柄的真实图

（5）概念（C）：着色多边形平面间的对象，并使对象的边平滑化。着色使用冷色和暖色之间的过渡，效果缺乏真实感，但是可以更方便地查看模型的细节。如图 10-27 所示为 UCS 坐标和手柄的概念图。

图 10-27　UCS 坐标和手柄的概念图

（6）着色（S）：产生平滑的着色模型。

（7）带边缘着色（E）：产生平滑、带有可见边的着色模型。

（8）灰度（G）：使用单色面颜色模式可以产生灰色效果。

（9）勾画（SK）：使用外伸和抖动产生手绘效果。

（10）X 射线（X）：更改面的不透明度使整个场景变成部分透明。

（11）其他（O）：选择该选项，命令行提示如下。

> 输入视觉样式名称 [?]:

可以输入当前图形中的视觉样式名称或输入 "?"，以显示名称列表并重复该提示。

10.3.3　视觉样式管理器

【执行方式】

- 命令行：VISUALSTYLES。
- 菜单栏：选择菜单栏中的"视图"→"视觉样式"→"视觉样式管理器"命令或"工具"→"选项板"→"视觉样式"命令。
- 工具栏：单击"视觉样式"工具栏中的"管理视觉样式"按钮 。
- 功能区：单击"视图"选项卡"视觉样式"面板上"视觉样式"下拉菜单中的"视觉样式管理器"按钮，或单击"视图"选项卡"视觉样式"面板中的"对话框启动器"按钮 ，或单击"视图"选项卡"选项板"面板中的"视觉样式"按钮 。

执行上述操作后，系统打开"视觉样式管理器"选项板，可以对视觉样式的各参数进行设置，如图 10-28 所示。如图 10-29 所示为按图 10-28 所示进行设置的概念图显示结果，读者可以与图 10-27 进行比较，感受它们之间的差别。

图 10-28　"视觉样式管理器"选项板　　　　　图 10-29　显示结果

10.4 三维绘制

10.4.1 绘制三维面

【执行方式】

- 命令行：3DFACE（快捷命令：3F）。
- 菜单栏：选择菜单栏中的"绘图"→"建模"→"网格"→"三维面"命令。

【操作步骤】

命令行提示与操作如下。

命令：3DFACE✓
指定第一点或 [不可见（I）]：指定某一点或输入 I

【选项说明】

（1）指定第一点：输入某一点的坐标或用鼠标确定某一点，以定义三维面的起点。在输入第一点后，可按顺时针或逆时针方向输入其余的点，以创建普通三维面。如果在输入 4 点后按<Enter>键，则以指定第 4 点生成一个空间的三维平面。如果在提示下继续输入第二个平面上的第 3 点和第 4 点坐标，则生成第二个平面。该平面以第一个平面的第 3 点和第 4 点作为第二个平面的第 1 点和第 2 点，创建第二个三维平面。继续输入点可以创建用户要创建的平面，按<Enter>键结束。

（2）不可见（I）：控制三维面各边的可见性，以便创建有孔对象的正确模型。如果在输入某一边之前输入"I"，则可以使该边不可见。如图 10-30 所示为创建一个长方体时某一边使用 I 命令和不使用 I 命令的视图比较。

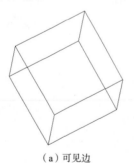
（a）可见边

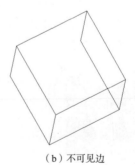
（b）不可见边

图 10-30 "不可见"命令选项视图比较

10.4.2 绘制多边网格面

【执行方式】

命令行：PFACE。

【操作步骤】

命令行提示与操作如下。

命令：PFACE↙
指定顶点 1 的位置：输入点 1 的坐标或指定一点
指定顶点 2 的位置或 <定义面>：输入点 2 的坐标或指定一点
...
指定顶点 n 的位置或 <定义面>：输入点 N 的坐标或指定一点

在输入最后一个顶点的坐标后，按<Enter>键，命令行提示与操作如下。

输入顶点编号或 [颜色(C)/图层(L)]：输入顶点编号或输入选项

输入平面上顶点的编号后，根据指定的顶点序号，AutoCAD 会生成一平面。当确定了一个平面上的所有顶点之后，在提示状态下按<Enter>键，AutoCAD 则指定另外一个平面上的顶点。

10.4.3 绘制三维网格

📏【执行方式】

命令行：3DMESH。

🖱【操作步骤】

命令行提示与操作如下。

命令：3DMESH↙
输入 M 方向上的网格数量：输入 2~256 之间的值
输入 N 方向上的网格数量：输入 2~256 之间的值
为顶点(0,0)指定位置：输入第一行第一列的顶点坐标
为顶点(0,1) 指定位置：输入第一行第二列的顶点坐标
为顶点(0,2) 指定位置：输入第一行第三列的顶点坐标
...
为顶点(0,N-1)指定位置：输入第一行第 N 列的顶点坐标
为顶点(1,0)指定位置：输入第二行第一列的顶点坐标
为顶点(1,1)指定位置：输入第二行第二列的顶点坐标
...
为顶点(1, N-1)指定位置：输入第二行第 N 列的顶点坐标
...
为顶点(M-1, N-1)指定位置：输入第 M 行第 N 列的顶点坐标

如图 10-31 所示为绘制的三维网格表面。

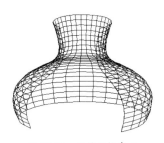

图 10-31　三维网格表面

10.5 绘制三维网格曲面

10.5.1 直纹曲面

【执行方式】

- 命令行：RULESURF。
- 菜单栏：选择菜单栏中的"绘图"→"建模"→"网格"→"直纹网格"命令。
- 功能区：单击"三维工具"选项卡"建模"面板中的"直纹曲面"按钮 （如图 10-32 所示）。

图 10-32 "建模"面板

【操作步骤】

命令行提示与操作如下。

命令：RULESURF✓
当前线框密度：SURFTAB1=当前值
选择第一条定义曲线：指定第一条曲线
选择第二条定义曲线：指定第二条曲线

下面生成一个简单的直纹曲面：首先选择菜单栏中的"视图"→"三维视图"→"西南等轴测"命令，将视图转换为"西南等轴测"，然后绘制如图 10-33（a）所示的两个圆作为草图，执行直纹曲面命令 RULESURF，分别选择绘制的两个圆作为第一条和第二条定义曲线，最后生成的直纹曲面如图 10-33（b）所示。

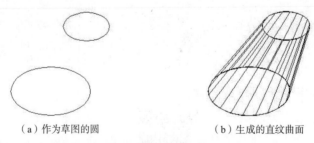

（a）作为草图的圆 （b）生成的直纹曲面

图 10-33 绘制直纹曲面

10.5.2 平移曲面

【执行方式】

- 命令行：TABSURF。

- 菜单栏：选择菜单栏中的"绘图"→"建模"→"网格"→"平移网格"命令。
- 功能区：单击"三维工具"选项卡"建模"面板中的"平移曲面"按钮 （如图 10-34 所示）。

图 10-34　"建模"面板

【操作步骤】

命令行提示与操作如下。

```
命令：TABSURF✓
当前线框密度：SURFTAB1=6
选择用作轮廓曲线的对象：选择一个已经存在的轮廓曲线
选择用作方向矢量的对象：选择一个方向线
```

【选项说明】

（1）轮廓曲线：可以是直线、圆弧、圆、椭圆、二维或三维多段线。AutoCAD 默认从轮廓曲线上离选定点最近的点开始绘制曲面。

（2）方向矢量：指出形状的拉伸方向和长度。在多段线或直线上选定的端点决定拉伸的方向。

如图 10-35 所示为选择图（a）中的六边形为轮廓曲线对象，以图（a）中所绘制的直线为方向矢量绘制的图形，平移后的曲面图形如图 10-35（b）所示。

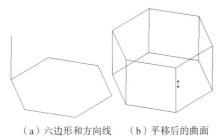

（a）六边形和方向线　　（b）平移后的曲面

图 10-35　平移曲面

10.5.3　边界曲面

【执行方式】

- 命令行：EDGESURF。
- 菜单栏：选择菜单栏中的"绘图"→"建模"→"网格"→"边界网格"命令。
- 功能区：单击"三维工具"选项卡"建模"面板中的"边界曲面"按钮 。

🖱 【操作步骤】

命令行提示与操作如下。

```
命令：EDGESURF↙
当前线框密度：SURFTAB1=6 SURFTAB2=6
选择用作曲面边界的对象1： 选择第一条边界线
选择用作曲面边界的对象2： 选择第二条边界线
选择用作曲面边界的对象3： 选择第三条边界线
选择用作曲面边界的对象4： 选择第四条边界线
```

👆 【选项说明】

系统变量 SURFTAB1 和 SURFTAB2 分别控制 M、N 方向的网格分段数。可通过在命令行输入 SURFTAB1 改变 M 方向的默认值，在命令行输入 SURFTAB2 改变 N 方向的默认值。

下面生成一个简单的边界曲面：首先选择菜单栏中的"视图"→"三维视图"→"西南等轴测"命令，将视图转换为"西南等轴测"，绘制4条首尾相连的边界，如图 10-36（a）所示。在绘制边界的过程中，为了方便绘制，可以首先绘制一个基本三维表面中的立方体作为辅助立体，在它上面绘制边界，然后再将其删除。执行边界曲面命令 EDGESURF，分别选择绘制的4条边界，则得到如图 10-36（b）所示的边界曲面。

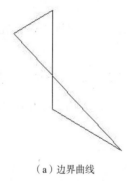
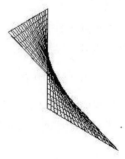

（a）边界曲线　　　　　　　　　　　（b）生成的边界曲面

图 10-36　边界曲面

10.5.4　旋转曲面

📏 【执行方式】

- 命令行：REVSURF。
- 菜单栏：选择菜单栏中的"绘图"→"建模"→"网格"→"旋转网格"命令。

🖱 【操作步骤】

命令行提示与操作如下。

```
命令：REVSURF↙
当前线框密度：SURFTAB1=6 SURFTAB2=6
选择要旋转的对象1：选择已绘制好的直线、圆弧、圆或二维、三维多段线
```

选择定义旋转轴的对象：选择已绘制好的用作旋转轴的直线或开放的二维、三维多段线

指定起点角度<0>：输入值或直接按<Enter>键接受默认值

指定包含角度（+=逆时针，−=顺时针）<360>：输入值或直接按<Enter>键接受默认值

☞【选项说明】

（1）起点角度：如果设置为非零值，平面将从生成路径曲线位置的某个偏移处开始旋转。

（2）包含角度：用来指定绕旋转轴旋转的角度。

（3）系统变量 SURFTAB1 和 SURFTAB2：用来控制生成网格的密度。SURFTAB1 指定在旋转方向上绘制的网格线数目；SURFTAB2 指定绘制的网格线数目进行等分。

如图 10-37 所示为利用 REVSURF 命令绘制的花瓶。

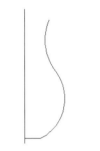  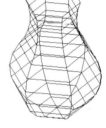

（a）轴线和回转轮廓线　　　　　（b）回转面　　　　　（c）调整视角

图 10-37　绘制花瓶

10.5.5　实例——弹簧的绘制

绘制如图 10-38 所示的弹簧。

（1）在命令行直接输入 UCS 命令，将坐标系移动到（200,200,0）处。

（2）单击"默认"选项卡"绘图"面板中的"多段线"按钮 ⌐，以（0,0,0）为起点，以（@200<15）和（@200<165）为下一点，继续输入以（@200<15）和（@200<165）为下一点，共输入 5 次，绘制多段线，得到如图 10-39 所示的图形。

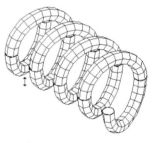

图 10-38　弹簧

（3）单击"默认"选项卡"绘图"面板上的"圆"下拉菜单中的"圆心，半径"按钮 ⊙，指定多段线的起点为圆心，半径为 20，绘制如图 10-40 所示的圆。

（4）单击"默认"选项卡"修改"面板中的"复制"按钮 ⌨，复制圆，结果如图 10-41 所示。重复上述步骤，结果如图 10-42 所示。

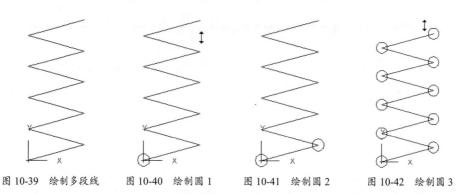

图 10-39　绘制多段线　　图 10-40　绘制圆 1　　图 10-41　绘制圆 2　　图 10-42　绘制圆 3

（5）单击"默认"选项卡"绘图"面板中的"直线"按钮，以第一条多段线的中点为直线的起点，终点的坐标为（@50<105），重复上述步骤，结果如图 10-43 所示。

（6）单击"默认"选项卡"绘图"面板中的"直线"按钮，以第一条多段线的中点为直线的起点，终点的坐标为（@50<75），重复上述步骤，结果如图 10-44 所示。

（7）在命令行直接输入"SURFTAB1"和"SURFTAB2"命令，修改线条密度。命令行提示与操作如下。

```
命令：SURFTAB1✓
输入 SURFTAB1 的新值<6>：12✓
命令：SURFTAB2✓
输入 SURFTAB2 的新值<6>：12✓
```

（8）在命令行中输入"REVSURF"命令，旋转上述圆，旋转角度为−180°，命令行提示与操作如下。

```
命令：_revsurf
当前线框密度：SURFTAB1=12　SURFTAB2=12
选择要旋转的对象：选择圆，然后按<Enter>键
选择定义旋转轴的对象：选择直线
指定起点角度 <0>：✓
指定包含角 (+=逆时针，-=顺时针) <360>：-180✓
```

绘制效果如图 10-45 所示。重复上述步骤，结果如图 10-46 所示。

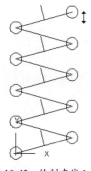
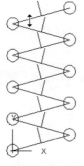
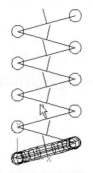

图 10-43　绘制直线 1　　图 10-44　绘制直线 2　　图 10-45　绘制网格 1　　图 10-46　绘制网格 2

（9）单击"默认"选项卡"修改"面板中的"删除"按钮 ✐，删除多余的线条。

（10）单击"可视化"选项卡"视图"面板上的"视图"下拉菜单中的"西南等轴测"按钮 ⬡，切换视图。

（11）单击"视图"选项卡"视觉样式"面板中的"隐藏"按钮 ⬡，对图形进行消隐处理，最终结果如图 10-38 所示。

10.5.6　平面曲面

【执行方式】

- 命令行：PLANESURF。
- 菜单栏：选择菜单栏中的"绘图"→"建模"→"曲面"→"平面"命令。
- 功能区：单击"三维工具"选项卡"曲面"面板中的"平面曲面"按钮 ▱（如图 10-47 所示）。

图 10-47　"曲面"面板

【操作步骤】

命令行提示与操作如下。

命令：PLANESURF↙
指定第一个角点或 [对象(O)] <对象>：

【选项说明】

（1）指定第一个角点：通过指定两个角点来创建矩形形状的平面曲面，如图 10-48 所示。

（2）对象（O）：通过指定平面对象创建平面曲面，如图 10-49 所示。

图 10-48　矩形形状的平面曲面

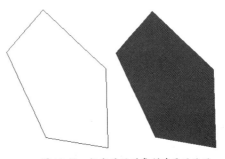

图 10-49　指定平面对象创建平面曲面

10.6 网格编辑

AutoCAD 2015 大大加强了在网格编辑方面的功能，本节简要介绍这些新功能。

10.6.1 提高（降低）平滑度

利用 AutoCAD 2015 提供的新功能，可以提高（降低）网格曲面的平滑度。

📏 【执行方式】

- 命令行：MESHSMOOTHMORE（MESHSMOOTHLESS）。
- 菜单栏：选择菜单栏中的"修改"→"网格编辑"→"提高平滑度"（或"降低平滑度"）命令。
- 工具栏：单击"平滑网格"工具栏中的"提高网格平滑度"按钮 🔲（或"降低网格平滑度"按钮 🔲）。
- 功能区：单击"三维工具"选项卡"网格"面板中的"提高网格平滑度"按钮 🔲（或"降低网格平滑度"按钮 🔲）。

🖱 【操作步骤】

命令行提示与操作如下。

```
命令：MESHSMOOTHMORE↙
选择要提高平滑度的网格对象：选择网格对象
选择要提高平滑度的网格对象：↙
```

选择对象后，系统就将提高对象网格的平滑度。如图 10-50 和图 10-51 所示为提高网格平滑度前后的对比效果。

图 10-50 提高平滑度前

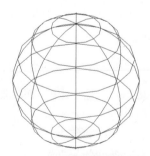

图 10-51 提高平滑度后

10.6.2 其他网格编辑命令

AutoCAD 2015 "修改"菜单下的"网格编辑"子菜单还提供了以下几个菜单命令。

（1）锐化（取消锐化）：可将如图 10-52 所示的子网格锐化为如图 10-53 所示的结果。

（2）优化网格：可将如图 10-54 所示的网格优化为如图 10-55 所示的结果。

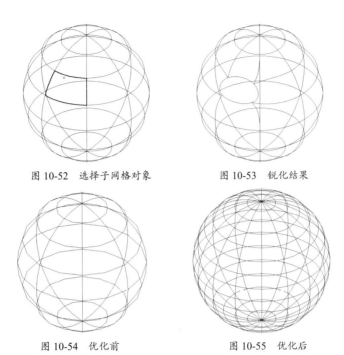

图 10-52　选择子网格对象　　　　　图 10-53　锐化结果

图 10-54　优化前　　　　　　　图 10-55　优化后

（3）分割面：可将如图 10-56 所示的子网格按图 10-57 指定分割点后分割为如图 10-58 所示的结果。一个网格面被以指定的分割线为界线分割成两个网格面，并且生成的新网格面与原来的整个网格系统匹配。

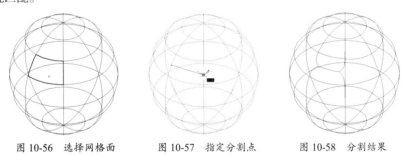

图 10-56　选择网格面　　　　图 10-57　指定分割点　　　　图 10-58　分割结果

（4）拉伸面：通过将指定的面拉伸到三维空间中来延伸该面。与三维实体拉伸不同，网格拉伸并不创建独立的对象。

（5）合并面：并两个或两个以上的面合并以创建单个面。

（6）旋转三角面：旋转相邻三角面的共用边来改变面的形状和方向。

（7）闭合孔：通过选择周围的边来闭合面之间的间隙。网格对象中的孔可能会防止用户将网格对象转换为实体对象。

（8）收拢面或边：合并周围的面的相邻顶点以形成单个点。将删除选定的面。

（9）转换为具有镶嵌面的实体：可将如图 10-59 所示的网格转换为如图 10-60 所示的具有镶嵌面的实体。

（10）转换为具有镶嵌面的曲面：可将如图 10-59 所示的网格转换为如图 10-61 所示的具有镶嵌面的曲面。

图 10-59　网格

图 10-60　具有镶嵌面的实体

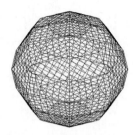
图 10-61　具有镶嵌面的曲面

（11）转换为平滑实体：可将如图 10-59 所示的网格转换为如图 10-62 所示的平滑实体。

（12）转换为平滑曲面：可将如图 10-59 所示的网格转换为如图 10-63 所示的平滑曲面。

图 10-62　平滑实体

图 10-63　平滑曲面

10.7　编辑三维曲面

10.7.1　三维镜像

【执行方式】

- 命令行：MIRROR3D。
- 菜单栏：选择菜单栏中的"修改"→"三维操作"→"三维镜像"命令。

【操作步骤】

命令行提示与操作如下。

```
命令：MIRROR3D↙
选择对象：选择要镜像的对象
选择对象：选择下一个对象或按<Enter>键
指定镜像平面（三点）的第一个点或 [对象(O)/最近的(L)/Z 轴(Z)/视图(V)/XY 平面(XY)/YZ
平面(YZ)/ZX 平面(ZX)/三点(3)] <三点>：
```

【选项说明】

（1）点：输入镜像平面上点的坐标。该选项通过 3 个点确定镜像平面，是系统的默认选项。

（2）最近的（L）：相对于最后定义的镜像平面对选定的对象进行镜像处理。

（3）Z 轴（Z）：利用指定的平面作为镜像平面。选择该选项后，命令行提示与操作如下。

> 在镜像平面上指定点：输入镜像平面上一点的坐标
> 在镜像平面的 Z 轴（法向）上指定点：输入与镜像平面垂直的任意一条直线上任意一点的坐标
> 是否删除源对象？[是（Y）/否（N）]：根据需要确定是否删除源对象

（4）视图（V）：指定一个平行于当前视图的平面作为镜像平面。

（5）XY（YZ、ZX）平面：指定一个平行于当前坐标系的 *XY*（*YZ*、*ZX*）平面作为镜像平面。

10.7.2　三维阵列

【执行方式】

- 命令行：3DARRAY。
- 菜单栏：选择菜单栏中的"修改"→"三维操作"→"三维阵列"命令。
- 工具栏：单击"建模"工具栏中的"三维阵列"按钮 。

【操作步骤】

命令行提示与操作如下。

> 命令：3DARRAY↙
> 选择对象：选择要阵列的对象
> 选择对象：选择下一个对象或按<Enter>键
> 输入阵列类型[矩形（R）/环形（P）]<矩形>：

【选项说明】

（1）矩形（R）：对图形进行矩形阵列复制，是系统的默认选项。选择该选项后，命令行提示与操作如下。

> 输入行数（---）<1>：输入行数
> 输入列数（||||）<1>：输入列数
> 输入层数（…）<1>：输入层数
> 指定行间距（---）：输入行间距
> 指定列间距（||||）：输入列间距
> 指定层间距（…）：输入层间距

（2）环形（P）：对图形进行环形阵列复制。选择该选项后，命令行提示与操作如下。

> 输入阵列中的项目数目：输入阵列的数目
> 指定要填充的角度（+=逆时针，−=顺时针）<360>：输入环形阵列的圆心角
> 旋转阵列对象？[是（Y）/否（N）]<是>：确定阵列上的每一个图形是否根据旋转轴线的位置进行旋转
> 指定阵列的中心点：输入旋转轴线上一点的坐标
> 指定旋转轴上的第二点：输入旋转轴线上另一点的坐标

如图 10-64 所示为 3 层 3 行 3 列间距分别为 300 的圆柱的矩形阵列，如图 10-65 所示为圆柱的环形阵列。

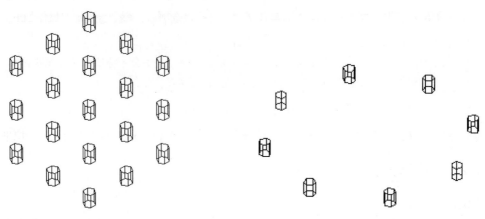

图 10-64　三维图形的矩形阵列　　　　　　　图 10-65　三维图形的环形阵列

10.7.3　对齐对象

📏【执行方式】

- 命令行：ALIGN（快捷命令：AL）。
- 菜单栏：选择菜单栏中的"修改"→"三维操作"→"对齐"命令。

🖱【操作步骤】

命令行提示与操作如下。

```
命令：ALIGN↙
选择对象：选择要对齐的对象
选择对象：选择下一个对象或按<Enter>键
指定一对、两对或三对点，将选定对象对齐
指定第一个源点：选择点1
指定第一个目标点：选择点2
指定第二个源点：↙
```

对齐结果如图 10-66 所示。两对点和三对点与一对点的情形类似。

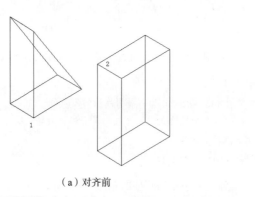

（a）对齐前

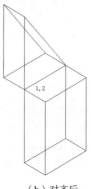

（b）对齐后

图 10-66　一对点对齐

10.7.4　三维移动

⚬ 【执行方式】

- 命令行：3DMOVE。
- 菜单栏：选择菜单栏中的"修改"→"三维操作"→"三维移动"命令。
- 工具栏：单击"建模"工具栏中的"三维移动"按钮 ⊕。

🖰 【操作步骤】

命令行提示与操作如下。

> 命令：3DMOVE✓
> 选择对象：找到 1 个
> 选择对象：✓
> 指定基点或 [位移(D)] <位移>：指定基点
> 指定第二个点或 <使用第一个点作为位移>：指定第二点

其操作方法与二维移动命令类似。如图 10-67 所示为将滚珠从轴承中移出的情形。

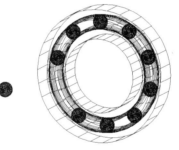

图 10-67　三维移动

10.7.5　三维旋转

⚬ 【执行方式】

- 命令行：3DROTATE。
- 菜单栏：选择菜单栏中的"修改"→"三维操作"→"三维旋转"命令。
- 工具栏：单击"建模"工具栏中的"三维旋转"按钮 ⊕。

🖰 【操作步骤】

命令行提示与操作如下。

> 命令：3DROTATE✓
> UCS 当前的正角方向：ANGDIR=逆时针 ANGBASE=0
> 选择对象：选择一个滚珠
> 选择对象：✓
> 指定基点：指定圆心位置
> 拾取旋转轴：选择如图 10-68 所示的轴

指定角的起点或键入角度：选择如图 10-68 所示的中心点
指定角的端点：指定另一点

旋转结果如图 10-69 所示。

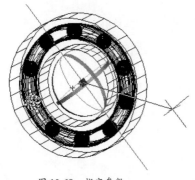
图 10-68　指定参数

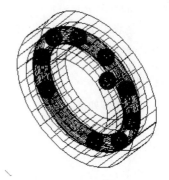
图 10-69　旋转结果

10.7.6　实例——圆柱滚子轴承的绘制

绘制如图 10-70 所示的圆柱滚子轴承。

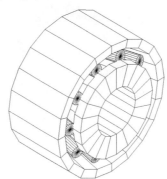
图 10-70　圆柱滚子轴承

（1）设置线框密度。命令行提示与操作如下。

```
命令：surftab1↙
输入 SURFTAB1 的新值 <6>：20↙
命令：surftab2↙
输入 SURFTAB2 的新值 <6>：20↙
```

（2）创建截面。用前面学过的二维图形绘制方法，单击"默认"选项卡"绘图"面板中的"直线"按钮，以及"修改"面板中的"偏移"、"镜像"、"修剪"、"延伸"等按钮绘制如图 10-71 所示的 3 个平面图形及辅助轴线。

（3）生成多段线。单击"默认"选项卡"修改"面板中"编辑多段线"按钮，命令行提示与操作如下。

```
命令：_pedit
```

```
选择多段线或 [多条(M)]:选择图形 1 的一条线段
选定的对象不是多段线
是否将其转换为多段线? <Y>:Y↙
输入选项 [闭合(C)/合并(J)/宽度(W)/编辑顶点(E)/拟合(F)/样条曲线(S)/非曲线化(D)/线型
生成(L)/放弃(U)]:J↙
选择对象:选择图 10-71 中图形 1 的其他线段
```

这样图 10-71 中的图形 1 就转换成封闭的多段线。利用相同方法，把图 10-71 中的图形 2 和图形 3 也转换成封闭的多段线。

（4）选择菜单栏中的"绘图"→"建模"→"网格"→"旋转网格"命令，旋转多段线，创建轴承内外圈。命令行提示与操作如下。

```
命令:_revsurf
当前线框密度:SURFTAB1=10  SURFTAB2=10
选择要旋转的对象:分别选择面域 1 和 3,然后按<Enter>键
选择定义旋转轴的对象:选择水平辅助轴线
指定起点角度 <0>:↙
指定包含角 (+=逆时针,-=顺时针) <360>:↙
```

旋转结果如图 10-72 所示。

🔍【技巧荟萃】

图 10-71 中图形 2 和图形 3 重合部位的图线可以重新绘制一次，为后面生成多段线做准备。

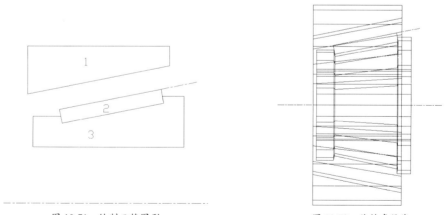

图 10-71　绘制二维图形　　　　　　　　图 10-72　旋转多段线

（5）创建滚动体。方法同上，以多段线 2 的上边延长斜线为轴线，旋转多段线 2，创建滚动体。

（6）切换到左视图。单击"视图"选项卡"视图"面板中"视图"下拉菜单中的"左视"按钮，或选择菜单栏中的"视图"→"三维视图"→"左视"命令，结果如图 10-73 所示。

（7）阵列滚动体。单击"建模"工具栏中的"三维阵列"按钮，将创建的滚动体进行环形阵列。命令行提示与操作如下。

```
命令:3DARRAY↙
```

> 选择对象：选择要阵列的对象
> 选择对象：选择下一个对象或按<Enter>键
> 输入阵列类型[矩形（R）/环形（P）]<矩形>：p
> 输入阵列中的项目数目：10
> 指定要填充的角度（+=逆时针，−=顺时针）<360>：✓
> 旋转阵列对象？[是（Y）/否(N)]<是>：✓
> 指定阵列的中心点：捕捉下方大圆圆心
> 指定旋转轴上的第二点：捕捉上方大圆圆心

阵列结果如图 10-74 所示。

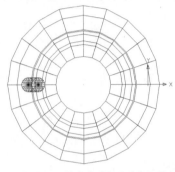

图 10-73　创建滚动体后的左视图

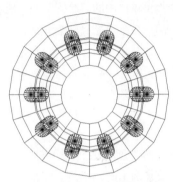

图 10-74　阵列滚动体

（8）切换视图。单击"视图"选项卡"视图"面板中"视图"下拉菜单中的的"西南等轴测"按钮 ，切换到西南等轴测视图。

（9）删除轴线。单击"默认"选项卡"修改"面板中的"删除"按钮 ，删除辅助轴线，结果如图 10-75 所示。

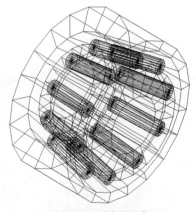

图 10-75　删除辅助线

（10）消隐。单击"视图"选项卡"视觉样式"面板中的"隐藏"按钮 ，进行消隐处理后的图形如图 10-70 所示。

10.8　上机操作

【实例 1】 利用三维动态观察器观察如图 10-76 所示的泵盖图形。

1．目的要求

为了更清楚地观察三维图形，了解三维图形各部分、各方位的结构特征，需要从不同视角观察三维图形。利用三维动态观察器能够方便地对三维图形进行多方位观察。通过本例，要求读者掌握从不同视角观察物体的方法。

2．操作提示

（1）打开三维动态观察器。

（2）灵活利用三维动态观察器的各种工具进行动态观察。

【实例 2】 绘制如图 10-77 所示的小凉亭。

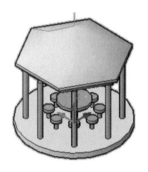

图 10-76　泵盖　　　　　　　　　图 10-77　小凉亭

1．目的要求

三维表面是构成三维图形的基本单元，灵活利用各种基本三维表面构建三维图形是三维绘图的关键技术与能力要求。通过本例，要求读者熟练掌握各种三维表面绘制方法，体会构建三维图形的技巧。

2．操作提示

（1）利用"三维视点"命令设置绘图环境。

（2）利用"平移曲面"命令绘制凉亭的底座。

（3）利用"平移曲面"命令绘制凉亭的支柱。

（4）利用"阵列"命令得到其他的支柱。

（5）利用"多段线"命令绘制凉亭顶盖的轮廓线。

（6）利用"旋转"命令生成凉亭顶盖。

10.9 模拟真题

1. 用 VPOINT 命令，输入视点坐标（1,1,1）后，结果同以下哪个三维视图（　　）。

    A. 西南等轴测   B. 东南等轴测   C. 东北等轴测   D. 西北等轴测

2. 在 Streering Wheels 控制盘中，单击动态观察选项，可以围绕轴心进行动态观察，动态观察的轴心使用鼠标加（　　）键可以调整。

    A. Shift   B. Ctrl   C. Alt   D. Tab

3. viewcube 默认放置在绘图窗口的（　　）位置。

    A. 右上   B. 右下   C. 左上   D. 左下

4. 按如下要求创建螺旋体实体，然后计算其体积。其中螺旋线底面直径是 100，顶面的直径是 50，螺距是 5，圈数是 10，则丝径直径是（　　）。

    A. 968.34   B. 16 657.68   C. 25 678.35   D. 69 785.32

5. 按如图 10-78 中图形 1 所示创建单叶双曲表面的实体，然后计算其体积。（　　）

    A. 3 110 092.127 7   B. 895 939.194 6   C. 2 701 787.939 5   D. 854 841.458 8

6. 按如图 10-79 所示创建实体，然后将其中的圆孔内表面绕其轴线倾斜−5°，最后计算实体的体积。（　　）

    A. 153 680.25   B. 189 756.34   C. 223 687.38   D. 278 240.42

图 10-78　图形 1

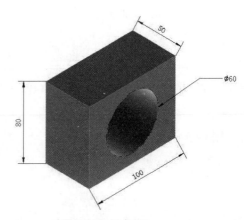

图 10-79　创建实体

第 11 章

实体造型

实体建模是 AutoCAD 三维建模中比较重要的一部分。实体模型是能够完整描述对象的 3D 模型，比三维线框、三维曲面更能表达实物。利用三维实体模型，可以分析实体的质量特性，如体积、惯量、重心等。本章主要介绍基本三维实体的创建、二维图形生成三维实体、三维实体的布尔运算、三维实体的编辑、三维实体的颜色处理等知识。

11.1 创建基本三维实体

11.1.1 创建长方体

【执行方式】

- 命令行：BOX。
- 菜单栏：选择菜单栏中的"绘图"→"建模"→"长方体"命令。
- 工具栏：单击"建模"工具栏中的"长方体"按钮◻。
- 功能区：单击"三维工具"选项卡"建模"面板中的"长方体"按钮◻（如图 11-1 所示）。

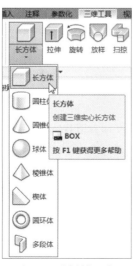

图 11-1 "建模"面板

【操作步骤】

命令行提示与操作如下。

> 命令：BOX↙
> 指定第一个角点或 [中心(C)] <0,0,0>：指定第一点或按<Enter>键表示原点是长方体的角点，或输入"c"表示中心点

【选项说明】

（1）指定第一个角点：用于确定长方体的一个顶点位置。选择该选项后，命令行提示与操作如下。

> 指定其他角点或 [立方体(C)/长度(L)]：指定第二点或输入选项

① 角点：用于指定长方体的其他角点。输入另一角点的数值，即可确定该长方体。如果输入的是正值，则沿着当前 UCS 的 X、Y 和 Z 轴的正向绘制长度。如果输入的是负值，则沿着 X、Y 和 Z 轴的负向绘制长度。如图 11-2 所示为利用角点命令创建的长方体。

② 立方体（C）：用于创建一个长、宽、高相等的长方体。如图 11-3 所示为利用立方体命令创建的长方体。

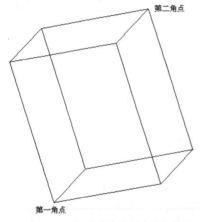

图 11-2　利用角点命令创建的长方体

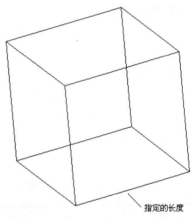

图 11-3　利用立方体命令创建的长方体

③ 长度（L）：按要求输入长、宽、高的值。如图 11-4 所示为利用长、宽和高命令创建的长方体。

（2）中心点：利用指定的中心点创建长方体。如图 11-5 所示为利用中心点命令创建的长方体。

【技巧荟萃】

如果在创建长方体时选择"立方体"或"长度"选项，则还可以在单击以指定长度时指定长方体在 XY 平面中的旋转角度；如果选择"中心点"选项，则可以利用指定中心点来创建长方体。

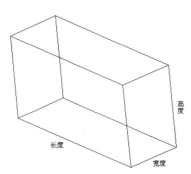

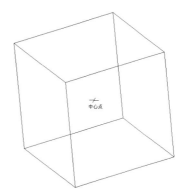

图 11-4　利用长、宽和高命令创建的长方体　　　　　图 11-5　利用中心点命令创建的长方体

11.1.2　圆柱体

【执行方式】

- 命令行：CYLINDER（快捷命令：CYL）。
- 菜单栏：选择菜单栏中的"绘图"→"建模"→"圆柱体"命令。
- 工具条：单击"建模"工具栏中的"圆柱体"按钮 。
- 功能区：单击"三维工具"选项卡"建模"面板中的"圆柱体"按钮 。

【操作步骤】

命令行提示与操作如下。

> 命令：CYLINDER✓
> 指定底面的中心点或[三点(3P)/两点(2P)/切点、切点、半径(T)/椭圆（E）]<0,0,0>：

【选项说明】

（1）中心点：先输入底面圆心的坐标，然后指定底面的半径和高度，此选项为系统的默认选项。AutoCAD 按指定的高度创建圆柱体，且圆柱体的中心线与当前坐标系的 Z 轴平行，如图 11-6 所示。也可以指定另一个端面的圆心来指定高度，AutoCAD 根据圆柱体两个端面的中心位置来创建圆柱体，该圆柱体的中心线就是两个端面的连线，如图 11-7 所示。

（2）椭圆（E）：创建椭圆柱体。椭圆端面的绘制方法与平面椭圆一样，创建的椭圆柱体如图 11-8 所示。

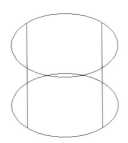　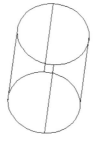　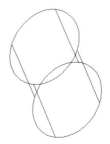

图 11-6　按指定高度创建圆柱体　图 11-7　指定圆柱体另一个端面的中心位置　图 11-8　椭圆柱体

其他的基本实体，如楔体、圆锥体、球体、圆环体等的创建方法与长方体和圆柱体类似，此处不再赘述。

【技巧荟萃】

实体模型具有边和面，还有在其表面内由计算机确定的质量。实体模型是最容易使用的三维模型，它的信息最完整，不会产生歧义。与线框模型和曲面模型相比，实体模型的信息最完整、创建方式最直接，所以，在 AutoCAD 三维绘图中，实体模型应用最为广泛。

11.2 布尔运算

11.2.1 布尔运算简介

布尔运算在数学的集合运算中得到广泛应用，AutoCAD 也将该运算应用到了实体的创建过程中。用户可以对三维实体对象进行并集、交集、差集的运算。三维实体的布尔运算与平面图形类似。如图 11-9 所示为 3 个圆柱体进行交集运算后的图形。

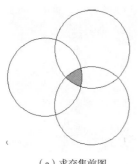
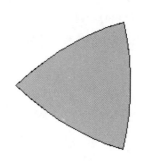
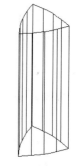

（a）求交集前图　　　　　（b）求交集后　　　　　（c）交集的立体图

图 11-9　3 个圆柱体交集运算

【技巧荟萃】

如果某些命令第一个字母都相同的话，那么对于比较常用的命令，其快捷命令取第一个字母，其他命令的快捷命令可用前面两个或三个字母表示。例如"R"表示 Redraw，"RA"表示 Redrawall；"L"表示 Line，"LT"表示 LineType，"LTS"表示 LTScale。

11.2.2 实例——深沟球轴承的创建

创建如图 11-10 所示的深沟球轴承。

（1）设置线框密度。命令行提示与操作如下。

```
命令: ISOLINES↙
输入 ISOLINES 的新值 <4>: 10↙
```

（2）转换视图。单击"视图"选项卡"视图"面板中的"西南

图 11-10　深沟球轴承

等轴测"按钮 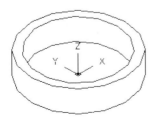，切换到西南等轴测视图。

（3）创建外圈的圆柱体。单击"三维工具"选项卡"建模"面板中的"圆柱体"按钮，命令行提示与操作如下。

```
命令：_cylinder
指定底面的中心点或 [三点(3P)/两点(2P)/切点、切点、半径(T)/椭圆(E)] <0,0,0>：在绘图
区指定底面中心点位置
指定底面的半径或 [直径(D)]：45✓
指定高度或 [两点(2P)/轴端点(A)]：20✓
命令：✓继续创建圆柱体
指定底面的中心点或[三点(3P)/两点(2P)/切点、切点、半径(T)/椭圆(E)] <0,0,0>：✓
指定底面的半径或 [直径(D)]：38✓
指定高度或 [两点(2P)/轴端点(A)]：20✓
```

（4）差集运算并消隐。单击"视图"选项卡"导航"面板"范围"下拉列表中的"实时"按钮，上下转动鼠标滚轮对其进行适当的放大。单击"三维工具"选项卡"实体编辑"面板中的"差集"按钮，将创建的两个圆柱体进行差集运算，命令行提示与操作如下。

```
命令：_subtract
选择要从中减去的实体、曲面和面域...
选择对象：选择大圆柱体
选择对象：右击结束选择
选择要减去的实体、曲面和面域...
选择对象：选择小圆柱体
选择对象：单击鼠标右键结束选择
```

单击"视图"选项卡"视觉样式"面板中的"隐藏"按钮，进行消隐处理后的图形如图 11-11 所示。

（5）创建内圈的圆柱体。方法同上，单击"三维工具"选项卡"建模"面板中的"圆柱体"按钮，以坐标原点为圆心，分别创建高度为 20、半径为 32 和 25 的两个圆柱。并单击"三维工具"选项卡"实体编辑"面板中的"差集"按钮，对其进行差集运算，创建轴承的内圈圆柱体，结果如图 11-12 所示。

图 11-11　轴承外圈圆柱体

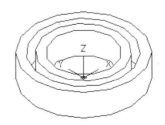

图 11-12　轴承内圈圆柱体

（6）并集运算。在命令行直接输入"Union"，或单击"三维工具"选项卡"实体编辑"面板中的"并集"按钮，将创建的轴承外圈与内圈圆柱体进行并集运算。

（7）创建圆环。单击"三维工具"选项卡"建模"面板中的"圆环体"按钮◎，命令行提示与操作如下。

> 命令：_torus
> 指定中心点或 [三点(3P)/两点(2P)/切点、切点、半径(T)]：0,0,10✓
> 指定半径或 [直径(D)]: 35✓
> 指定圆管半径或 [两点(2P)/直径(D)]: 5✓

（8）差集运算。在命令行直接输入"Subtract"，或单击"三维工具"选项卡"实体编辑"面板中的"差集"按钮◎，将创建的圆环与轴承的内、外圈进行差集运算，结果如图 11-13 所示。

（9）创建滚动体。单击"三维工具"选项卡"建模"面板中的"球体"按钮○，命令行提示与操作如下。

> 命令：_sphere
> 指定中心点或 [三点(3P)/两点(2P)/切点、切点、半径(T)]: 35,0,10✓
> 指定半径或 [直径(D)]: 5✓

（10）阵列滚动体。单击"默认"选项卡"修改"面板中的"圆环阵列"按钮🔡，将创建的滚动体进行环形阵列，阵列中心为坐标原点，数目为 10，阵列结果如图 11-14 所示。

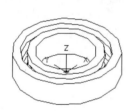

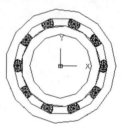

图 11-13　圆环与轴承内、外圈进行差集运算结果　　　　图 11-14　阵列滚动体

（11）并集运算。单击"三维工具"选项卡"实体编辑"面板中的"并集"按钮◎，将阵列的滚动体与轴承的内、外圈进行并集运算。

（12）渲染处理。单击"可视化"选项卡"渲染"面板中的"渲染"按钮🫖，选择适当的材质，渲染后的效果如图 11-10 所示。

11.3　特征操作

11.3.1　拉伸

📏【执行方式】

- 命令行：EXTRUDE（快捷命令：EXT）。
- 菜单栏：选择菜单栏中的"绘图"→"建模"→"拉伸"命令。
- 工具栏：单击"建模"工具栏中的"拉伸"按钮🔼。
- 功能区：单击"三维工具"选项卡"建模"面板中的"拉伸"按钮🔼。

🖱️【操作步骤】

命令行提示与操作如下。

```
命令：EXTRUDE✓
当前线框密度：ISOLINES=4，闭合轮廓创建模式=实体
选择要拉伸的对象或[模式（MO）]：选择绘制好的二维对象
选择要拉伸的对象或[模式（MO）]：可继续选择对象或按<Enter>键结束选择
指定拉伸的高度或［方向(D)/路径(P)/倾斜角(T)/表达式（E）]：
```

📄【选项说明】

（1）拉伸高度：按指定的高度拉伸出三维实体对象。输入高度值后，根据实际需要，指定拉伸的倾斜角度。如果指定的角度为 0，AutoCAD 则把二维对象按指定的高度拉伸成柱体；如果输入角度值，拉伸后实体截面沿拉伸方向按此角度变化，成为一个棱台或圆台体。如图 11-15 所示为不同角度拉伸圆的结果。

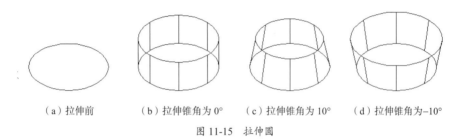

（a）拉伸前　　　（b）拉伸锥角为 0°　　　（c）拉伸锥角为 10°　　　（d）拉伸锥角为–10°

图 11-15　拉伸圆

（2）路径（P）：以现有的图形对象作为拉伸对象创建三维实体对象。如图 11-16 所示为沿圆弧曲线路径拉伸圆的结果。

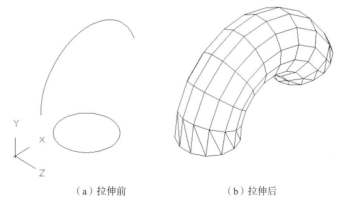

（a）拉伸前　　　　　　　　（b）拉伸后

图 11-16　沿圆弧曲线路径拉伸圆

🔍【技巧荟萃】

可以使用创建圆柱体的"轴端点"命令确定圆柱体的高度和方向。轴端点是圆柱体顶面的中心点，轴端点可以位于三维空间的任意位置。

11.3.2 旋转

📏【执行方式】

- 命令行：REVOLVE（快捷命令：REV）。
- 菜单栏：选择菜单栏中的"绘图"→"建模"→"旋转"命令。
- 工具栏：单击"建模"工具栏中的"旋转"按钮🔘。
- 功能区：单击"三维工具"选项卡"建模"面板中的"旋转"按钮🔘。

🖱️【操作步骤】

命令行提示与操作如下。

```
命令：REVOLVE✓
当前线框密度：ISOLINES=4，闭合轮廓创建模式 = 实体
选择要旋转的对象或[模式(MO)]：  选择绘制好的二维对象
选择要旋转的对象或[模式(MO)]：  继续选择对象或按<Enter>键结束选择
指定轴起点或根据以下选项之一定义轴 [对象(O)/X/Y/Z]<对象>：
```

📂【选项说明】

（1）指定旋转轴的起点：通过两个点来定义旋转轴。AutoCAD 将按指定的角度和旋转轴旋转二维对象。

（2）对象（O）：选择已经绘制好的直线或用多段线命令绘制的直线段作为旋转轴线。

（3）X（Y）轴：将二维对象绕当前坐标系（UCS）的 X（Y）轴旋转。如图 11-17 所示为矩形平面绕 X 轴旋转的结果。

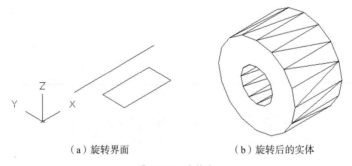

（a）旋转界面   （b）旋转后的实体

图 11-17　旋转体

11.3.3 扫惊

📏【执行方式】

- 命令行：SWEEP。
- 菜单栏：选择菜单栏中的"绘图"→"建模"→"扫掠"命令。
- 工具栏：单击"建模"工具栏中的"扫掠"按钮🔘。

- 功能区：单击"三维工具"选项卡"建模"面板中的"扫掠"按钮 。

【操作步骤】

命令行提示与操作如下。

> 命令：SWEEP↙
> 当前线框密度：ISOLINES=4，闭合轮廓创建模式=模式
> 选择要扫掠的对象或[模式(MO)]：选择对象，如图11-18（a）中的圆
> 选择要扫掠的对象：↙
> 选择扫掠路径或 [对齐(A)/基点(B)/比例(S)/扭曲(T)]：选择对象，如图11-18（a）中的螺旋线

扫掠结果如图11-18（b）所示。

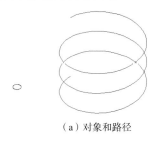

（a）对象和路径　　　　　　　　　　（b）结果

图 11-18　扫掠

【选项说明】

（1）对齐（A）：指定是否对齐轮廓以使其作为扫掠路径切向的法向，默认情况下，轮廓是对齐的。选择该选项，命令行提示与操作如下。

> 扫掠前对齐垂直于路径的扫掠对象 [是(Y)/否(N)] <是>：输入"n"，指定轮廓无须对齐；按<Enter>键，指定轮廓将对齐

【技巧荟萃】

使用扫掠命令，可以通过沿开放或闭合的二维或三维路径扫掠开放或闭合的平面曲线（轮廓）来创建新实体或曲面。扫掠命令用于沿指定路径以指定轮廓的形状（扫掠对象）创建实体或曲面。可以扫掠多个对象，但是这些对象必须在同一平面内。如果沿一条路径扫掠闭合的曲线，则生成实体。

（2）基点（B）：指定要扫掠对象的基点。如果指定的点不在选定对象所在的平面上，则该点将被投影到该平面上。选择该选项，命令行提示与操作如下。

> 指定基点：指定选择集的基点

（3）比例（S）：指定比例因子以进行扫掠操作。从扫掠路径的开始到结束，比例因子将统一应用到扫掠的对象上。选择该选项，命令行提示与操作如下。

> 输入比例因子或 [参照(R)/表达式(E)]<1.0000>：指定比例因子，输入"r"，调用"参照"选项；按<Enter>键，选择默认值

其中，"参照（R）"选项表示通过拾取点或输入值来根据参照的长度缩放选定的对象。

（4）扭曲（T）：设置正被扫掠对象的扭曲角度。扭曲角度指定沿扫掠路径全部长度的旋转量。选择该选项，命令行提示与操作如下。

> 输入扭曲角度或允许非平面扫掠路径倾斜 [倾斜(B)/表达式(EX)]<0.0000>： 指定小于 360°的角度值，输入"b"，打开倾斜；按<Enter>键，选择默认角度值

其中，"倾斜（B）"选项指定被扫掠的曲线是否沿三维扫掠路径（三维多线段、三维样条曲线或螺旋线）自然倾斜（旋转）。

如图 11-19 所示为扭曲扫掠示意图。

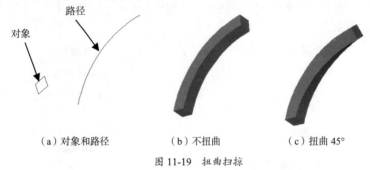

（a）对象和路径　　　　（b）不扭曲　　　　（c）扭曲 45°

图 11-19　扭曲扫掠

11.3.4　实例——锁的绘制

绘制如图 11-20 所示的锁图形。

图 11-20　锁图形

（1）单击"默认"选项卡"绘图"面板中的"矩形"按钮▭，绘制角点坐标为（–100,30）和（100,–30）的矩形。

（2）单击"默认"选项卡"绘图"面板上的"圆弧"下拉菜单中的"三点"按钮⟋，绘制起点坐标为（100,30）、端点坐标为（–100,30）、半径为 340 的圆弧。

（3）单击"默认"选项卡"绘图"面板上的"圆弧"下拉菜单中的"三点"按钮⟋，绘制起点坐标为（–100,–30）、端点坐标为（100,–30）、半径为 340 的圆弧，如图 11-21 所示。

（4）单击"默认"选项卡"修改"面板中的"修剪"按钮⊬，对上述圆弧和矩形进行修剪，结果如图 11-22 所示。

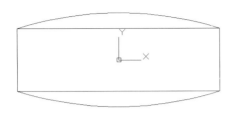

图 11-21　绘制圆弧后的图形

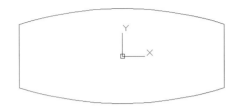

图 11-22　修剪后的图形

（5）单击"默认"选项卡"修改"面板中的"编辑多段线"按钮，将上述多段线合并为一个整体。

（6）单击"可视化"选项卡"视图"面板上的"视图"下拉菜单中的"西南等轴测"按钮，切换到西南等轴测视图。

（7）单击"三维工具"选项卡"建模"面板中的"拉伸"按钮，选择上步创建的面域，拉伸高度为 150，结果如图 11-23 所示。

（8）在命令行直接输入 ucs。将新的坐标原点移动到点（0,0,150）。切换视图。在命令行中输入"plan"命令，选择当前 UCS。

（9）单击"默认"选项卡"绘图"面板上的"圆"下拉菜单中的"圆心，半径"按钮，指定圆心坐标为（-70,0），半径为 15。重复上述指令，在右边的对称位置再作一个同样大小的圆，结果如图 11-24 所示。单击"可视化"选项卡"视图"面板上的"视图"下拉菜单中的"前视"按钮，切换到前视图。

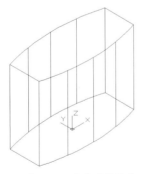

图 11-23　拉伸后的图形

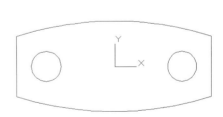

图 11-24　绘圆后的图形

（10）在命令行直接输入 ucs。将新的坐标原点移动到点（0,150,0）。

（11）单击"默认"选项卡"绘图"面板中的"多段线"按钮，绘制多段线，命令行提示如下。

```
PLINE
指定起点：-70,-30
当前线宽为 0.0000
指定下一个点或 [圆弧(A)/半宽(H)/长度(L)/放弃(U)/宽度(W)]：@80<90
指定下一点或 [圆弧(A)/闭合(C)/半宽(H)/长度(L)/放弃(U)/宽度(W)]：a
指定圆弧的端点或
```

```
指定圆弧的端点(按住<Ctrl>键以切换方向)或[角度(A)/圆心(CE)/闭合(CL)/方向(D)/半宽
(H)/直线(L)/半径(R)/第二个点(S)/放弃(U)/宽度(W)]:a
指定夹角: -180
指定圆弧的端点(按住<Ctrl>键以切换方向)或 [圆心(CE)/半径(R)]: r
指定圆弧的半径: 70
指定圆弧的弦方向 <90>: 0
指定圆弧的弦方向(按住<Ctrl>键以切换方向) <0>: 0
指定圆弧的端点(按住<Ctrl>键以切换方向)或[角度(A)/圆心(CE)/闭合(CL)/方向(D)/半宽
(H)/直线(L)/半径(R)/第二个点(S)/放弃(U)/宽度(W)]: l
指定下一点或 [圆弧(A)/闭合(C)/半宽(H)/长度(L)/放弃(U)/宽度(W)]: 70,0
指定下一点或 [圆弧(A)/闭合(C)/半宽(H)/长度(L)/放弃(U)/宽度(W)]:
```

结果如图 11-25 所示。

（12）单击"可视化"选项卡"视图"面板上的"视图"下拉菜单中的"西南等轴测"按钮 ，回到西南等轴测视图。

（13）单击"三维工具"选项卡"建模"面板中的"扫掠"按钮 ，将绘制的圆与多段线进行扫掠处理，命令行提示如下。

```
命令: _sweep
当前线框密度: ISOLINES=4，闭合轮廓创建模式 = 实体
选择要扫掠的对象或 [模式(MO)]: _MO 闭合轮廓创建模式 [实体(SO)/曲面(SU)] <实体>: _SO
选择要扫掠的对象或 [模式(MO)]:找到 1 个
选择要扫掠的对象或 [模式(MO)]:选择圆
选择扫掠路径或 [对齐(A)/基点(B)/比例(S)/扭曲(T)]:选择多段线
```

结果如图 11-26 所示。

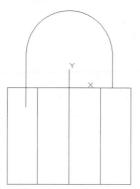

图 11-25 绘制多段线后的图形

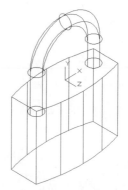

图 11-26 扫琼后的图形

（14）单击"三维工具"选项卡"建模"面板中的"圆柱体"按钮 ，绘制底面中心点为（-70,0,0）、底面半径为 20、轴端点为（-70,-30,0）的圆柱体，结果如图 11-27 所示。

（15）在命令行直接输入 ucs。将新的坐标原点绕 X 轴旋转 90°。

（16）单击"三维工具"选项卡"建模"面板中的"楔体"按钮 ，绘制楔体，命令行提示如下。

```
命令: we
指定第一个角点或 [中心(C)]: -50,-70,10
指定其他角点或 [立方体(C)/长度(L)]: -80,70,10
指定高度或 [两点(2P)] <30.0000>: 20
```

（17）单击"三维工具"选项卡"实体编辑"面板中的"差集"按钮◎，将扫掠体与楔体进行差集运算，结果如图 11-28 所示。

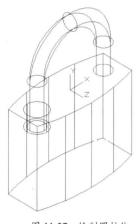

图 11-27 绘制圆柱体

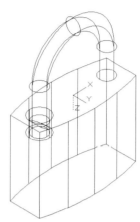

图 11-28 差集后的图形

（18）在命令行中输入"3DROTATE"命令，将上述锁柄绕着右边的圆的中心垂线旋转 180°，命令行提示如下。

```
命令: 3drotate
UCS 当前的正角方向: ANGDIR=逆时针  ANGBASE=0
选择对象: 选择锁柄
选择对象: ↙
指定基点: 指定右边圆的圆心
拾取旋转轴: 指定右边圆的中心垂线
指定角的起点或键入角度: 180↙
```

旋转的结果如图 11-29 所示。

（19）单击"三维工具"选项卡"实体编辑"面板中的"差集"按钮◎，将左边小圆柱与锁体进行差集操作，在锁体上打孔。

（20）单击"默认"选项卡"修改"面板中的"圆角"按钮，设置圆角半径为 10，对锁体四周的边进行圆角处理。

（21）单击"视图"选项卡"视觉样式"面板中的"隐藏"按钮◎，或者直接在命令行输入 hide 后按<Enter>键，结果如图 11-30 所示。

图 11-29 旋转处理

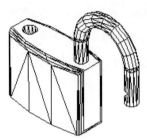

图 11-30 消隐处理

11.3.5 放样

✏️【执行方式】

- 命令行：LOFT。
- 菜单栏：选择菜单栏中的"绘图"→"建模"→"放样"命令。
- 工具栏：单击"建模"工具栏中的"放样"按钮🔘。
- 功能区：单击"三维工具"选项卡"建模"面板中的"放样"按钮🔘。

🖱️【操作步骤】

命令行提示与操作如下。

```
命令：LOFT✓
当前线框密度：ISOLINES=4，闭合轮廓创建模式 = 实体
按放样次序选择横截面或[点（PO）/合并多条边（J）/模式（MO）]：依次选择如图 11-31 所示的
3 个截面
按放样次序选择横截面或[点（PO）/合并多条边（J）/模式（MO）]：
按放样次序选择横截面或[点（PO）/合并多条边（J）/模式（MO）]：
按放样次序选择横截面或[点（PO）/合并多条边（J）/模式（MO）]：✓
输入选项 [导向(G)/路径(P)/仅横截面(C)/设置（S）] <仅横截面>：
```

👆【选项说明】

（1）设置（S）：选择该选项，系统打开"放样设置"对话框，如图 11-32 所示。其中有 4 个单选按钮，如图 11-33（a）所示为选择"直纹"单选按钮的放样结果示意图，图 11-33（b）所示为选择"平滑拟合"单选按钮的放样结果示意图，图 11-33（c）所示为选择"法线指向"单选按钮并选择"所有横截面"选项的放样结果示意图，图 11-33（d）所示为选择"拔模斜度"单选按钮并设置"起点角度"为 45°、"起点幅值"为 10、"端点角度"为 60°、"端点幅值"为 10 的放样结果示意图。

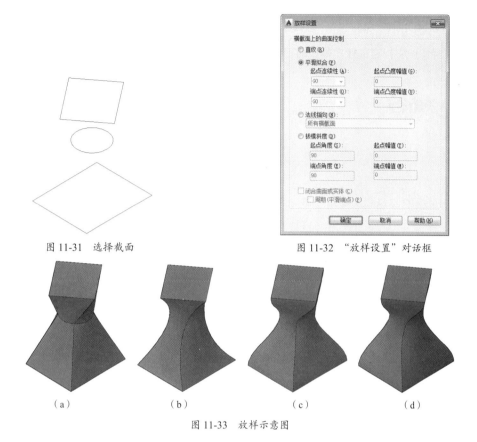

图 11-31　选择截面　　　　　　　　　图 11-32　"放样设置"对话框

图 11-33　放样示意图

（2）导向（G）：指定控制放样实体或曲面形状的导向曲线。导向曲线是直线或曲线，可通过将其他线框信息添加至对象来进一步定义实体或曲面的形状，如图 11-34 所示。选择该选项，命令行提示与操作如下。

选择导向曲线：选择放样实体或曲面的导向曲线，然后按<Enter>键

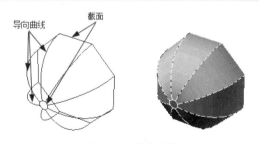

图 11-34　导向放样

🔍【技巧荟萃】

每条导向曲线必须满足以下条件才能正常工作：

- 与每个横截面相交。
- 从第一个横截面开始。
- 到最后一个横截面结束。

可以为放样曲面或实体选择任意数量的导向曲线。

（3）路径（P）：指定放样实体或曲面的单一路径，如图 11-35 所示。选择该选项，命令行提示与操作如下。

选择路径：指定放样实体或曲面的单一路径

图 11-35　路径放样

🔍【技巧荟萃】

路径曲线必须与横截面的所有平面相交。

11.3.6　拖动

📏【执行方式】

- 命令行：PRESSPULL。
- 工具栏：单击"建模"工具栏中的"按住并拖动"按钮 🔳。
- 功能区：单击"三维工具"选项卡"建模"面板中的"按住并拖动"按钮 🔳。

🖱【操作步骤】

命令行提示与操作如下。

```
命令：PRESSPULL✓
选择对象或边界区域：
指定拉伸高度或 [多个(M)]：
指定拉伸高度或 [多个(M)]：
已创建 1 个拉伸
```

选择有限区域后，按住鼠标左键并拖动，相应的区域就会进行拉伸变形。如图 11-36 所示为选择圆台上表面，按住并拖动的结果。

（a）圆台　　　　　（b）向下拖动　　　　　（c）向上拖动

图 11-36　按住并拖动

11.3.7　实例——手轮的创建

创建如图 11-37 所示的手轮。

图 11-37　手轮

（1）设置线框密度。单击"视图"选项卡"视图"面板中"视图"下拉菜单下的"西南等轴测"按钮 ，切换到西南等轴测视图。在命令行中输入"Isolines"，设置线框密度为 10。

（2）创建圆环。单击"三维工具"选项卡"建模"面板中的"圆环体"按钮 ，命令行提示与操作如下。

```
命令：_torus
指定中心点或 [三点(3P)/两点(2P)/切点、切点、半径(T)]<0,0,0>:✓
指定半径或 [直径(D)]：100✓
指定圆管半径或 [两点(2P)/直径(D)]：10✓
```

（3）创建球体。单击"三维工具"选项卡"建模"面板中的"球体"按钮 ，命令行提示与操作如下。

```
命令：_sphere
指定中心点或 [三点(3P)/两点(2P)/切点、切点、半径(T)]<0,0,0>: 0,0,30✓
指定半径或 [直径(D)]：20✓
```

（4）转换视图。单击"视图"选项卡"视图"面板中"视图"下拉菜单下的"前视"按钮 ，切换到前视图，如图 11-38 所示。

（5）绘制直线。单击"默认"选项卡"绘图"面板中的"直线"按钮 ，命令行提示与操作如下。

```
命令：_ line 指定第一个点：单击"对象捕捉"工具栏中的"捕捉到圆心"按钮 
_cen 于：捕捉球的球心
指定下一点或 [放弃(U)]：100,0,0✓
指定下一点或 [放弃(U)]：✓
```

绘制结果如图 11-39 所示。

图 11-38　前视图

图 11-39　绘制直线

（6）绘制圆。单击"视图"选项卡"视图"面板中"视图"下拉菜单下的"左视"按钮 ，切换到左视图。单击"默认"选项卡"绘图"面板中的"圆"按钮 ，命令行提示与操作如下。

```
命令：_circle 指定圆的圆心或 [三点(3P)/两点(2P)/切点、切点、半径(T)]：单击"对象捕捉"
工具栏中的"捕捉到圆心"按钮 
_cen 于：捕捉球的球心
```

> 指定圆的半径或 [直径(D)]: 5↙

绘制结果如图 11-40 所示。

（7）拉伸圆。单击"视图"选项卡"视图"面板中"视图"下拉菜单下的"西南等轴测"按钮 ⬡，切换到西南等轴测视图。单击"三维工具"选项卡"建模"面板中的"拉伸"按钮 ⬆，命令行提示与操作如下。

> 命令: _extrude
> 当前线框密度: ISOLINES=10，闭合轮廓创建模式=实体
> 选择要拉伸的对象或[模式(MO)]: _MO 闭合轮廓创建模式 [实体(SO)/曲面(SU)] <实体>: _SO
> 选择要拉伸的对象或[模式(MO)]: 选择步骤（6）中绘制的圆↙
> 指定拉伸高度或 [方向(D)/路径(P)/倾斜角(T)/表达式(E)]: P↙
> 选择拉伸路径或 [倾斜角(T)]: 选择直线

单击"视图"选项卡"视觉样式"面板中的"隐藏"按钮 ⬡，进行消隐处理后的图形如图 11-41 所示。

图 11-40　绘制圆　　　　　　　　　　　图 11-41　拉伸圆

（8）阵列拉伸生成的圆柱体。在命令行中输入"3DARRAY"命令，命令行提示与操作如下。

> 命令: _3darray
> 选择对象: 选择圆柱体↙
> 输入阵列类型 [矩形(R)/环形(P)] <矩形>:P↙
> 输入阵列中的项目数目: 6↙
> 指定要填充的角度 (+=逆时针，-=顺时针) <360>:↙
> 旋转阵列对象? [是(Y)/否(N)] <是>: ↙
> 指定阵列的中心点: 单击"对象捕捉"工具栏中的"捕捉到圆心"按钮 ◎
> _cen 于: 捕捉圆环的圆心
> 指定旋转轴上的第二点: 单击"对象捕捉"工具栏中的"捕捉到圆心"按钮 ◎
> _cen 于: 捕捉球的球心

单击"视图"选项卡"视觉样式"面板中的"隐藏"按钮 ⬡，进行消隐处理后的图形如图 11-42 所示。

（9）创建长方体。在命令行直接输入"Box"，或单击"三维工具"选项卡"建模"面板中的"长方体"按钮 ▢，以指定中心点的方式创建长方体，长方体的中心点为坐标原点，长、宽、高分别为 15、15、120。

（10）差集运算。在命令行直接输入"Subtract"，或单击"三维工具"选项卡"实体编辑"面板中的"差集"按钮 ◎，将创建的长方体与球体进行差集运算，结果如图 11-43 所示。

（11）剖切处理。在命令行直接输入"Slice"，或单击"三维工具"选项卡"实体编辑"面板中的"剖切"按钮 ，对球体进行对称剖切（具体操作方法将在 11.5.1 节详细讲解），如图 11-44 所示。

图 11-42　阵列圆柱体

图 11-43　差集运算后的手轮

图 11-44　剖切球体

（12）并集运算。在命令行直接输入"Union"，或单击"三维工具"选项卡"实体编辑"面板中的"并集"按钮 ，将阵列的圆柱体与球体及圆环进行并集运算。

（13）改变视觉样式。单击"视图"选项卡"视觉样式"面板中的"概念"按钮 ，最终显示效果如图 11-37 所示。

11.4　实体三维操作

11.4.1　倒角

【执行方式】

- 命令行：CHAMFER（快捷命令：CHA）。
- 菜单栏：选择菜单栏中的"修改"→"倒角"命令。
- 工具栏：单击"修改"工具栏中的"倒角"按钮 。
- 功能区：单击"默认"选项卡"修改"面板中的"倒角"按钮 。

【操作步骤】

命令行提示与操作如下。

```
命令：CHAMFER✓
（"修剪"模式）当前倒角距离 1 = 0.0000，距离 2 = 0.0000
选择第一条直线或 [放弃(U)/多段线(P)/距离(D)/角度(A)/修剪(T)/方式(E)/多个(M)]：
```

【选项说明】

（1）选择第一条直线：选择实体的一条边，此选项为系统的默认选项。选择某一条边以后，与此边相邻的两个面中的一个面的边框就变成虚线。选择实体上要倒直角的边后，命令行提示如下。

```
基面选择...
输入曲面选择选项 [下一个(N)/当前(OK)] <当前(OK)>：
```

该提示要求选择基面，默认选项是当前，即以虚线表示的面作为基面。如果选择"下一个（N）"

选项，则以与所选边相邻的另一个面作为基面。

选择好基面后，命令行继续出现如下提示。

> 指定基面倒角距离或 [表达式(E)]：输入基面上的倒角距离
> 指定其他曲面倒角距离或 [表达式(E)] <2.0000>：输入与基面相邻的另一个面上的倒角距离
> 选择边或 [环(L)]：

① 选择边：确定需要进行倒角的边，此项为系统的默认选项。选择基面的某一边后，命令行提示如下。

> 选择边或 [环(L)]：

在此提示下，按<Enter>键对选择好的边进行倒直角，也可以继续选择其他需要倒直角的边。

② 选择环：对基面上所有的边都进行倒直角。

（2）其他选项：与二维斜角类似，此处不再赘述。

如图 11-45 所示为对长方体倒角的结果。

 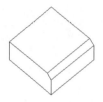 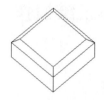

（a）选择倒角边"1"　　（b）选择边倒角结果　　（c）选择环倒角结果

图 11-45　对实体棱边倒角

11.4.2　圆角

【执行方式】

- 命令行：FILLET（快捷命令：F）。
- 菜单栏：选择菜单栏中的"修改"→"圆角"命令。
- 工具栏：单击"修改"工具栏中的"圆角"按钮 。
- 功能区：单击"默认"选项卡"修改"面板中的"圆角"按钮 。

【操作步骤】

命令行提示与操作如下。

> 命令：FILLET↙
> 当前设置：模式 = 修剪，半径 = 0.0000
> 选择第一个对象或 [放弃(U)/多段线(P)/半径(R)/修剪(T)/多个(M)]：选择实体上的一条边
> 输入圆角半径或 [表达式（E）]：输入圆角半径↙
> 选择边或 [链(C)/环（L）/半径(R)]：

选择"链（C）"选项，表示与此边相邻的边都被选中，并进行倒圆角的操作。如图 11-46 所示为对长方体倒圆角的结果。

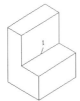 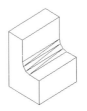 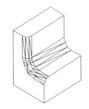

（a）选择倒圆角边"1"　　（b）边倒圆角结果　　（c）链倒圆角结果

图 11-46　对实体棱边倒圆角

11.4.3　干涉检查

干涉检查主要通过对比两组对象或一对一地检查所有实体来检查实体模型中的干涉（三维实体相交或重叠的区域），系统将在实体相交处创建和亮显临时实体。

干涉检查常用于检查装配体立体图是否干涉，从而判断设计是否正确。

📏【执行方式】

- 命令行：INTERFERE（快捷命令：INF）。
- 菜单栏：选择菜单栏中的"修改"→"三维操作"→"干涉检查"命令。

🖱【操作步骤】

在此以如图 11-47 所示的零件图为例进行干涉检查。命令行提示与操作如下。

```
命令：INTERFERE↙
选择第一组对象或 [嵌套选择(N)/设置(S)]：选择图 11-47（a）中的手柄
选择第一组对象或 [嵌套选择(N)/设置(S)]：↙
选择第二组对象或 [嵌套选择(N)/检查第一组(K)] <检查>：选择图 11-47（b）中的套环
选择第二组对象或 [嵌套选择(N)/检查第一组(K)] <检查>：↙
```

（a）零件图　　　　　　　　　　　　　　　　　　　　（b）装配图

图 11-47　干涉检查

系统打开"干涉检查"对话框，如图 11-48 所示。在该对话框中列出了找到的干涉对数量，并可以通过"上一个"和"下一个"按钮来亮显干涉对，如图 11-49 所示。

图 11-48 "干涉检查"对话框 1

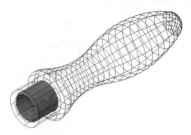

图 11-49 亮显干涉对

👉【选项说明】

（1）嵌套选择（N）：选择该选项，用户可以选择嵌套在块和外部参照中的单个实体对象。

（2）设置（S）：选择该选项，系统打开"干涉设置"对话框，如图 11-50 所示，可以设置干涉的相关参数。

11.4.4 实例——手柄的创建

创建如图 11-51 所示的手柄。

图 11-50 "干涉设置"对话框 2

图 11-51 手柄

（1）设置线框密度。命令行提示与操作如下。

```
命令：ISOLINES✓
输入 ISOLINES 的新值 <4>：10✓
```

（2）绘制手柄把截面。

① 在命令行输入"Circle"，或单击"默认"选项卡"绘图"面板上的"圆"下拉菜单中的"圆心，半径"按钮⊙，绘制半径为 13 的圆。

② 在命令行输入"Xline"，或单击"默认"选项卡"绘图"面板中的"构造线"按钮✕，过 R13 圆的圆心绘制竖直与水平辅助线，绘制结果如图 11-52 所示。

③ 在命令行输入"Offset"，或单击"默认"选项卡"修改"面板中的"偏移"按钮⊕，将竖

直辅助线向右偏移 83。

④ 单击"默认"选项卡"绘图"面板上的"圆"下拉菜单中的"圆心，半径"按钮⊘，捕捉最右边竖直辅助线与水平辅助线的交点，绘制半径为 7 的圆，绘制结果如图 11-53 所示。

⑤ 单击"默认"选项卡"修改"面板中的"偏移"按钮⧉，将水平辅助线向上偏移 13。

⑥ 单击"默认"选项卡"绘图"面板上的"圆"下拉菜单中的"相切，相切，半径"按钮⊘，绘制与 R7 圆及偏移水平辅助线相切、半径为 65 的圆；继续绘制与 R65 圆及 R13 圆相切、半径为 45 的圆，绘制结果如图 11-54 所示。

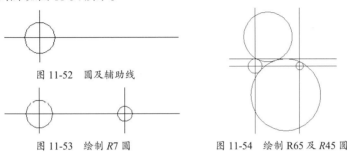

图 11-52　圆及辅助线

图 11-53　绘制 R7 圆　　　　图 11-54　绘制 R65 及 R45 圆

⑦ 在命令行输入"Trim"，或单击"默认"选项卡"修改"面板中的"修剪"按钮 ⊹，对所绘制的图形进行修剪，修剪结果如图 11-55 所示。

⑧ 单击"默认"选项卡"修改"面板中的"删除"按钮 ✍，删除辅助线。单击"默认"选项卡"绘图"面板中的"直线"按钮 ／，绘制直线。

⑨ 在命令行输入"Region"，或单击"默认"选项卡"绘图"面板中的"面域"按钮 ▣，选择全部图形创建面域，结果如图 11-56 所示。

（3）旋转操作。在命令行输入"Revolve"，或单击"三维工具"选项卡"建模"面板中的"旋转"按钮 ⬡，以水平线为旋转轴，旋转创建的面域。单击"可视化"选项卡"视图"面板上的"视图"下拉菜单中的"西南等轴测"按钮 ◈，切换到西南等轴测视图，结果如图 11-57 所示。

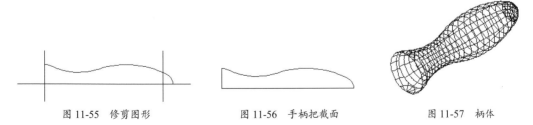

图 11-55　修剪图形　　　　图 11-56　手柄把截面　　　　图 11-57　柄体

（4）重新设置坐标系。单击"可视化"选项卡"视图"面板上的"视图"下拉菜单中的"左视"按钮 ⬚，切换到左视图。在命令行输入"Ucs"，命令行提示与操作如下。

```
命令：Ucs✓
当前 UCS 名称：*世界*
指定 UCS 的原点或 [面(F)/命名(NA)/对象(OB)/上一个(P)/视图(V)/世界(W)/X/Y/Z/Z 轴
(ZA)] <世界>：同时按<Shift>键和鼠标右键，在打开的快捷菜单中选择"圆心"命令
```

```
_cen 于: 捕捉圆心
```

（5）创建圆柱。在命令行输入"Cylinder"，或单击"三维工具"选项卡"建模"面板中的"圆柱体"按钮，以坐标原点为圆心，创建高为 15、半径为 8 的圆柱体。单击"可视化"选项卡"视图"面板上的"视图"下拉菜单中的"西南等轴测"按钮，切换到西南等轴测视图，结果如图 11-58 所示。

（6）对圆柱进行倒角操作。单击"默认"选项卡"修改"面板中的"倒角"按钮，命令行提示与操作如下。

```
命令: _ chamfer
("修剪"模式) 当前倒角距离 1 = 0.0000, 距离 2 = 0.0000
选择第一条直线或 [放弃(U)/多段线(P)/距离(D)/角度(A)/修剪(T)/方式(E)/多个(M)]: 选择
圆柱顶面边缘
输入曲面选择选项 [下一个(N)/当前(OK)] <当前>:↙
指定基面的倒角距离: 2↙
指定其他曲面的倒角距离 <2.0000>:↙
```

倒角结果如图 11-59 所示。

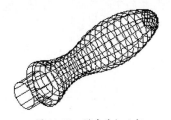

图 11-58　创建手柄头部

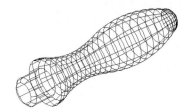

图 11-59　倒角

（7）并集运算。在命令行直接输入"Union"，或单击"三维工具"选项卡"实体编辑"面板中的"并集"按钮，将手柄头部与手柄把进行并集运算。

（8）倒圆角操作。单击"默认"选项卡"修改"面板中的"圆角"按钮，命令行提示与操作如下。

```
命令: _fillet
当前设置: 模式 = 修剪, 半径 = 0.0000
选择第一个对象或 [放弃(U)/多段线(P)/半径(R)/修剪(T)/多个(M)]: 选择手柄头部与柄体的
交线
输入圆角半径或[表达式(E)]: 1↙
选择边或 [链(C)/ 环(L)/半径(R)]: ↙
已选定 1 个边用于圆角
```

采用同样的方法，对柄体端面圆进行倒圆角处理，半径为 1。

（9）改变视觉样式。单击"视图"选项卡"视觉样式"面板上的"视觉样式"下拉菜单中的"概念"按钮，最终显示效果如图 11-51 所示。

11.5　特殊视图

11.5.1　剖切

✏ 【执行方式】

- 命令行：SLICE（快捷命令：SL）。
- 菜单栏：选择菜单栏中的"修改"→"三维操作"→"剖切"命令。
- 功能区：单击"三维工具"选项卡"实体编辑"面板中的"剖切"按钮✂。

🖱 【操作步骤】

命令行提示与操作如下。

```
命令: SLICE↙
选择要剖切的对象: 选择要剖切的实体
选择要剖切的对象: 继续选择或按<Enter>键结束选择
指定切面的起点或 [平面对象(O)/曲面（S）/Z 轴(Z)/视图(V)/XY(XY)/YZ(YZ)/ZX(ZX)/三点(3)] <三点>:
```

🗇 【选项说明】

（1）平面对象（O）：将所选对象的所在平面作为剖切面。

（2）曲面（S）：将剪切平面与曲面对齐。

（3）Z 轴（Z）：通过平面指定一点与在平面的 Z 轴（法线）上指定另一点来定义剖切平面。

（4）视图（V）：以平行于当前视图的平面作为剖切面。

（5）XY（XY）/YZ（YZ）/ZX（ZX）：将剖切平面与当前用户坐标系（UCS）的 *XY* 平面/*YZ* 平面/*ZX* 平面对齐。

（6）三点（3）：根据空间的 3 个点确定的平面作为剖切面。确定剖切面后，系统会提示保留一侧或两侧。

如图 11-60 所示为剖切三维实体图。

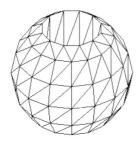

（a）剖切前的三维实体　　　　　　　（b）剖切后的三维实体

图 11-60　剖切三维实体

11.5.2 剖切截面

【执行方式】

命令行：SECTION（快捷命令：SEC）。

【操作步骤】

命令行提示与操作如下。

> 命令：SECTION↙
> 选择对象：选择要剖切的实体
> 指定截面上的第一个点，依照 [对象(O)/Z 轴(Z)/视图(V)/XY/YZ/ZX/三点(3)] <三点>：指定一点或输入一个选项

如图 11-61 所示为断面图形。

（a）剖切平面与断面   （b）移出的断面图形   （c）填充剖面线的断面图形

图 11-61   断面图形

11.5.3 截面平面

通过截面平面功能可以创建实体对象的二维截面平面或三维截面实体。

【执行方式】

- 命令行：SECTIONPLANE。
- 菜单栏：选择菜单栏中的"绘图"→"建模"→"截面平面"命令。
- 功能区：单击"三维工具"选项卡"截面"面板中的"截面平面"按钮 （如图 11-62 所示）。

图 11-62   "截面"面板

【操作步骤】

命令行提示与操作如下。

命令：sectionplane✓
选择面或任意点以定位截面线或 [绘制截面(D)/正交(O)]：

【选项说明】

1. 选择面或任意点以定位截面线

（1）选择绘图区的任意点（不在面上）可以创建独立于实体的截面对象。第一点可创建截面对象旋转所围绕的点，第二点可创建截面对象。如图 11-63 所示为在手柄主视图上指定两点创建一个截面平面。如图 11-64 所示为转换到西南等轴测视图的情形，图中半透明的平面为活动截面，实线为截面控制线。

图 11-63 创建截面   图 11-64 西南等轴测视图

单击活动截面平面，显示编辑夹点，如图 11-65 所示，其功能分别介绍如下。

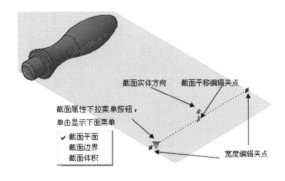

图 11-65 截面编辑夹点

① 截面实体方向箭头：表示生成截面实体时所要保留的一侧，单击该箭头，则反向。

② 截面平移编辑夹点：选中并拖动该夹点，截面沿其法向平移。

③ 宽度编辑夹点：选中并拖动该夹点，可以调节截面宽度。

④ 截面属性下拉菜单按钮：单击该按钮，显示当前截面的属性，包括截面平面（如图 11-65 所示）、截面边界（如图 11-66 所示）、截面体积（如图 11-67 所示）3 种，分别显示截面平面相关操作的作用范围，调节相关夹点，可以调整范围。

（2）选择实体或面域上的面可以产生与该面重合的截面对象。

（3）快捷菜单。在截面平面编辑状态下单击鼠标右键，系统打开快捷菜单，如图 11-68 所示。其中几个主要选项介绍如下。

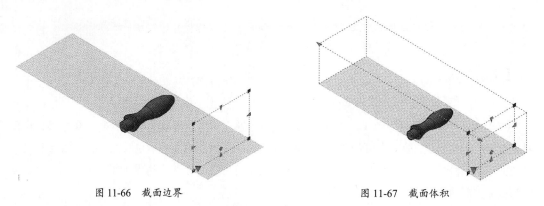

图 11-66　截面边界　　　　　　　　　　　　　　　图 11-67　截面体积

① 激活活动截面：选择该选项，活动截面被激活，可以对其进行编辑，同时原对象不可见，如图 11-69 所示。

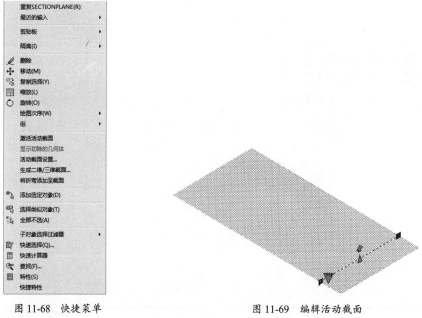

图 11-68　快捷菜单　　　　　　　　　　　　图 11-69　编辑活动截面

② 活动截面设置：选择该选项，打开"截面设置"对话框，可以设置截面各参数，如图 11-70 所示。

③ 生成二维/三维截面：选择该选项，系统打开"生成截面/立面"对话框，如图 11-71 所示。设置相关参数后，单击"创建"按钮，即可创建相应的图块或文件。在如图 11-72 所示的截面平面位置创建的三维截面如图 11-73 所示，如图 11-74 所示为对应的二维截面。

④ 将折弯添加至截面：选择该选项，系统提示添加折弯到截面的一端，并可以编辑折弯的位置和高度。在图 11-74 所示的基础上添加折弯后的截面平面如图 11-75 所示。

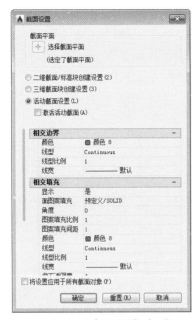

图 11-70　"截面设置"对话框

图 11-71　"生成截面/立面"对话框

图 11-72　截面平面位置

图 11-73　三维截面

图 11-74　二维截面

图 11-75　折弯后的截面平面

2. 绘制截面（D）

定义具有多个点的截面对象以创建带有折弯的截面线。选择该选项，命令行提示与操作如下。

指定起点：指定点 1
指定下一点：指定点 2
指定下一个点或按 ENTER 键完成：指定点 3 或按<Enter>键
指定截面视图的方向指定点：指定点以指示剪切平面的方向

该选项将创建处于"截面边界"状态的截面对象，并且活动截面会关闭，该截面线可以带有折弯，如图 11-76 所示。

图 11-76　折弯截面

如图 11-77 所示为按图 11-76 设置截面生成的三维截面对象，如图 11-78 所示为对应的二维截面。

图 11-77　三维截面

图 11-78　二维截面

3. 正交（O）

将截面对象与相对于 UCS 的正交方向对齐。选择该选项，命令行提示如下。

> 将截面对齐至：[前(F)/后(A)/顶部(T)/底部(B)/左(L)/右(R)] <顶部>：

选择该选项后，将以相对于 UCS（不是当前视图）的指定方向创建截面对象，并且该对象将包含所有三维对象。该选项将创建处于"截面边界"状态的截面对象，并且活动截面会打开。

选择该选项，可以很方便地创建工程制图中的剖视图。UCS 处于如图 11-79 所示的位置，如图 11-80 所示为对应的左向截面。

图 11-79　UCS 位置

图 11-80　左向截面

11.5.4　实例——连接轴环的绘制

绘制如图 11-81 所示的连接轴环。

图 11-81　连接轴环

（1）单击"默认"选项卡"绘图"面板中的"多段线"按钮 ，命令行提示与操作如下。

```
命令: _pline
指定起点: -200,150
当前线宽为 0.0000
指定下一个点或 [圆弧(A)/半宽(H)/长度(L)/放弃(U)/宽度(W)]: @400,0
指定下一点(按住<Ctrl>键以切换方向)或[圆弧(A)/闭合(C)/半宽(H)/长度(L)/放弃(U)/宽度
(W)]: a
指定圆弧的端点或[角度(A)/圆心(CE)/闭合(CL)/方向(D)/半宽(H)/直线(L)/半径(R)/第二个
点(S)/放弃(U)/宽度(W)]: r
指定圆弧的半径: 50
指定圆弧的端点(按住<Ctrl>键以切换方向)或 [角度(A)]: a
指定夹角: -180
指定圆弧的弦方向(按住<Ctrl>键以切换方向) <0>: -90
指定圆弧的端点(按住<Ctrl>键以切换方向)或[角度(A)/圆心(CE)/闭合(CL)/方向(D)/半宽
(H)/直线(L)/半径(R)/第二个点(S)/放弃(U)/宽度(W)]: r
指定圆弧的半径: 50
指定圆弧的端点(按住<Ctrl>键以切换方向)或 [角度(A)]: @0,-100
指定圆弧的端(按住<Ctrl>键以切换方向)点或[角度(A)/圆心(CE)/闭合(CL)/方向(D)/半宽
(H)/直线(L)/半径(R)/第二个点(S)/放弃(U)/宽度(W)]: r
指定圆弧的半径: 50
指定圆弧的端点(按住<Ctrl>键以切换方向)或 [角度(A)]: a
指定夹角: -180
指定圆弧的弦方向(按住<Ctrl>键以切换方向)<0>: -90
指定圆弧的端点(按住<Ctrl>键以切换方向)或[角度(A)/圆心(CE)/闭合(CL)/方向(D)/半宽
(H)/直线(L)/半径(R)/第二个点(S)/放弃(U)/宽度(W)]: l
指定下一点或 [圆弧(A)/闭合(C)/半宽(H)/长度(L)/放弃(U)/宽度(W)]: @-400,0
指定下一点或 [圆弧(A)/闭合(C)/半宽(H)/长度(L)/放弃(U)/宽度(W)]: a
指定圆弧的端点(按住<Ctrl>键以切换方向)或[角度(A)/圆心(CE)/闭合(CL)/方向(D)/半宽
(H)/直线(L)/半径(R)/第二个点(S)/放弃(U)/宽度(W)]: r
指定圆弧的半径: 50
指定圆弧的端点(按住<Ctrl>键以切换方向)或 [角度(A)]: a
指定夹角: -180
```

指定圆弧的弦方向(按住<Ctrl>键以切换方向)<180>: 90

指定圆弧的端点(按住<Ctrl>键以切换方向)或[角度(A)/圆心(CE)/闭合(CL)/方向(D)/半宽
(H)/直线(L)/半径(R)/第二个点(S)/放弃(U)/宽度(W)]: r

指定圆弧的半径: 50

指定圆弧的端点(按住<Ctrl>键以切换方向)或[角度(A)]: @0,100

指定圆弧的端点(按住<Ctrl>键以切换方向)或[角度(A)/圆心(CE)/闭合(CL)/方向(D)/半宽
(H)/直线(L)/半径(R)/第二个点(S)/放弃(U)/宽度(W)]: r

指定圆弧的半径: 50

指定圆弧的端点(按住<Ctrl>键以切换方向)或[角度(A)]: a

指定夹角: -180

指定圆弧的弦方向(按住<Ctrl>键以切换方向)<180>: 90

指定圆弧的端点(按住<Ctrl>键以切换方向)或[角度(A)/圆心(CE)/闭合(CL)/方向(D)/半宽
(H)/直线(L)/半径(R)/第二个点(S)/放弃(U)/宽度(W)]:

绘制结果如图 11-82 所示。

（2）单击"默认"选项卡"绘图"面板中的"圆"按钮⊘，以（–200,–100）为圆心，以 30
为半径绘制圆，绘制结果如图 11-83 所示。

图 11-82　绘制多线段

图 11-83　绘制圆

（3）单击"默认"选项卡"修改"面板中的"矩形阵列"按钮▦，阵列对象选择圆，设为两
行两列，选择行偏移为 200，列偏移为 400，绘制结果如图 11-84 所示。

（4）单击"三维工具"选项卡"建模"面板中的"拉伸"按钮🗗，拉伸高度为 30。单击"视
图"选项卡"视图"面板中"视图"下拉菜单下的"西南等轴测"按钮◈，切换视图，如图 11-85
所示。

图 11-84　阵列

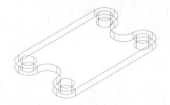

图 11-85　拉伸之后的西南等轴测视图

（5）单击"三维工具"选项卡"实体编辑"面板中的"差集"按钮◎，将多线段生成的柱体
与 4 个圆柱进行差集运算，消隐之后如图 11-86 所示。

（6）单击"三维工具"选项卡"建模"面板中的"长方体"按钮▱，以（–130,–150,0）和
（130,150,200）为角点绘制长方体。

（7）单击"三维工具"选项卡"建模"面板中的"圆柱体"按钮，绘制底面中心点为（130,0,200）、底面半径为150、轴端点为（-130,0,200）的圆柱体，如图11-87所示。

图 11-86　差集处理

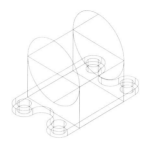

图 11-87　绘制长方体和圆柱

（8）单击"三维工具"选项卡"实体编辑"面板中的"并集"按钮，选择长方体和圆柱进行并集运算，消隐之后如图11-88所示。

（9）单击"三维工具"选项卡"建模"面板中的"圆柱体"按钮，绘制底面中心点为（-130,0,200）、底面半径为80、轴端点为（130,0,200）的圆柱体。

（10）单击"三维工具"选项卡"实体编辑"面板中的"差集"按钮，将实体的轮廓与上述圆柱进行差集运算，消隐之后如图11-89所示。

（11）单击"三维工具"选项卡"实体编辑"面板中"剖切"按钮，命令行提示与操作如下。

```
命令：SLICE
选择要剖切的对象：选择轴环部分
选择要剖切的对象：
指定 切面 的起点或 [平面对象(O)/曲面(S)/Z 轴(Z)/视图(V)/XY/YZ/ZX/三点(3)] <三点>：3
指定平面上的第一个点：-130,-150,30
指定平面上的第二个点：-130,150,30
指定平面上的第三个点：-50,0,350
选择要保留的剖切对象或 [保留两个侧面(B)] <保留两个侧面>：选择如图11-89所示的一侧
```

（12）单击"三维工具"选项卡"实体编辑"面板中的"并集"按钮，选择图形进行并集运算，消隐之后如图11-90所示。

图 11-88　并集处理

图 11-89　差集处理

图 11-90　连接轴环

11.6 编辑实体

11.6.1 拉伸面

📏 **【执行方式】**

- 命令行：SOLIDEDIT。
- 菜单栏：选择菜单栏中的"修改"→"实体编辑"→"拉伸面"命令。
- 工具栏：单击"实体编辑"工具栏中的"拉伸面"按钮🔳。
- 功能区：单击"三维工具"选项卡"实体编辑"面板中的"拉伸面"按钮🔳。

🖱 **【操作步骤】**

命令行提示与操作如下。

```
命令：_solidedit
实体编辑自动检查：SOLIDCHECK=1
输入实体编辑选项 [面(F)/边(E)/体(B)/放弃(U)/退出(X)] <退出>：_face
输入面编辑选项[拉伸(E)/移动(M)/旋转(R)/偏移(O)/倾斜(T)/删除(D)/复制(C)/颜色(L)/材
质(A)/放弃(U)/退出(X)] <退出>：_extrude
选择面或 [放弃(U)/删除(R)]：选择要进行拉伸的面
选择面或 [放弃(U)/删除(R)/全部(ALL)]：
指定拉伸高度或[路径(P)]：
```

📁 **【选项说明】**

（1）指定拉伸高度：按指定的高度值来拉伸面。指定拉伸的倾斜角度后，完成拉伸操作。

（2）路径（P）：沿指定的路径曲线拉伸面。如图 11-91 所示为拉伸长方体顶面和侧面的结果。

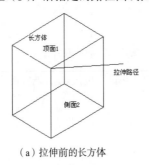

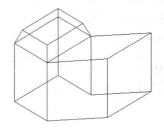

（a）拉伸前的长方体　　　　　　　　（b）拉伸后的三维实体

图 11-91　拉伸长方体

11.6.2　实例——镶块的绘制

绘制如图 11-92 所示的镶块。

（1）启动 AutoCAD，使用默认设置画图。

（2）在命令行中输入 Isolines，设置线框密度为 10。单击"视图"选项卡"视图"面板中"视图"下拉菜单下的"西南等轴测"按钮◆，

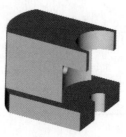

图 11-92　镶块

切换到西南等轴测视图。

（3）单击"三维工具"选项卡"建模"面板中的"长方体"按钮▢，以坐标原点为角点，创建长 50、宽 100、高 20 的长方体。

（4）单击"三维工具"选项卡"建模"面板中的"圆柱体"按钮▢，以长方体右侧面底边中点为圆心，创建半径为 50、高为 20 的圆柱。

（5）单击"三维工具"选项卡"实体编辑"面板中的"并集"按钮◎，将长方体与圆柱进行并集运算，结果如图 11-93 所示。

（6）单击"三维工具"选项卡"实体编辑"面板中的"剖切"按钮✂，以 ZX 为剖切面，分别指定剖切面上的点为（0,10,0）及（0,90,0），对实体进行对称剖切，保留实体中部，结果如图 11-94 所示。

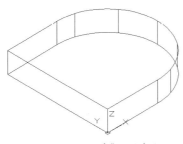

图 11-93　并集后的实体

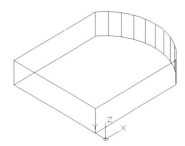

图 11-94　剖切后的实体

（7）单击"默认"选项卡"修改"面板中的"复制"按钮○，将剖切后的实体向上复制一个，如图 11-95 所示。

（8）单击"三维工具"选项卡"实体编辑"面板中的"拉伸面"按钮▣，选取实体前端面，如图 11-96 所示，设置拉伸高度为–10。继续将实体后侧面拉伸–10，结果如图 11-97 所示。

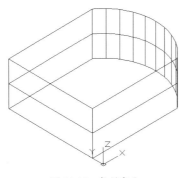

图 11-95　复制实体

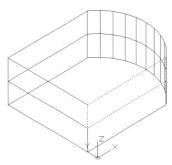

图 11-96　选取拉伸面

（9）单击"三维工具"选项卡"实体编辑"面板中的"删除面"按钮▨，选择如图 11-98 所示的面为删除面。继续将实体后部对称侧面删除，结果如图 11-99 所示。

（10）单击"三维工具"选项卡"实体编辑"面板中的"拉伸面"按钮▣，将实体顶面向上拉伸 40，结果如图 11-100 所示。

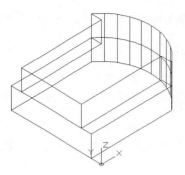

图 11-97 拉伸面操作后的实体

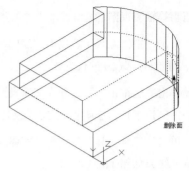

图 11-98 选取删除面

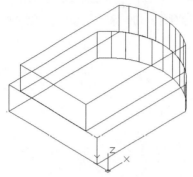

图 11-99 删除面操作后的实体

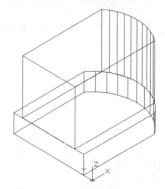

图 11-100 拉伸顶面操作后的实体

（11）单击"三维工具"选项卡"建模"面板中的"圆柱体"按钮，以实体底面左边中点为圆心，创建半径为 10、高为 20 的圆柱。同理，以 $R10$ 圆柱顶面圆心为中心点继续创建半径为 40、高为 40 及半径为 25、高为 60 的圆柱。

（12）单击"三维工具"选项卡"实体编辑"面板中的"差集"按钮，将实体与 3 个圆柱进行差集运算，结果如图 11-101 所示。

（13）在命令行输入 Ucs，将坐标原点移动到（0,50,40），并将其绕 Y 轴旋转 90°。

（14）单击"三维工具"选项卡"建模"面板中的"圆柱体"按钮，以坐标原点为圆心，创建半径为 5、高为 100 的圆柱，结果如图 11-102 所示。

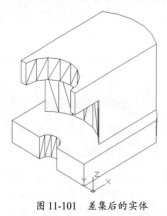

图 11-101 差集后的实体

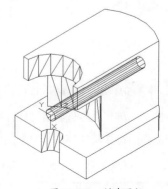

图 11-102 创建圆柱

（15）单击"三维工具"选项卡"实体编辑"面板中的"差集"按钮⊚，将实体与圆柱进行差集运算。

（16）单击"视图"选项卡"视觉样式"面板中的"渲染"按钮🫖，渲染图形。

11.6.3　移动面

📏【执行方式】

- 命令行：SOLIDEDIT。
- 菜单栏：选择菜单栏中的"修改"→"实体编辑"→"移动面"命令。
- 工具栏：单击"实体编辑"工具栏中的"移动面"按钮🔲。
- 功能区：单击"三维工具"选项卡"实体编辑"面板中的"移动面"按钮🔲。

🖱【操作步骤】

命令行提示与操作如下。

```
命令：_solidedit
实体编辑自动检查：SOLIDCHECK=1
输入实体编辑选项 [面(F)/边(E)/体(B)/放弃(U)/退出(X)] <退出>：_face
输入面编辑选项[拉伸(E)/移动(M)/旋转(R)/偏移(O)/倾斜(T)/删除(D)/复制(C)/颜色(L)/材质(A)/放弃(U)/退出(X)] <退出>：_move
选择面或 [放弃(U)/删除(R)]：选择要进行移动的面
选择面或 [放弃(U)/删除(R)/全部(ALL)]：继续选择移动面或按<Enter>键结束选择
指定基点或位移：输入具体的坐标值或选择关键点
指定位移的第二点：输入具体的坐标值或选择关键点
```

各选项的含义在前面介绍的命令中都有涉及，如有问题，请查询相关命令（如拉伸面、移动等）。如图 11-103 所示为移动三维实体的结果。

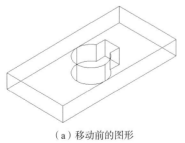

（a）移动前的图形　　　　　　　　　　　　（b）移动后的图形

图 11-103　移动三维实体

11.6.4　偏移面

📏【执行方式】

- 命令行：SOLIDEDIT。
- 菜单栏：选择菜单栏中的"修改"→"实体编辑"→"偏移面"命令。

- 工具栏：单击"实体编辑"工具栏中的"偏移面"按钮回。
- 功能区：单击"三维工具"选项卡"实体编辑"面板中的"偏移面"按钮回。

🖱 **【操作步骤】**

命令行提示与操作如下。

> 命令：_solidedit
> 实体编辑自动检查：SOLIDCHECK=1
> 输入实体编辑选项 [面(F)/边(E)/体(B)/放弃(U)/退出(X)] <退出>：_face
> 输入面编辑选项[拉伸(E)/移动(M)/旋转(R)/偏移(O)/倾斜(T)/删除(D)/复制(C)/颜色(L)/材质（A）/放弃(U)/退出（X）] <退出>：_offset
> 选择面或 [放弃(U)/删除(R)]：选择要进行偏移的面
> 指定偏移距离：输入要偏移的距离值

如图 11-104 所示为通过偏移面命令改变哑铃手柄大小的结果。

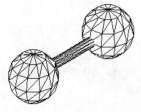 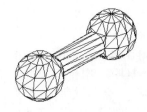

（a）偏移前　　　　　　　　　　　　　　　（b）偏移后

图 11-104　　偏移对象

11.6.5　抽壳

📏 **【执行方式】**

- 命令行：SOLIDEDIT。
- 菜单栏：选择菜单栏中的"修改"→"实体编辑"→"抽壳"命令。
- 工具栏：单击"实体编辑"工具栏中的"抽壳"按钮回。
- 功能区：单击"三维工具"选项卡"实体编辑"面板中的"抽壳"按钮回。

🖱 **【操作步骤】**

命令行提示与操作如下。

> 命令：_solidedit
> 实体编辑自动检查：SOLIDCHECK=1
> 输入实体编辑选项 [面(F)/边(E)/体(B)/放弃(U)/退出(X)] <退出>：_body
> 输入体编辑选项[压印(I)/分割实体(P)/抽壳(S)/清除(L)/检查(C)/放弃(U)/退出(X)] <退出>：s
> 选择三维实体：选择三维实体
> 删除面或 [放弃(U)/添加(A)/全部(ALL)]：选择开口面
> 输入抽壳偏移距离：指定壳体的厚度值

如图 11-105 所示为利用抽壳命令创建的花盆。

（a）创建初步轮廓　　　　　（b）完成创建　　　　　（c）消隐结果

图 11-105　花盆

【技巧荟萃】

抽壳是用指定的厚度创建一个空的薄层。可以为所有面指定一个固定的薄层厚度，通过选择面可以将这些面排除在壳外。一个三维实体只能有一个壳，通过将现有面偏移出其原位置来创建新的面。

"编辑实体"命令的其他选项功能与上面几项类似，这里不再赘述。

11.6.6　实例——顶针的绘制

绘制如图 11-106 所示的顶针。

图 11-106　顶针

（1）用 LIMITS 命令设置图幅：297×210。

（2）设置对象上每个曲面的轮廓线数目为 10。

（3）将当前视图设置为西南等轴测方向，将坐标系绕 X 轴旋转 90°。以坐标原点为圆锥底面中心，创建半径为 30、高为–50 的圆锥。以坐标原点为圆心，创建半径为 30、高为 70 的圆柱。绘制结果如图 11-107 所示。

（4）单击"三维工具"选项卡"实体编辑"面板中的"剖切"按钮，选取圆锥，以 ZX 平面为剖切面，指定剖切面上的点为（0,10），对圆锥进行剖切，保留圆锥下部，结果如图 11-108 所示。

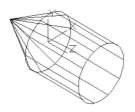
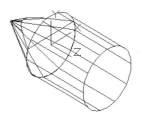

图 11-107　绘制圆锥及圆柱　　　　　　　　图 11-108　剖切圆锥

（5）单击"三维工具"选项卡"实体编辑"面板中的"并集"按钮 ⑩，选择圆锥与圆柱体进行并集运算。

（6）单击"三维工具"选项卡"实体编辑"面板中的"拉伸面"按钮 ⑩，命令行提示与操作如下。

```
命令：_solidedit
实体编辑自动检查： SOLIDCHECK=1
输入实体编辑选项 [面(F)/边(E)/体(B)/放弃(U)/退出(X)] <退出>：_face
输入面编辑选项
[拉伸(E)/移动(M)/旋转(R)/偏移(O)/倾斜(T)/删除(D)/复制(C)/颜色(L)/材质(A)/放弃
(U)/退出(X)] <退出>：
_extrude
选择面或 [放弃(U)/删除(R)]：选取如图 11-109 所示的实体表面
指定拉伸高度或 [路径(P)]：-10
指定拉伸的倾斜角度 <0>：
已开始实体校验。
已完成实体校验。
输入面编辑选项
[拉伸(E)/移动(M)/旋转(R)/偏移(O)/倾斜(T)/删除(D)/复制(C)/颜色(L)/材质(A)/放弃
(U)/退出(X)] <退出>：
实体编辑自动检查： SOLIDCHECK=1
输入实体编辑选项 [面(F)/边(E)/体(B)/放弃(U)/退出(X)] <退出>：
```

结果如图 11-110 所示。

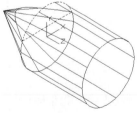

图 11-109　选取拉伸面

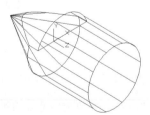

图 11-110　拉伸后的实体

（7）将当前视图设置为左视图方向，以（10,30,-30）为圆心，创建半径为 20、高为 60 的圆柱；以（50,0,-30）为圆心，创建半径为 10、高为 60 的圆柱。结果如图 11-111 所示。

（8）单击"三维工具"选项卡"实体编辑"面板中的"差集"按钮 ⑩，选择实体图形与两个圆柱体进行差集运算，结果如图 11-112 所示。

（9）单击"三维工具"选项卡"建模"面板中的"长方体"按钮 ⑩，以（35,0,-10）为角点，创建长 30、宽 30、高 20 的长方体，然后将实体与长方体进行差集运算，消隐后的结果如图 11-113 所示。

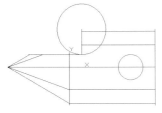
图 11-111　创建圆柱

图 11-112　差集运算后的实体

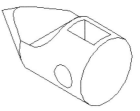
图 11-113　消隐后的差集实体

（10）单击"视图"选项卡"选项卡"面板中的"材质浏览器"按钮 ⊗，在材质选项板中选择适当的材质。单击"可视化"选项卡"渲染"面板中的"渲染"按钮 🍲，对实体进行渲染，渲染后的结果如图 11-106 所示。

（11）单击"快速访问工具栏"中的"保存"按钮 💾，将绘制完成的图形以"顶针立体图.dwg"为文件名保存在指定的路径中。

11.7　渲染实体

渲染是对三维图形对象加上颜色和材质因素，或灯光、背景、场景等因素的操作，能够更真实地表达图形的外观和纹理。渲染是输出图形前的关键步骤，尤其是在效果图的设计中。

11.7.1　贴图

贴图的功能是在实体附着带纹理的材质后，调整实体或面上纹理贴图的方向。当材质被映射后，调整材质以适应对象的形状，将合适的材质贴图类型应用到对象中，可以使之更加适合于对象。

📏【执行方式】

- 命令行：MATERIALMAP。
- 菜单栏：选择菜单栏中的"视图"→"渲染"→"贴图"命令（如图 11-114 所示）。

图 11-114　"贴图"子菜单

- 工具栏：单击"渲染"工具栏中的"贴图"按钮（如图 11-115 所示）或"贴图"工具栏中的"贴图"按钮（如图 11-116 所示）。

图 11-115　"渲染"工具栏

图 11-116　"贴图"工具栏

【操作步骤】

命令行提示与操作如下。

命令：MATERIALMAP↙
选择选项[长方体(B)/平面(P)/球面(S)/柱面(C)/复制贴图至(Y)/重置贴图(R)]<长方体>：

【选项说明】

（1）长方体（B）：将图像映射到类似长方体的实体上。该图像将在对象的每个面上重复使用。

（2）平面（P）：将图像映射到对象上，就像将其从幻灯片投影器投影到二维曲面上一样，图像不会失真，但是会被缩放以适应对象。该贴图最常用于面。

（3）球面（S）：在水平和垂直两个方向上同时使图像弯曲。纹理贴图的顶边在球体的"北极"压缩为一个点；同样，底边在"南极"压缩为一个点。

（4）柱面（C）：将图像映射到圆柱形对象上，水平边将一起弯曲，但顶边和底边不会弯曲，图像的高度将沿圆柱体的轴进行缩放。

（5）复制贴图至（Y）：将贴图从原始对象或面应用到选定对象。

（6）重置贴图（R）：将 UV 坐标重置为贴图的默认坐标。

如图 11-117 所示为球面贴图实例。

贴图前　　　　　　　　　　　　　贴图后

图 11-117　球面贴图

11.7.2　材质

1. 附着材质

AutoCAD 2015 附着材质的方式与以前版本有很大的不同，AutoCAD 2015 将常用的材质都集成到工具选项板中。具体附着材质的步骤如下。

（1）单击"视图"选项卡"选项板"面板中的"材质浏览器"按钮 ⊛，打开"材质浏览器"选项板，如图 11-118 所示。

（2）选择需要的材质类型，直接拖动到对象上，如图 11-119 所示，这样材质就附着了。当将视觉样式转换成"真实"时，显示出附着材质后的图形，如图 11-120 所示。

图 11-118 "材质浏览器"选项板

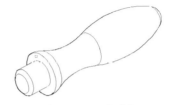

图 11-119 指定对象

图 11-120 附着材质后

2. 设置材质

【执行方式】

- 命令行：RMAT。
- 命令行：mateditoropen。
- 菜单栏：选择菜单栏中的"视图"→"渲染"→"材质编辑器"命令。
- 工具栏：单击"渲染"工具栏中的"材质编辑器"按钮。
- 功能区：单击"视图"选项卡"选项板"面板中的"材质编辑器"按钮。

执行上述操作后，系统打开如图 11-121 所示的"材质编辑器"选项板。通过该选项板，可以对材质的有关参数进行设置。

11.7.3 渲染

1. 高级渲染设置

图 11-121 "材质编辑器"选项板

【执行方式】

- 命令行：RPREF（快捷命令：RPR）。
- 菜单栏：选择菜单栏中的"视图"→"渲染"→"高级渲染设置"命令。
- 工具栏：单击"渲染"工具栏中的"高级渲染设置"按钮。
- 功能区：单击"视图"选项卡"选项板"面板中的"渲染"按钮。

执行上述操作后，系统打开如图 11-122 所示的"高级渲染设置"选项板。通过该选项板，可以对渲染的有关参数进行设置。

2. 渲染

【执行方式】

- 命令行：RENDER（快捷命令：RR）。
- 菜单栏：选择菜单栏中的"视图"→"渲染"→"渲染"命令。
- 工具栏：单击"渲染"工具栏中的"渲染"按钮 。
- 功能区：单击"可视化"选项卡"渲染"面板上"渲染"下拉菜单中的"渲染"按钮 。

执行上述操作后，系统打开如图 11-123 所示的"渲染"对话框，显示渲染结果和相关参数。

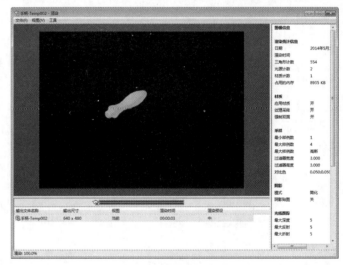

图 11-122 "高级渲染设置"选项板   图 11-123 "渲染"对话框

【技巧荟萃】

在 AutoCAD 2015 中，渲染代替了传统的建筑、机械和工程图形使用水彩、有色蜡笔和油墨等生成最终演示的渲染效果图。渲染图形的过程一般分为以下 4 步。

（1）准备渲染模型，包括遵从正确的绘图技术，删除消隐面，创建光滑的着色网格和设置视图的分辨率。

（2）创建和放置光源，以及创建阴影。

（3）定义材质并建立材质与可见表面间的联系。

（4）进行渲染，包括检验渲染对象的准备、照明和颜色的选择。

11.7.4 实例——阀体的创建

创建如图 11-124 所示的阀体。

图 11-124　阀体

（1）设置线框密度。在命令行中输入"Isolines"，设置线框密度为 10。单击"视图"选项卡"视图"面板中"视图"下拉菜单下的"西南等轴测"按钮，切换到西南等轴测视图。

（2）设置用户坐标系。在命令行输入"Ucs"，将其绕 X 轴旋转 90°。

（3）创建长方体。单击"三维工具"选项卡"建模"面板中的"长方体"按钮，以（0,0,0）为中心点，创建长为 75、宽为 75、高为 12 的长方体。

（4）圆角操作。单击"三维工具"选项卡"实体编辑"面板中的"圆角边"按钮，对长方体进行倒圆角操作，圆角半径为 12.5。

（5）创建外形圆柱。将坐标原点移动到（0,0,6）。单击"三维工具"选项卡"建模"面板中的"圆柱体"按钮，以（0,0,0）为圆心，创建直径为 55、高为 17 的圆柱。

（6）创建球。单击"三维工具"选项卡"建模"面板中的"球体"按钮，以（0,0,17）为圆心，创建直径为 55 的球。

（7）继续创建外形圆柱。将坐标原点移动到（0,0,63）。单击"三维工具"选项卡"建模"面板中的"圆柱体"按钮，以（0,0,0）为圆心，分别创建直径为 36、高为-15，以及直径为 32、高为-34 的圆柱。

（8）并集运算。单击"三维工具"选项卡"实体编辑"面板中的"并集"按钮，将所有的实体进行并集运算。单击"视图"选项卡"视觉样式"面板中的"隐藏"按钮，进行消隐处理后的图形如图 11-125 所示。

（9）创建内形圆柱。单击"三维工具"选项卡"建模"面板中的"圆柱体"按钮，以（0,0,0）为圆心，分别创建直径为 28.5、高为-5，以及直径为 20、高为-34 的圆柱；以（0,0,-34）为圆心，创建直径为 35、高为-7 的圆柱；以（0,0,-41）为圆心，创建直径为 43、高为-29 的圆柱；以（0,0,-70）为圆心，创建直径为 50、高为-5 的圆柱。

（10）设置用户坐标系。将坐标原点移动到（0,56,-54），并将其绕 X 轴旋转 90°。

（11）创建外形圆柱。单击"三维工具"选项卡"建模"面板中的"圆柱体"按钮，以（0,0,0）为圆心，创建直径为 36、高为 50 的圆柱。

（12）布尔运算。单击"三维工具"选项卡"实体编辑"面板中的"并集"按钮，将实体与 Φ36 外形圆柱进行并集运算。单击"三维工具"选项卡"实体编辑"面板中的"差集"按钮，将实体与内形圆柱进行差集运算。单击"视图"选项卡"视觉样式"面板中的"隐藏"按钮，进行消隐处理后的图形如图 11-126 所示。

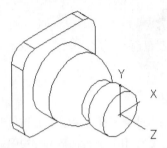

图 11-125 并集运算后的实体

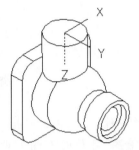

图 11-126 布尔运算后的实体

（13）创建内形圆柱。单击"三维工具"选项卡"建模"面板中的"圆柱体"按钮，以（0,0,0）为圆心，创建直径为 26、高为 4 的圆柱；以（0,0,4）为圆心，创建直径为 24、高为 9 的圆柱；以（0,0,13）为圆心，创建直径为 24.3、高为 3 的圆柱；以（0,0,16）为圆心，创建直径为 22、高为 13 的圆柱；以（0,0,29）为圆心，创建直径为 18、高为 27 的圆柱。

（14）差集运算。单击"三维工具"选项卡"实体编辑"面板中的"差集"按钮，将实体与内形圆柱进行差集运算。单击"视图"选项卡"视觉样式"面板中的"隐藏"按钮，进行消隐处理后的图形如图 11-127 所示。

（15）绘制二维图形，并将其创建为面域。在命令行中输入"UCS"命令，将坐标系绕 Z 轴旋转 180°。选择菜单栏中的"视图"→"三维视图"→"平面视图"→"当前 UCS"切换视图。

① 单击"默认"选项卡"绘图"面板中的"圆"按钮，以（0,0）为圆心，分别绘制直径为 36 及 26 的圆。

② 单击"默认"选项卡"绘图"面板中的"直线"按钮，从（0,0）→（@18<45），以及从（0,0）→（@18<135），分别绘制直线。

③ 单击"默认"选项卡"修改"面板中的"修剪"按钮，对圆进行修剪。

④ 单击"默认"选项卡"绘图"面板中的"面域"按钮，将绘制的二维图形创建为面域，结果如图 11-128 所示。

图 11-127 差集运算后的实体

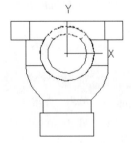

图 11-128 创建面域

（16）面域拉伸。单击"视图"选项卡"视图"面板中"视图"下拉菜单下的"西南等轴测"

按钮，切换到西南等轴测视图。单击"三维工具"选项卡"建模"面板中的"拉伸"按钮，将面域拉伸–2。

（17）差集运算。单击"三维工具"选项卡"实体编辑"面板中的"差集"按钮，将阀体与拉伸实体进行差集运算，结果如图 11-129 所示。

（18）创建阀体外螺纹。单击"视图"选项卡"视图"面板中"视图"下拉菜单下的"左视"按钮，切换到左视图。

① 单击"默认"选项卡"绘图"面板中的"正多边形"按钮，在实体旁边绘制一个正三角形，其边长为 2，将其移动到图中合适的位置。单击"视图"选项卡"视图"面板中"视图"下拉菜单下的"西南等轴测"按钮，切换到西南等轴测视图。

② 在命令行中输入"UCS"命令，将坐标系切换到世界坐标系。

③ 单击"三维工具"选项卡"建模"面板中的"旋转"按钮，以 Y 轴为旋转轴，选择正三角形，将其旋转 360°。

④ 选择菜单栏中的"修改"→"三维操作"→"三维阵列"命令，将旋转生成的实体进行矩形阵列，行数为 10，列数为 1，行间距为 1.5。

⑤ 单击"三维工具"选项卡"实体编辑"面板中的"并集"按钮，将阵列后的实体进行并集运算。

⑥ 单击"视图"选项卡"视觉样式"面板中的"隐藏"按钮，进行消隐处理后的图形如图 11-130 所示。

（19）创建螺纹孔。单击"视图"选项卡"视图"面板中"视图"下拉菜单下的"西南等轴测"按钮，切换到西南等轴测视图。

① 单击"默认"选项卡"绘图"面板中的"多段线"按钮，命令行提示与操作如下。

```
命令: _pline
指定起点: 0,-100
当前线宽为 0.0000
指定下一个点或 [圆弧(A)/半宽(H)/长度(L)/放弃(U)/宽度(W)]: @5,0
指定下一点或 [圆弧(A)/闭合(C)/半宽(H)/长度(L)/放弃(U)/宽度(W)]: @0.75,0.75
指定下一点或 [圆弧(A)/闭合(C)/半宽(H)/长度(L)/放弃(U)/宽度(W)]: @-0.75,0.75
指定下一点或 [圆弧(A)/闭合(C)/半宽(H)/长度(L)/放弃(U)/宽度(W)]: @-5,0
指定下一点或 [圆弧(A)/闭合(C)/半宽(H)/长度(L)/放弃(U)/宽度(W)]:C
```

② 单击"三维工具"选项卡"建模"面板中的"旋转"按钮，以 Y 轴为旋转轴，选择刚绘制的图形，将其旋转 360°。

③ 选择菜单栏中的"修改"→"三维操作"→"三维阵列"命令，将旋转生成的实体进行矩形阵列，行数为 8，列数为 1，行间距为 1.5。

④ 单击"三维工具"选项卡"实体编辑"面板中的"并集"按钮，将阵列后的实体进行

并集运算。

⑤ 单击"默认"选项卡"修改"面板中的"复制"按钮 ，命令行提示与操作如下。

```
命令：_copy
选择对象：选择阵列后的实体
选择对象：
当前设置：复制模式=多个
指定基点或[位移(D)/模式(O)]<位移>：0,-100,0
指定第二个点或[阵列(A)]<使用第一个点作为位移>：-25,-6,-25
指定第二个点或[阵列(A)/退出(E)/放弃(U)]<退出>：-25,-6,25
指定第二个点或[阵列(A)/退出(E)/放弃(U)]<退出>：25,-6,25
指定第二个点或[阵列(A)/退出(E)/放弃(U)]<退出>：25,-6,-25
指定第二个点或[阵列(A)/退出(E)/放弃(U)]<退出>：按<Enter>键
```

⑥ 单击"三维工具"选项卡"实体编辑"面板中的"差集"按钮 ，将实体与螺纹进行差集运算。

⑦ 单击"视图"选项卡"视觉样式"面板中的"隐藏"按钮 ，进行消隐处理后的图形如图 11-131 所示。

 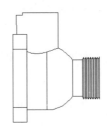 

图 11-129　差集拉伸实体后的阀体　　　图 11-130　创建阀体外螺纹　　　图 11-131　创建阀体螺纹孔

（20）改变视觉样式。单击"视图"选项卡"视觉样式"面板中的"概念"按钮 ，最终显示效果如图 11-124 所示。

11.8　上机操作

◆【实例1】创建如图 11-132 所示的三通管。

1．目的要求

三维图形具有形象逼真的优点，但是三维图形的创建比较复杂，需要读者掌握的知识比较多。本例要求读者熟悉三维模型创建的步骤，掌握三维模型的创建技巧。

2．操作提示

（1）创建 3 个圆柱体。

（2）镜像和旋转圆柱体。

（3）圆角处理。

【实例 2】 创建如图 11-133 所示的轴。

图 11-132　三通管　　　　　　　　　　图 11-133　轴

1．目的要求

轴是最常见的机械零件。本例需要创建的轴集中了很多典型的机械结构形式，如轴体、孔、轴肩、键槽、螺纹、退刀槽、倒角等，因此需要用到的三维命令也比较多。通过本例的练习，可以使读者进一步熟悉三维绘图的技能。

2．操作提示

（1）顺次创建直径不等的 4 个圆柱。

（2）对 4 个圆柱进行并集处理。

（3）转换视角，绘制圆柱孔。

（4）镜像并拉伸圆柱孔。

（5）对轴体和圆柱孔进行差集处理。

（6）采用同样的方法创建键槽结构。

（7）创建螺纹结构。

（8）对轴体进行倒角处理。

（9）渲染处理。

11.9　模拟真题

1. 在对三维模型进行操作时，错误的是（　　　）。

　　A．消隐指的是显示用三维线框表示的对象并隐藏表示后向面的直线

　　B．在三维模型使用着色后，使用"重画"命令可停止着色图形以网格显示

　　C．用于着色操作的工具条名称是视觉样式

　　D．SHADEMODE 命令配合参数实现着色操作

2. 可以将三维实体对象分解成原来组成三维实体的部件的命令是（　　　）。

　　A．分解　　　　　　　B．剖切　　　　　　　C．分割　　　　　　　D．切割

3. 绘制如图 11-134 所示的内六角螺钉。

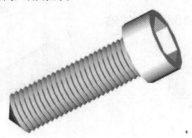

图 11-134　内六角螺钉

第 12 章

机械设计工程实例

本章是 AutoCAD 2015 二维绘图命令的综合应用。箱体类零件都比较复杂，需要综合运用各种绘图命令，绘制多视图来综合表述零件的结构参数，同时尺寸标注的内容比较多，需要多个标注样式。

本章主要介绍阀盖平面图和球阀装配图的绘制及尺寸标注的过程。

12.1 机械制图概述

12.1.1 零件图绘制方法

零件图是设计者用以表达对零件设计意图的一种技术文件。

1. 零件图内容

零件图是表达零件结构形状、大小和技术要求的工程图样，工人根据它加工制造零件。一幅完整的零件图应包括以下内容。

（1）一组视图：表达零件的形状与结构。

（2）一组尺寸：标出零件上结构的大小、结构间的位置关系。

（3）技术要求：标出零件加工、检验时的技术指标。

（4）标题栏：注明零件的名称、材料、设计者、审核者、制造厂家等信息的表格。

2. 零件图绘制过程

零件图的绘制过程包括草绘和绘制工作图，AutoCAD 一般用作绘制工作图。绘制零件图包括以下几步。

（1）设置作图环境。作图环境的设置一般包括以下两个方面。

- 选择比例：根据零件的大小和复杂程度选择比例，尽量采用 1：1。
- 选择图纸幅面：根据图形、标注尺寸、技术要求所需图纸幅面，选择标准幅面。

（2）确定作图顺序，选择尺寸转换为坐标值的方式。

（3）标注尺寸，标注技术要求，填写标题栏。标注尺寸前要关闭剖面层，以免剖面线在标注尺寸时影响端点捕捉。

（4）校核与审核。

【技巧荟萃】

机械设计零件图的作用与内容如下。

零件图：用来表达零件的形状、结构、尺寸、材料及技术要求等的图样。

零件图的作用：生产准备、加工制造、质量检验和测量的依据。

零件图包括以下内容。

- 一组图形——能够完整、正确、清晰地表达出零件各部分的结构、形状（视图、剖视图、断面图等）。
- 一组尺寸——确定零件各部分结构、形状大小及相对位置的全部尺寸（定形、定位尺寸）。
- 技术要求——用规定的符号、文字标注或说明表示零件在制造、检验、装配、调试等过程中应达到的要求。

12.1.2 装配图的绘制方法

装配图表达了部件的设计构思、工作原理和装配关系，也表达了各零件间的相互位置、尺寸关系及结构形状，是绘制零件工作图、部件组装、调试及维护等的技术依据。设计装配工作图时要综合考虑工作要求、材料、强度、刚度、磨损、加工、装拆、调整、润滑、维护及经济等诸多因素，并要使用足够的视图表达清楚。

1. 装配图内容

（1）一组图形：用一般表达方法和特殊表达方法，正确、完整、清晰和简洁地表达装配体的工作原理，零件之间的装配关系、连接关系和零件的主要结构形状。

（2）必要的尺寸：在装配图上必须标注出表示装配体的性能、规格及装配、检验、安装时所需的尺寸。

（3）技术要求：用文字或符号说明装配体的性能、装配、检验、调试、使用等方面的要求。

（4）标题栏、零件序号和明细表：按一定的格式，将零件、部件进行编号，并填写标题栏和明细表，以便读图。

2. 装配图绘制过程

绘制装配图时应注意检验、校正零件的形状、尺寸，纠正零件草图中的不妥或错误之处。

（1）绘图前应当进行必要的设置，如绘图单位、图幅大小、图层线型、线宽、颜色、字体格式、尺寸格式等。设置方法见前述章节，为了绘图方便，比例尽量选用1:1。

（2）绘图步骤。

① 根据零件草图、装配示意图绘制各零件图，各零件的比例应当一致，零件尺寸必须准确，

可以暂不标尺寸,将每个零件用"WBLOCK"命令定义为 DWG 文件。定义时,必须选好插入点,插入点应当是零件间相互有装配关系的特殊点。

② 调入装配干线上的主要零件,如轴,然后沿装配干线展开,逐个插入相关零件。插入后,若需要剪断不可见的线段,应当炸开插入块。插入块时应当注意确定它的轴向和径向定位。

③ 根据零件之间的装配关系,检查各零件的尺寸是否有干涉现象。

④ 根据需要对图形进行缩放,布局排版,然后根据具体情况设置尺寸样式,标注好尺寸及公差,最后填写标题栏,完成装配图。

12.2 球阀阀盖平面图

首先利用对象捕捉功能及二维绘图和编辑命令绘制阀盖左视图,然后借助对象捕捉追踪功能绘制球阀阀盖平面图,并标注尺寸,如图 12-1 所示。

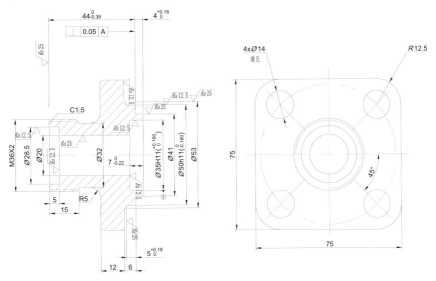

图 12-1 球阀阀盖平面图

12.2.1 绘制阀盖主视图

(1)新建文件。单击"快速访问工具栏"中的"新建"按钮 ,新建一个名为"阀盖.dwg"的图形文件。

(2)新建图层。单击"默认"选项卡"图层"面板中的"图层特性"按钮 ,新建 3 个图层:"轮廓线"层,线宽为 0.30mm,其余属性默认;"中心线"层,颜色设为红色,线型加载为 CENTER,其余属性默认;"细实线"层,颜色设为蓝色,其余属性默认。

(3)设置绘图环境。在命令行输入"limits",设置图幅大小为 297×210。

(4)绘制阀盖左视图中心线。将"中心线"层设置为当前图层,单击状态栏中的"显示/隐藏线宽"按钮 ≡，显示线宽；单击状态栏中的"对象捕捉"按钮 □，打开对象捕捉功能。单击"默认"选项卡"绘图"面板中的"直线"按钮 ∕，绘制中心线，命令行提示与操作如下。

```
命令: line↙
指定第一个点: 在绘图区任意指定一点
指定下一点或 [放弃(u)]: @80,0↙
指定下一点或 [放弃(u)]: ↙
命令: ↙
指定第一点: _from↙
基点: 捕捉中心线的中点
<偏移>: @0,40↙
指定下一点或 [放弃(u)]: @0,-80↙
指定下一点或 [闭合(c)/放弃(u)]: ↙
```

（5）绘制圆。单击"默认"选项卡"绘图"面板中的"圆"按钮 ⊙，捕捉中心线的交点，绘制 Φ70 圆；单击"默认"选项卡"绘图"面板中的"直线"按钮 ∕，从中心线的交点到坐标点（@45<45）绘制直线，结果如图 12-2 所示。

（6）绘制阀盖左视图外轮廓线。将"轮廓线"层设置为当前图层，单击"默认"选项卡"绘图"面板中的"正多边形"按钮 ⬠，命令行提示与操作如下。

```
命令: _polygon
输入边的数目 <4>: ↙
指定正多边形的中心点或 [边(e)]: 捕捉中心线的交点
输入选项 [内接于圆(i)/外切于圆(c)] <i>: c↙
指定圆的半径: 37.5↙
```

（7）单击"默认"选项卡"修改"面板中的"圆角"按钮 ⌐，对正方形进行倒圆角操作，圆角半径为 12.5。单击"默认"选项卡"绘图"面板中的"圆"按钮 ⊙，捕捉中心线的交点，分别绘制 Φ36、Φ28.5 及 Φ20 圆；捕捉中心线圆与倾斜中心线的交点，绘制 Φ14 圆。单击"默认"选项卡"修改"面板中的"环形阵列"按钮 ⬚，选择刚刚绘制的 Φ14 圆及倾斜中心线，将其进行环形阵列，阵列角度为 360°，数目为 4，捕捉 Φ36 圆的圆心为阵列中心。单击"默认"选项卡"修改"面板中的"拉长"按钮 ∕，对中心线的长度进行适当调整，结果如图 12-3 所示。

图 12-2　绘制中心线及圆

图 12-3　绘制外轮廓线

（8）绘制螺纹小径圆。将"细实线"层设置为当前图层，单击"默认"选项卡"绘图"面板中的"圆"按钮 ⊙，捕捉 Φ36 圆的圆心，绘制 Φ34 圆。单击"默认"选项卡"修改"面板中的"修剪"按钮 -/--，对细实线的螺纹小径圆进行修剪，结果如图 12-4 所示。

（9）绘制阀盖主视图外轮廓线。将"轮廓线"层设置为当前图层，单击状态栏中的"正交模式"按钮 L 和"对象捕捉追踪"按钮 ∠，打开正交功能和对象捕捉追踪功能。单击"默认"选项卡"绘图"面板中的"直线"按钮 ∕，捕捉左视图水平中心线的端点，如图 12-5 所示，向左拖动鼠标，此时出现一条虚线，在适当位置处单击，确定起点。

图 12-4　绘制螺纹小径圆　　　　　　　　　　　图 12-5　确定起点

（10）从该起点→@0,18→@15,0→@0,-2→@11,0→0,21.5→@12,0→@0,-11→@1,0→@0,-1.5→@5,0→@0,-4.5→@4,0→将光标移动到中心线端点，此时出现一条虚线，如图 12-6 所示。

（11）向左移动光标到两条虚线的交点处单击，结果如图 12-7 所示。

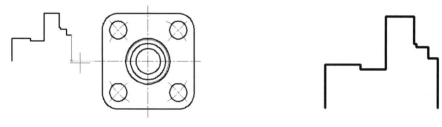

图 12-6　确定终点　　　　　　　　　　　图 12-7　主视图外轮廓线

（12）绘制阀盖主视图中心线。将"中心线"层设置为当前图层，单击"绘图"工具栏中的"直线"按钮 ∕，命令行提示与操作如下。

```
命令: _line
指定第一点: _from↙
基点: 捕捉阀盖主视图左端点
<偏移>: @~5,0↙
指定下一点或 [放弃(u)]: _from↙
基点: 捕捉阀盖主视图右端点
<偏移>: @5,0↙
```

（13）绘制阀盖主视图内轮廓线。将"轮廓线"层设置为当前图层，单击"默认"选项卡"绘图"面板中的"直线"按钮 ∕，命令行提示与操作如下。

```
命令: _line↙
指定第一个点: 捕捉左视图 Φ28.5 圆的上象限点，如图 12-8 所示，向左移动光标，此时出现一条虚线，捕捉主视图左边线上的最近点，单击
从该点→@5,0→捕捉与中心线的交点，绘制直线
```

采用同样的方法，捕捉左视图 $\phi20$ 圆的上象限点，向左移动光标，此时出现一条虚线，捕捉刚刚绘制的直线上的最近点，单击，从该点→@36,0，绘制直线。单击"默认"选项卡"绘图"面板中的"直线"按钮 ，捕捉直线端点→@0,7.5→捕捉与阀盖右边线的交点，绘制直线，结果如图 12-9 所示。

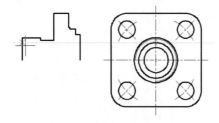
图 12-8 对象追踪确定起始点

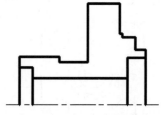
图 12-9 阀盖主视图内轮廓线

（14）绘制主视图 m36 螺纹小径。单击"默认"选项卡"修改"面板中的"偏移"按钮，选择阀盖主视图左端 m36 轴段上边线，将其向下偏移 1。选择偏移后的直线，将其所在图层修改为"细实线"层。

（15）对主视图进行倒圆及倒角操作。单击"默认"选项卡"修改"面板中的"倒角"按钮，对主视图 m36 轴段左端进行倒角操作，倒角距离为 1.5。单击"默认"选项卡"修改"面板中的"圆角"按钮，对主视图进行倒圆操作，圆角半径分别为 2 和 5。单击"默认"选项卡"修改"面板中的"修剪"按钮，对 m36 螺纹小径的细实线进行修剪，结果如图 12-10 所示。

（16）完成阀盖主视图。单击"默认"选项卡"修改"面板中的"镜像"按钮，用窗口选择方式，选择主视图的轮廓线，以主视图的中心线为对称轴，进行镜像操作。将"细实线"层设置为当前图层。单击"默认"选项卡"绘图"面板中的"图案填充"按钮，选择填充区域，如图 12-11 所示，绘制剖面线，如图 12-12 所示。阀盖视图的最终结果如图 12-1 所示。

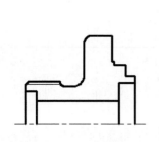
图 12-10 倒圆及倒角后的主视图

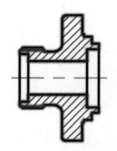
图 12-11 选取填充区域

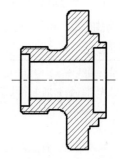
图 12-12 阀盖主视图

12.2.2 标注阀盖尺寸

1. 设置尺寸标注样式

（1）新建图层。单击"默认"选项卡"图层"面板中的"图层特性管理器"按钮，打开"图层特性管理器"选项板。新建"bz"层，线宽为 0.09mm，其他属性默认，用于标注尺寸，并将其设置为当前图层。

（2）新建文字样式。单击"注释"选项卡"文字"面板中的"对话框启动器"按钮 ⬎，打开"文字样式"对话框，方法同前，新建文字样式"sz"。

（3）设置标注样式。单击"注释"选项卡"标注"面板中的"对话框启动器"按钮 ⬎，在打开的"标注样式管理器"对话框中单击"新建"按钮，创建新的标注样式"机械图样"，用于标注图样中的尺寸。

（4）单击"继续"按钮，打开"新建标注样式：机械图样"对话框，对其中的选项卡进行设置，如图 12-13 ~ 图 12-15 所示。设置完成后，单击"确定"按钮。

（5）在"标注样式管理器"对话框中选择"机械图样"，单击"新建"按钮，分别设置直径、半径及角度标注样式。其中，直径和半径标注样式的"调整"选项卡设置如图 12-16 所示。

图 12-13　"线"选项卡

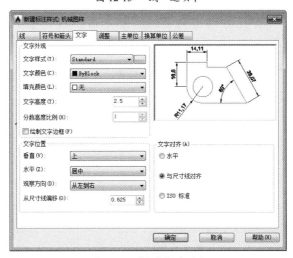

图 12-14　"文字"选项卡

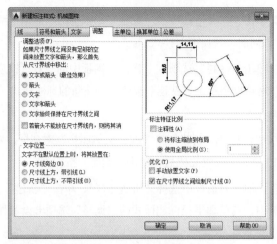

图 12-15　"调整"选项卡

图 12-16　直径和半径标注样式的"调整"选项卡

（6）角度标注样式的"文字"选项卡设置如图 12-17 所示。

图 12-17　角度标注样式的"文字"选项卡

（7）在"标注样式管理器"对话框中选择"机械图样"标注样式，单击"置为当前"按钮，将其设置为当前标注样式。

2．标注阀盖主视图中的线性尺寸

（1）标注主视图竖直线性尺寸。单击"注释"选项卡"标注"面板中的"线性"按钮 ⊢⊣，方法同前，从左至右，依次标注阀盖主视图中的竖直线性尺寸"M36×2"、"Φ28.5"、"Φ20"、"Φ32"、"Φ35"、"Φ41"、"Φ50"及"Φ53"。在标注尺寸"Φ35"时，需要输入标注文字"％％c35h11({\h0.7x;\s+0.160^0;})"；在标注尺寸"Φ50"时，需要输入标注文字"％％c50h11({\h0.7x;\s0^0.160;})"。结果如图 12-18 所示。

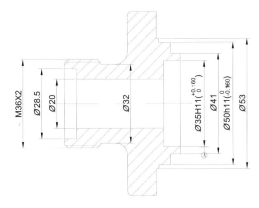

图 12-18　标注主视图竖直线性尺寸

（2）标注主视图水平线性尺寸。单击"注释"选项卡"标注"面板中的"线性"按钮 ⊢⊣，标注阀盖主视图上部的线性尺寸"44"；单击"注释"选项卡"标注"面板中的"连续"按钮 ⊢⊢⊢，标注连续尺寸"4"。

（3）单击"注释"选项卡"标注"面板中的"线性"按钮 ⊢⊣，标注阀盖主视图中部的线性尺寸"7"，以及阀盖主视图下部左边的线性尺寸"5"。

（4）单击"注释"选项卡"标注"面板中的"基线标注"按钮 ⊟，标注基线尺寸"15"。

（5）单击"注释"选项卡"标注"面板中的"线性"按钮 ⊢⊣，标注阀盖主视图下部右边的线性尺寸"5"，结果如图 12-19 所示。

（6）标注尺寸偏差。单击"注释"选项卡"标注"面板中的"对话框启动器"按钮 ↘，在打开的"标注样式管理器"对话框的样式列表框中选择"机械图样"，单击"替代"按钮。

（7）系统打开"替代当前样式"对话框，单击"主单位"选项卡，将"线性标注"选项组中的"精度"值设置为"0.000"；单击"公差"选项卡，在"公差格式"选项组中，在"方式"下拉列表中选择"极限偏差"选项，设置"上偏差"为 0，"下偏差"为 0.39，"高度比例"为 0.7，设置完成后单击"确定"按钮。

（8）单击"注释"选项卡"标注"面板中的"标注更新"按钮 ⤵，选择主视图上部的线性尺寸"44"，即可为该尺寸添加尺寸偏差。

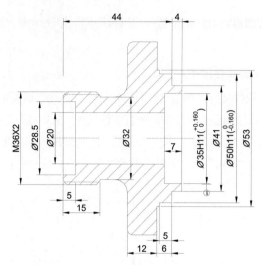

图 12-19　标注主视图水平线性尺寸

（9）采用同样的方法，分别为主视图中的线性尺寸 "4"、"7" 及 "5" 标注尺寸偏差，结果如图 12-20 所示。

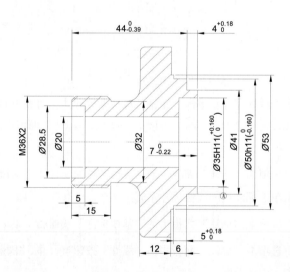

图 12-20　标注尺寸偏差

3．标注阀盖主视图中的倒角及圆角半径

（1）利用 "qleader" 命令，标注主视图中的倒角尺寸 "1.5×45°"。

（2）单击 "标注" 工具栏中的 "半径" 按钮，标注主视图中的半径尺寸 "R5"。

4．标注阀盖左视图中的尺寸

（1）单击 "注释" 选项卡 "标注" 面板中的 "线性" 按钮，标注阀盖左视图中的线性尺寸 "75"。

（2）单击 "注释" 选项卡 "标注" 面板中的 "直径" 按钮，标注阀盖左视图中的直径尺寸

"Φ70"及"4-Φ14"。在标注尺寸"4-Φ14"时，需要输入标注文字"4-%%C"。

（3）单击"注释"选项卡"标注"面板中的"半径"按钮⊙，标注左视图中的半径尺寸"R12.5"。

（4）单击"注释"选项卡"标注"面板中的"角度"按钮△，标注左视图中的角度尺寸"45°"。

方法同前，单击"注释"选项卡"文字"面板中的"对话框启动器"按钮　，新建文字样式"hz"，用于添加汉字，该标注样式的"字体名"为"仿宋"，"宽度因子"为"0.7"。

（5）在命令行输入"text"，设置当前文字样式为"hz"，在尺寸"4-Φ14"的引线下部输入文字"通孔"，结果如图 12-21 所示。

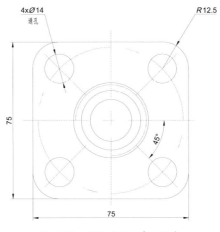

图 12-21　标注左视图中的尺寸

5．标注阀盖主视图中的表面粗糙度

（1）单击"插入"选项卡"块"面板中的"插入"按钮圆，在打开的"插入"对话框中单击"浏览"按钮，选择保存的块图形文件"去除材料"；勾选"比例"选项组中的"统一比例"复选框，设置缩放比例为"0.5"，单击"确定"按钮。在图形中插入粗糙度符号，并输入属性数值，命令行提示与操作如下。

```
指定插入点或 [比例(s)/x/y/z/旋转(r)/预览比例(ps)/px/py/pz/预览旋转(pr)]：捕捉尺寸
"Φ53"上端尺寸延伸线的最近点，作为插入点
输入属性值
请输入表面粗糙度值 <1.6>：25✓
```

（2）采用同样的方法，单击"插入"选项卡"块"面板中的"插入"按钮圆，在尺寸"44"左端尺寸延伸线处插入"去除材料"图块，设置均同前，输入属性值为25。

（3）单击"默认"选项卡"修改"面板中的"旋转"按钮○，选择插入的图块，将其旋转90°。

（4）采用同样的方法，插入"去除材料"图块，利用二维编辑命令，标注阀盖主视图中的其他表面粗糙度，结果如图 12-22 所示。

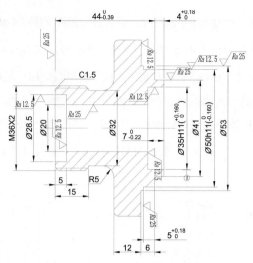

图 12-22　标注主视图中的表面粗糙度

6. 标注阀盖主视图中的形位公差

（1）利用快速引线命令，标注形位公差，命令行提示与操作如下。

```
命令：qleader↙
指定第一个引线点或 [设置(S)] <设置>：↙
```

执行上述命令后，系统打开"引线设置"对话框，如图 12-23 和图 12-24 所示设置各个选项卡，设置完成后，单击"确定"按钮。命令行继续提示如下。

图 12-23　"注释"选项卡

图 12-24　"引线和箭头"选项卡

指定第一个引线点或 [设置(S)] <设置>：捕捉阀盖主视图尺寸"44"右端尺寸延伸线上的最近点
　　指定下一点：向左拖动鼠标，在适当位置处单击，打开"形位公差"对话框，如图 12-25 所示，对
其进行相关设置，然后单击"确定"按钮。

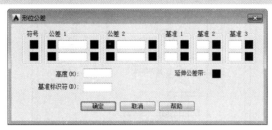

图 12-25　"形位公差"对话框

（2）方法同前，单击"插入"选项卡"块"面板中的"插入"按钮，在尺寸"Φ35"下端
尺寸延伸线下的适当位置插入"基准符号"图块，设置均同前，属性值为 A，结果如图 12-26 所示。
最终的标注结果如图 12-1 所示。

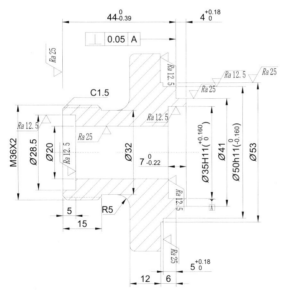

图 12-26　标注主视图中的形位公差

12.3　球阀装配图

　　装配图不同于一般的零件图，它有自身的一些基本规定和画法，如装配图中两个零件接触表
面只绘制一条实线，不接触表面及非配合表面绘制两条实线；两个（或两个以上）零件的剖面图
相互连接时，要使其剖面线各不相同，以便区分，但同一个零件在不同位置的剖面线必须保持一
致等。

　　本例的绘制思路是将零件图的视图进行修改，制作成块，然后将这些块插入装配图中。绘制
的球阀装配图如图 12-27 所示。

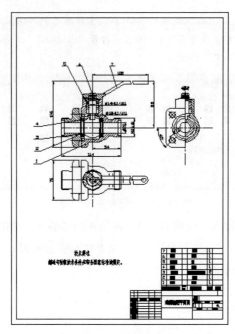

图 12-27　球阀装配图

12.3.1　配置绘图环境

（1）新建文件。单击"快速访问工具栏"中的"新建"按钮，打开"选择样板"对话框，选择已设计的样板文件作为模板，模板如图 12-28 所示，将新文件命名为"球阀装配图.dwg"并保存。

图 12-28　球阀平面装配图模板

（2）显示线宽。单击状态栏中的"显示/隐藏线宽"按钮▤，在绘制图形时显示线宽。

（3）关闭栅格。单击状态栏中"栅格"按钮▦，或按<F7>键关闭栅格。选择菜单栏中的"视图"→"缩放"→"全部"命令，调整绘图区的显示比例。

（4）新建图层。单击"默认"选项卡"图层"面板中的"图层特性"按钮▤，新建并设置每一个图层，如图 12-29 所示。

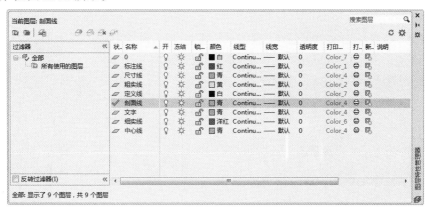

图 12-29 "图层特性管理器"选项板

12.3.2 组装装配图

球阀装配平面图主要由阀体、阀盖、密封圈、阀芯、压紧套、阀杆和扳手等零件图组成。在绘制零件图时，用户可以为了装配的需要，将零件的主视图及其他视图分别定义成图块，但是在定义的图块中不包括零件的尺寸标注和定位中心线，块的基点应选择在与其零件有装配关系或定位关系的关键点上。

（1）插入阀体平面图。单击"视图"选项卡"选项板"面板中的"设计中心"按钮▤，打开"设计中心"选项板，如图 12-30 所示。在 AutoCAD 设计中心有"文件夹"、"打开的图形"和"历史记录"3 个选项卡，用户可以根据需要选择设置相应的选项卡。

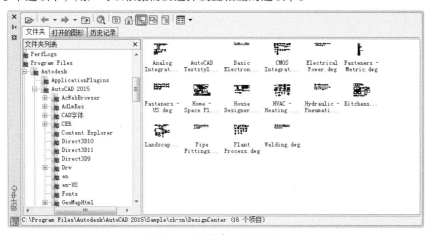

图 12-30 "设计中心"选项板 1

（2）单击"文件夹"选项卡，则计算机中所有的文件都会显示在其中。找到要插入的阀体零件图文件双击，然后双击该文件中的"块"选项，则图形中所有的块都会显示在右边的图框中，在其中选择"阀体主视图"块双击，系统打开"插入"对话框，如图 12-31 所示。

（3）按照图示进行设置，插入的图形比例为 1，旋转角度为 0°。然后单击"确定"按钮，则此时命令行会提示"指定插入点或 [比例（S）/X/Y/Z/旋转（R）/预览比例（PS）/PX/PY/PZ/预览旋转（PR）]:"。

（4）在命令行输入"100,200"，将"阀体主视图"块插入到"阀体总成装配图"中，且插入后轴右端中心线处的坐标为（100,200），结果如图 12-32 所示。

图 12-31 "插入"对话框

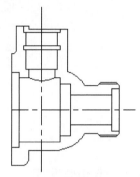

图 12-32 阀体主视图

（5）继续插入"阀体俯视图"块。插入的图形比例为 1，旋转角度为 0°，插入点坐标为（100,100）；继续插入"阀体左视图"块，插入的图形比例为 1，旋转角度为 0°，插入点坐标为（300,200），结果如图 12-33 所示。

（6）插入阀盖主视图。单击"视图"选项卡"选项板"面板中的"设计中心"按钮🔲，打开"设计中心"选项板，在相应的文件夹中找到阀盖主视图双击，并选择"阀盖全视图"下的"块"选项，则在右边图框中出现该主视图中定义的块，如图 12-34 所示。插入"阀盖主视图"的图形比例为 1，旋转角度为 0°，插入点坐标为（84,200）。由于阀盖的外形轮廓与阀体左视图的外形轮廓相同，故"阀盖左视图"块不需要插入。因为阀盖是一个对称结构，其主视图与俯视图相同，所以把"阀盖主视图"块插入到"阀体装配图"的俯视图中即可，结果如图 12-35 所示。

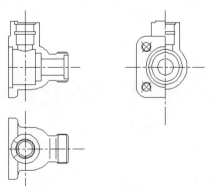

图 12-33 阀体三视图

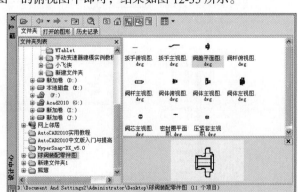

图 12-34 "设计中心"选项板 2

（7）将俯视图中的阀盖俯视图分解并修改，结果如图 12-36 所示。

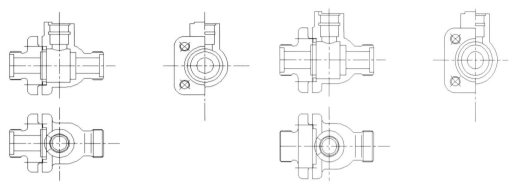

图 12-35　插入阀盖　　　　　　　　　　　　图 12-36　修改阀盖俯视图

（8）插入密封圈平面图。单击"视图"选项卡"选项板"面板中的"设计中心"按钮，打开"设计中心"选项板，在相应的文件夹中找到"密封圈平面图"双击，并选择左边的"块"命令，则在右边图框中显示该平面图中定义的块，如图 12-37 所示。插入密封圈主视图图块的图形比例为 1，旋转角度为 90°，插入点坐标为（120,200）。由于该装配图中有两个密封圈，所以再插入一个，插入的图形比例为 1，旋转角度为–90°，插入点坐标为（77,200），结果如图 12-38 所示。

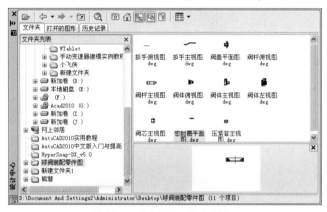

图 12-37　"设计中心"选项板 3

（9）插入阀芯主视图。单击"视图"选项卡"选项板"面板中的"设计中心"按钮，打开"设计中心"选项板，在相应的文件夹中找到"阀芯主视图"双击，并选择其下的"块"命令，则在右侧图框中显示该主视图中定义的块。插入阀芯主视图图块的图形比例为 1，旋转角度为 0°，插入点坐标为（100,200），结果如图 12-39 所示。

（10）插入阀杆。单击"视图"选项卡"选项板"面板中的"设计中心"按钮，打开"设计中心"选项板，在相应的文件夹中找出"阀杆主视图"、"阀杆俯视图"和"阀杆左视图"双击，并选择其下的"块"命令，则在右侧图框中显示该平面图中定义的块。插入阀杆主视图图块的图形比例为 1，旋转角度为–90°，插入点坐标为（100,227）；插入阀杆俯视图图块的图形比例为 1，旋转角度为 0°，插入点坐标为（100,100）；插入阀杆左视图图块的图形比例为 1，旋转角度为–90°，插入点坐标为（300,227），结果如图 12-40 所示。

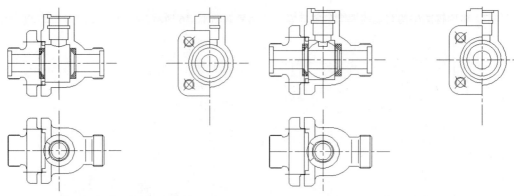

图 12-38　插入密封圈平面图　　　　　　　图 12-39　插入阀芯主视图

（11）插入压紧套主视图。单击"视图"选项卡"选项板"面板中的"设计中心"按钮，打开"设计中心"选项板，在相应的文件夹中找到"压紧套主视图"双击，并选择左侧的"块"命令，则在右侧图框中显示该平面图中定义的块。插入压紧套主视图图块的图形比例为 1，旋转角度为 0°，插入点坐标为（100,235）；由于压紧套左视图与主视图相同，故可在阀体左视图中继续插入压紧套主视图图块，插入的图形比例为 1，旋转角度为 0°，插入点坐标为（300,235），结果如图 12-41 所示。

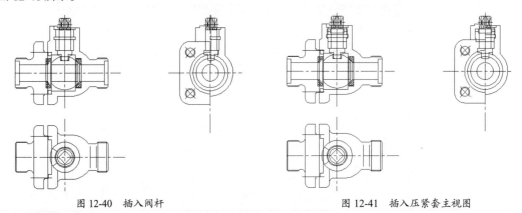

图 12-40　插入阀杆　　　　　　　　　　图 12-41　插入压紧套主视图

（12）把主视图和左视图中的压紧套图块分解并修改，结果如图 12-42 所示。

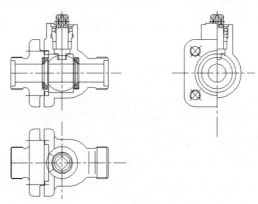

图 12-42　修改压紧套图块后的图形

（13）插入扳手主视图与俯视图。单击"视图"选项卡"选项板"面板中的"设计中心"按钮，打开"设计中心"选项板，在相应的文件夹中找到"扳手主视图"与"扳手俯视图"双击，并选择左侧的"块"命令，则在右侧图框中显示该平面图中定义的块。插入扳手主视图图块的图形比例为 1，旋转角度为 0°，插入点坐标为（100,254）；插入扳手俯视图图块的图形比例为 1，旋转角度为 0°，插入点坐标为（100,100），结果如图 12-43 所示。

（14）把主视图和俯视图中的扳手图块分解并修改，结果如图 12-44 所示。

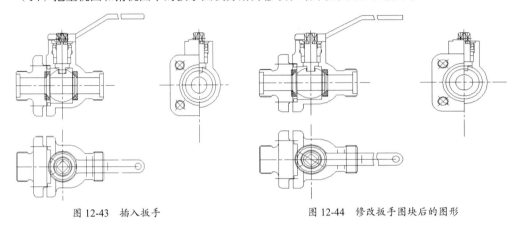

图 12-43　插入扳手　　　　　　　　图 12-44　修改扳手图块后的图形

12.3.3　填充剖面线

（1）修改视图。综合运用各种命令，将图 12-44 所示的图形进行修改并绘制填充剖面线的边界线，结果如图 12-45 所示。

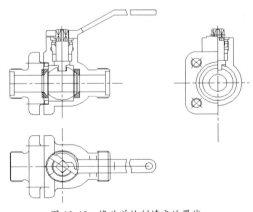

图 12-45　修改并绘制填充边界线

（2）绘制剖面线。单击"默认"选项卡"绘图"面板中的"图案填充"按钮，打开"图案填充创建"选项卡，选择需要的剖面线样式，并设置剖面线的旋转角度和显示比例，如图 12-46 所示。在绘图区需添加剖面线的区域内任意选择一点，进行剖面线的填充。

（3）如果对填充后的效果不满意，可以双击图形中的剖面线，打开"图案填充编辑"对话框进行二次编辑。

图 12-46　"图案填充创建"选项卡

（4）重复"图案填充"命令，将视图中需要填充的区域进行填充，结果如图 12-47 所示。

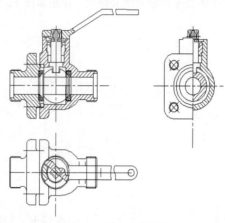

图 12-47　填充后的图形

12.3.4　标注球阀装配平面图

（1）标注尺寸。在装配图中，不需要将每个零件的尺寸全部标注出来，需要标注的尺寸有规格尺寸、装配尺寸、外形尺寸、安装尺寸及其他重要尺寸。在本例中，只需标注一些装配尺寸，而且都为线性标注，比较简单，所以此处不再赘述，如图 12-48 所示为标注尺寸后的装配图。

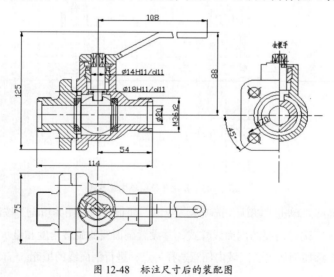

图 12-48　标注尺寸后的装配图

（2）标注零件序号。标注零件序号采用引线标注方式。单击"注释"选项卡"标注"面板中的"对话框启动器"按钮 ，打开"标注样式管理器"对话框，单击"修改"按钮，打开"修改标注样式"对话框。单击"符号和箭头"选项卡，如图 12-49 所示，修改其中的引线标注方式，将箭头大小设置为 5，文字高度设置为 5。在标注引线时，为了保证引线中的文字在同一水平线上，可以在合适的位置绘制一条辅助线。如图 12-50 所示为标注零件序号后的装配图。标注完成后，将绘图区所有的图形移动到图框中合适的位置。

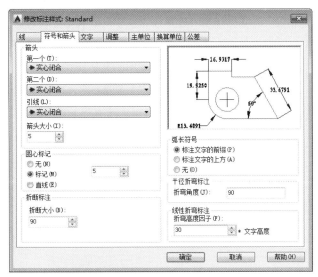

图 12-49　"修改标注样式"对话框

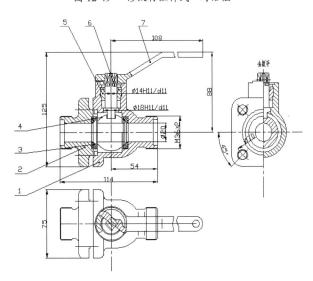

图 12-50　标注零件序号后的装配图

12.3.5　绘制和填写明细表

（1）绘制表格线。单击"默认"选项卡"绘图"面板中的"矩形"按钮，绘制矩形{（40,10），（220,17）}；单击"默认"选项卡"修改"面板中的"分解"按钮，分解刚绘制的矩形；单击"默认"选项卡"修改"面板中的"偏移"按钮，按图 12-51 所示将左边的竖直直线进行偏移。

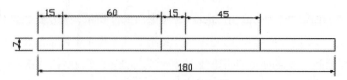

图 12-51　绘制明细表格线

（2）设置文字标注格式。单击"注释"选项卡"文字"面板中的"对话框启动器"按钮 ⊾，打开"文字样式"对话框，如图 12-52 所示。在"样式"列表框中选择"明细表"，然后在右侧设置相关属性，单击"应用"按钮，将其设置为当前使用的文字样式。

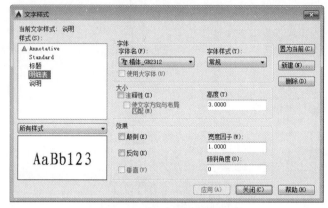

图 12-52　"文字样式"对话框

（3）填写明细表标题栏。单击"注释"选项卡"文字"面板中的"多行文字"按钮 **A**，或在命令行中输入"mtext"后按<Enter>键，打开"多行文字"编辑器，依次填写明细表标题栏中各个项，结果如图 12-53 所示。

图 12-53　填写明细表标题栏

（4）创建明细表标题栏图块。选择菜单栏中的"绘图"→"块"→"创建"命令，打开"块定义"对话框，创建"明细表标题栏图块"，如图 12-54 所示。

图 12-54　"块定义"对话框

（5）保存明细表标题栏图块。单击"插入"选项卡"块定义"面板中的"写块"按钮，打开"写块"对话框，如图 12-55 所示。在"源"选项组中选择"块"单选按钮，从其下拉列表框中选择"明细表标题栏图块"选项，在"目标"选项组中选择文件名和路径，完成图块的保存。

图 12-55 "写块"对话框

（6）绘制内容栏表格。仿照明细表标题栏表格的绘制方法，绘制其内容栏表格，如图 12-56 所示。

图 12-56 绘制明细表内容栏表格

（7）创建明细表内容栏。单击"插入"选项卡"块定义"面板中的"创建块"按钮，打开"块定义"对话框，创建"明细表内容栏图块"，基选择择为表格右下角点。

（8）保存明细表内容栏图块。在命令行输入"wblock"后按<Enter>键，打开"写块"对话框，在"源"选项组中选择"块"单选按钮，从其下拉列表框中选择"明细表内容栏图块"选项，在"目标"选项组中选择文件名和路径，完成图块的保存。

（9）打开"属性定义"对话框。单击"插入"选项卡"块定义"面板中的"定义属性"按钮，或在命令行输入"atidef"后按<Enter>键，打开"属性定义"对话框，如图 12-57 所示。

（10）定义"序号"属性。在"属性"选项组的"标记"文本框中输入"N"，在"提示"文本框中输入"输入序号:"，在"插入点"选项组中勾选"在屏幕上指定"复选框，选择在明细表内容栏的第一栏中插入，单击"确定"按钮，完成"序号"属性的定义。

（11）定义其他 4 个属性。采用同样的方法，打开"属性定义"对话框，依次定义明细表内容栏的后 4 个属性：① 标记"NAME"，提示"输入名称:"；② 标记 Q，提示"输入数量:"；③ 标记"MATERAL"，提示"输入材料:"；④ 标记"NOTE"，提示"输入备注:"。插入点均选择"在屏幕上指定"。

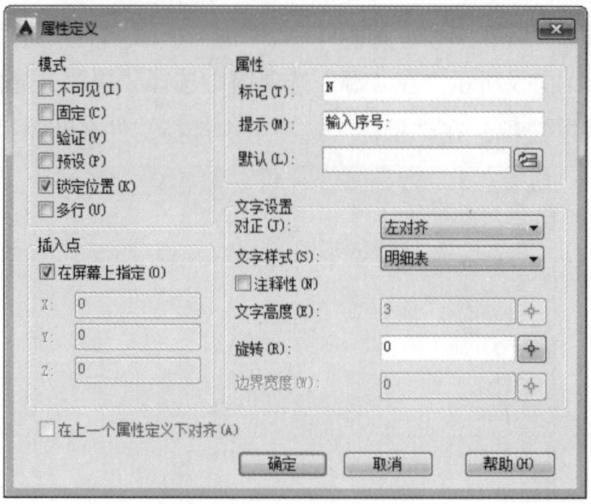

图 12-57 定义"序号"属性

定义好 5 个文字属性的明细表内容栏，如图 12-58 所示。

图 12-58 定义 5 个文字属性

（12）创建并保存带文字属性的图块。单击"插入"选项卡"块定义"面板中的"创建块"按钮 🔲，打开"块定义"对话框，选择明细表内容栏及 5 个文字属性，创建"明细表内容栏图块"，基选择择为表格右下角点。利用"wblock"命令，打开"写块"对话框，保存"明细表内容栏图块"，结果如图 12-59 所示。

图 12-59 装配图明细表

12.3.6 填写技术要求

将"文字"层设置为当前图层，单击"注释"选项卡"文字"面板中的"多行文字" **A**，填写技术要求，命令行提示与操作如下。

```
命令：_mtext
当前文字样式："Standard" 当前文字高度：5
指定第一角点：指定输入文字的第一个角点
指定对角点或 [高度（H）/对正（J）/行距（L）/旋转（R）/样式（S）/宽度（W）/栏（C）]：指
定输入文字的对角点
```

此时系统打开"文字编辑器"选项卡,在其中设置需要的样式、字体和高度,然后输入相应的技术要求内容,如图 12-60 所示。

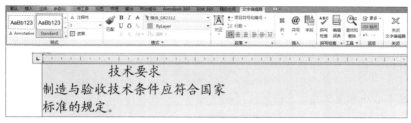

图 12-60 填写技术要求

12.3.7 填写标题栏

将"文字"层设置为当前图层,单击"注释"选项卡"文字"面板中的"多行文字" **A**,填写标题栏中相应的内容,结果如图 12-61 所示。

图 12-61 填写标题栏结果

12.4 上机操作

【实例】绘制图 12-62 所示的阀体零件图。

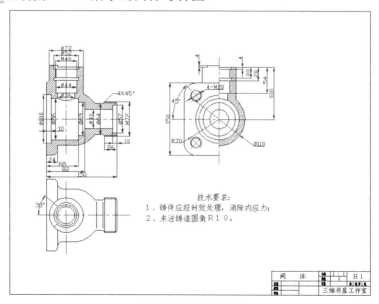

图 12-62 阀体零件图

1. 目的要求

本实例主要要求读者通过练习进一步熟悉和掌握机械零件图的绘制方法。通过本实验，可以帮助读者学会完成整个机械零件图绘制的全过程。

2. 操作提示

（1）打开样板图。

（2）绘制中心线和辅助线。

（3）绘制主视图。

（4）绘制俯视图。

（5）绘制左视图。

（6）标注尺寸和技术要求。

（7）填写标题栏。

第 13 章

建筑设计工程实例

建筑设计是 AutoCAD 应用的一个重要的专业领域。本章以商住楼的建筑设计为例，详细介绍建筑施工图的设计，以及 CAD 绘制方法与相关技巧，包括总平面图、平面图、立面图、剖面图等图样的绘制方法和技巧。

13.1 建筑绘图概述

13.1.1 建筑绘图的特点

将一个将要建造的建筑物的内外形状和大小，以及各个部分的结构、构造、装修、设备等内容，按照现行国家标准的规定，用正投影法，详细、准确地绘制出图样，绘制的图样称为"房屋建筑图"。由于该图样主要用于指导建筑施工，所以一般叫作"建筑施工图"。

建筑施工图是按照正投影法绘制出来的。正投影法就是在两个或两个以上相互垂直的、分别平行于建筑物主要侧面的投影面上绘出建筑物的正投影，并把所得正投影按照一定规则绘制在同一个平面上。这种由两个或两个以上的正投影组合而成，用来确定空间建筑物形体的一组投影图，叫作正投影图。

建筑物根据使用功能和使用对象的不同分为很多种类。一般说来，建筑物的第一层称为底层，也称为一层或首层。从底层往上数，称为二层、三层……顶层。一层下面有基础，基础和底层之间有防潮层。对于大的建筑物而言，可能在基础和底层之间还有地下一层、地下二层等。建筑物一层一般有台阶、大门、一层地面等。各层均有楼面、走道、门窗、楼梯、楼梯平台、梁柱等。顶层还有屋面板、女儿墙、天沟等。其他的一些构件有雨水管、雨篷、阳台、散水等。其中，屋面、楼板、梁柱、墙体、基础主要起直接或间接支撑来自建筑物本身和外部载荷的作用；门、走廊、楼梯、台阶起着沟通建筑物内外和上下交通的作用；窗户和阳台起着通风和采光的作用；天沟、雨水管、散水、明沟起着排水的作用。其中一些构件的示意图如图 13-1 所示。

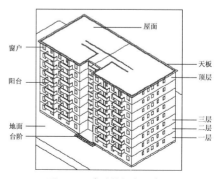

图 13-1　建筑物组成示意图

13.1.2　建筑绘图分类

建筑图根据图纸的专业内容或作用不同分为以下几类。

（1）图纸目录：首先列出新绘制的图纸，再列出所用的标准图纸或重复利用的图纸。一个新的工程都要绘制一定的新图纸，在目录中，这部分图纸位于前面，可能还用到大量的标准图纸或重复使用的图纸，放在目录的后面。

（2）设计总说明：包括施工图的设计依据、工程的设计规模和建筑面积、相对标高与绝对标高的对应关系、建筑物内外的使用材料说明、新技术新材料或特殊用法的说明、门窗表等。

（3）建筑施工图：由总平面图、平面图、立面图、剖面图和构造详图构成。建筑施工图简称为"建施"。

（4）结构施工图：由结构平面布置图、构件结构详图构成。结构施工图简称为"结施"。

（5）设备施工图：由给水排水、采暖通风、电气等设备的布置平面图和详图构成。设备施工图简称为"设施"。

13.1.3　总平面图

1．总平面图概述

作为新建建筑施工定位、土方施工及施工总平面设计的重要依据，一般情况下总平面图应该包括以下内容。

（1）测量坐标网或施工坐标网：测量坐标网采用"X,Y"表示，施工坐标网采用"A,B"表示。

（2）新建建筑物的定位坐标、名称、建筑层数及室内外的标高。

（3）附近的有关建筑物、拆除建筑物的位置和范围。

（4）附近的地形地貌：包括等高线、道路、桥梁、河流、池塘及土坡等。

（5）指北针和风玫瑰图。

（6）绿化规定和管道的走向。

（7）补充图例和说明等。

以上各项内容，不是任何工程设计都缺一不可的。在实际的工程中，要根据具体情况和工程的特点来确定取舍。对于较为简单的工程，可以不画等高线、坐标网、管道、绿化等。一个总平面图的示例如图13-2所示。

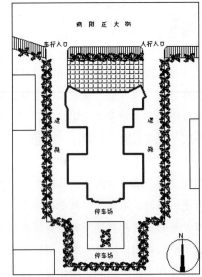

朝阳大楼总平面图　1：500

图13-2　总平面图示例

2．总平面图中的图例说明

（1）新建建筑物：采用粗实线来表示，如图 13-3 所示。当有需要时可以在右上角用点数或数字来表示建筑物的层数，如图 13-4 和图 13-5 所示。

图 13-3　新建建筑物图例　　　　图 13-4　以点表示层数（4 层）　　　　图 13-5　以数字表示层数（16 层）

（2）旧有建筑物：采用细实线来表示，如图 13-6 所示。同新建建筑物图例一样，也可以在右上角用点数或数字来表示建筑物的层数。

（3）计划扩建的预留地或建筑物：采用虚线来表示，如图 13-7 所示。

（4）拆除的建筑物：采用打上叉号的细实线来表示，如图 13-8 所示。

图 13-6　旧有建筑物图例　　　　图 13-7　计划中的建筑物图例　　　　图 13-8　拆除的建筑物图例

（5）坐标：如图 13-9 和图 13-10 所示。注意两种不同坐标的表示方法。

图 13-9　测量坐标图例　　　　　　　图 13-10　施工坐标图例

（6）新建道路：如图 13-11 所示。其中，"R8"表示道路的转弯半径为 8m，"30.10"为路面中心的标高。

（7）旧有道路：如图 13-12 所示。

图 13-11　新建道路图例　　　　　　图 13-12　旧有道路图例

（8）计划扩建的道路：如图 13-13 所示。

（9）拆除的道路：如图 13-14 所示。

图 13-13　计划扩建的道路图例　　　　　　图 13-14　拆除的道路图例

3. 详解阅读总平面图

（1）了解图样比例、图例和文字说明。总平面图的范围一般都比较大，所以要采用比较小的比例。对于总平面图来说，1∶500 算是很大的比例，也可以使用 1∶1000 或 1∶2000 的比例。总平面图上的尺寸标注，要以"m"为单位。

（2）了解工程的性质和地形地貌。例如从等高线的变化可以知道地势的走向高低。

（3）了解建筑物周围的情况。

（4）明确建筑物的位置和朝向。房屋的位置可以用定位尺寸或坐标来确定。定位尺寸应标出与原建筑物或道路中心线的距离。当采用坐标来表示建筑物位置时，宜标出房屋的 3 个角坐标。建筑物的朝向可以根据图中的风玫瑰图来确定。风玫瑰图中有箭头的方向为北向。

（5）从底层地面和等高线的标高，可知该区域内的地势高低、雨水排向，并可以计算挖填土方的具体数量。总平面图中的标高均为绝对标高。

4. 标高投影知识

总平面图中的等高线就是一种立体的标高投影。所谓标高投影，就是在形体的水平投影上，以数字标注出各处的高度来表示形体形状的一种图示方法。

众所周知，地形对建筑物的布置和施工都有很大影响。一般情况下都要对地形进行人工改造，例如平整场地和修建道路等，所以要在总平面图中把建筑物周围的地形表示出来。如果还是采用原来的正投影、轴侧投影等方法来表示，则无法表示出地形的复杂形状。在这种情况下，就采用标高投影法来表示这种复杂的地形。

总平面图中的标高是绝对标高。所谓绝对标高就是以我国青岛市外的黄海海平面作为零点来测定的高度尺寸。在标高投影图中，通常都绘出立体上平面或曲面的等高线来表示该立体。山地一般都是不规则的曲面，以一系列整数标高的水平面与山地相截，把所截得的等高截交线正投影到水平面上来，得到一系列不规则形状的等高线，标注上相应的标高值即可，所得图形称为地形图。如图 13-15 所示就是地形图的一部分。

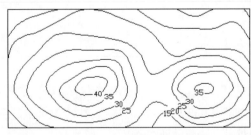

图 13-15　地形图的一部分

5. 绘制指北针和风玫瑰

指北针和风玫瑰是总平面图中两个重要的指示符号。指北针的作用是在图纸上标出正北方向，如图 13-16 所示。风玫瑰不仅能表示出正北方向，还能表示出全年该地区的风向频率大小，如图 13-17 所示。

图 13-16　绘制指北针

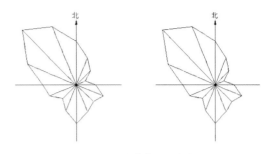

图 13-17　风玫瑰最终效果图

13.1.4　建筑平面图概述

建筑平面图就是假想使用一个水平的剖切面沿门窗洞的位置将房屋剖切后，对剖切面以下部分所作的水平剖面图。建筑平面图简称平面图，主要反映房屋的平面形状、大小和房间的布置，墙柱的位置、厚度和材料，门窗类型和位置等。建筑平面图是建筑施工图中最为基本的图样之一。一个建筑平面图的示例如图 13-18 所示。

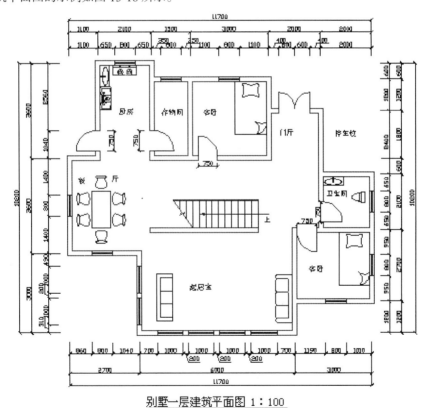

别墅一层建筑平面图 1：100

图 13-18　建筑平面图示例

1．建筑平面图的图示要点

（1）每个平面图对应一个建筑物楼层，并注有相应的图名。

（2）可以表示多层的一张平面图称为标准层平面图。标准层平面图各层的房间数量、大小和布置都必须一样。

（3）建筑物左右对称时，可以将两层平面图绘制在同一张图纸上，左右分别绘制各层的一半，同时中间要注上对称符号。

（4）如果建筑平面较大时，可以分段绘制。

2．建筑平面图的图示内容

（1）表示墙、柱、门、窗的位置和编号，房间名称或编号，轴线编号等。

（2）注出室内外的有关尺寸及室内楼、地面的标高。建筑物的底层，标高为 ± 0.000。

（3）表示出电梯、楼梯的位置及楼梯的上下方向和主要尺寸。

（4）表示阳台、雨篷、踏步、斜坡、雨水管道、排水沟等的具体位置及大小尺寸。

（5）绘出卫生器具、水池、工作台及其他重要的设备位置。

（6）绘出剖面图的剖切符号及编号。根据绘图习惯，一般只在底层平面图绘制。

（7）标出有关部位上节点详图的索引符号。

（8）绘制出指北针。根据绘图习惯，一般只在底层平面图绘出指北针。

13.1.5 建筑立面图概述

立面图主要反映房屋的外貌和立面装修的做法，这是因为建筑物给人的外表美感主要来自其立面的造型和装修。建筑立面图是用来研究建筑立面造型和装修的。主要反映主要入口或建筑物外貌特征的一面立面图叫作正立面图，其余面的立面图相应地称为背立面图和侧立面图。如果按房屋的朝向来分，可以称为南立面图、东立面图、西立面图和北立面图。如果按轴线编号来分，也可以有①~⑥立面图、Ⓐ~Ⓝ立面图等。建筑立面图使用大量图例来表示很多细部，这些细部的构造和作法一般都另有详图。如果建筑物有一部分立面不平行于投影面，可以将这部分立面展开到与投影面平行的位置，再绘制其立面图，然后在其图名后注写"展开"字样。一个建筑立面图的示例如图 13-19 所示。

建筑立面图的图示内容主要包括以下几个方面。

（1）室内外地面线、房屋的勒脚、台阶、门窗、阳台、雨篷；室外的楼梯、墙和柱；外墙的预留孔洞、檐口、屋顶、雨水管、墙面修饰构件等。

（2）外墙各个主要部位的标高。

（3）建筑物两端或分段的轴线和编号。

（4）标出各部分构造、装饰节点详图的索引符号。使用图例和文字说明外墙面的装饰材料和作法。

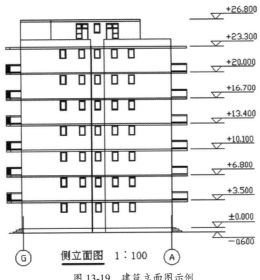

图 13-19　建筑立面图示例

13.1.6　建筑剖面图概述

建筑剖面图就是假想用一个或多个垂直于外墙轴线的铅垂剖切面，将建筑物剖开后所得的投影图，简称剖面图。剖面图的剖切方向一般是横向（平行于侧面）的，当然这不是绝对的要求。剖切位置一般选择在能反映出建筑物内部构造比较复杂和有典型部位的位置，并应通过门窗的位置。多层建筑物应该选择在楼梯间或层高不同的位置。剖面图上的图名应与平面图上所标注的剖切符号编号一致。剖面图的断面处理和平面图的处理相同。一个建筑剖面图的示例如图 13-20 所示。

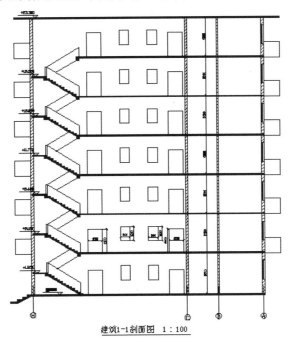

建筑1-1剖面图　1：100

图 13-20　建筑剖面图示例

剖面图的数量是根据建筑物具体情况和施工需要来确定的，其图示内容主要包括以下几个方面。

（1）墙、柱及其定位轴线。

（2）室内底层地面、地沟、各层的楼面、顶棚、屋顶、门窗、楼梯、阳台、雨篷、墙洞、防潮层、室外地面、散水、脚踢板等能看到的内容。习惯上可以不画基础的大放脚。

（3）各个部位完成面的标高：包括室内外地面、各层楼面、各层楼梯平台、檐口或女儿墙顶面、楼梯间顶面、电梯间顶面的标高。

（4）各部位的高度尺寸：包括外部尺寸和内部尺寸。外部尺寸包括门、窗洞口的高度、层间高度及总高度。内部尺寸包括地坑深度、隔断、隔板、平台、室内门窗的高度。

（5）楼面、地面的构造。一般采用引出线指向所说明的部位，按照构造的层次顺序，逐层加以文字说明。

（6）详图的索引符号。

13.1.7 建筑详图概述

建筑详图就是对建筑物的细部或构、配件采用较大的比例，将其形状、大小、作法及材料详细表示出来的图样。建筑详图简称详图。

详图的特点一是大比例，二是图示详尽清楚，三是尺寸标注全。一般说来，墙身剖面图只需要一个剖面详图就能表示清楚，而楼梯间、卫生间就可能需要增加平面详图，门窗则可能需要增加立面详图。详图的数量与建筑物的复杂程度，以及平、立、剖面图的内容及比例相关。需要根据具体情况来选择，其标准就是要达到能完全表达详图的特点。一个建筑详图的示例如图13-21所示。

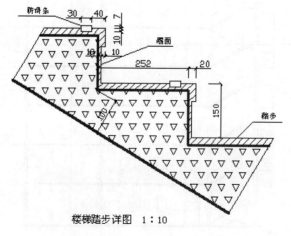

楼梯踏步详图 1：10

图 13-21 建筑详图示例

13.2 商住楼建筑图绘制

13.2.1 商住楼总平面布置

本小节以图 13-22 所示的商住楼的总平面图为例，介绍总平面图的绘制。

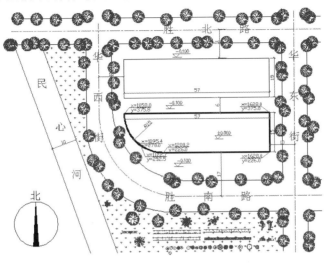

总平面图 1:1000

图 13-22 总平面图

1. 设置单位

在总平面图中一般以"m"为单位进行尺寸标注，但在绘图时仍以"mm"为单位进行绘图。选择菜单栏中的"格式"→"单位"命令，系统打开"图形单位"对话框，如图 13-23 所示。设置长度"类型"为"小数"、"精度"为"0.0000"；设置角度"类型"为"十进制度数"，"精度"为"0.00"；系统默认逆时针方向为正，插入时的缩放比例设置为"无单位"。

2. 设置图形边界

将模型空间设置为 420 000 × 297 000。

3. 设置图层

（1）设置图层名。单击"默认"选项卡"图层"面板中的"图层特性"按钮，打开"图层特性管理器"选项板，单击"新建图层"按钮，生成一个名为"图层 1"的图层，修改图层名称为"轴线"。

（2）设置图层颜色。为了区分不同图层上的图线，增加图形不同部分的对比性，可以在"图层特性管理器"选项板中单击对应图层"颜色"列下的颜色色块，系统打开"选择颜色"对话框，如图 13-24 所示，在该对话框中选择需要的颜色。

图 13-23 "图形单位"对话框

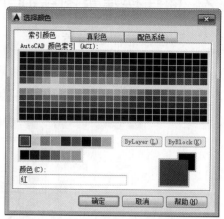

图 13-24 "选择颜色"对话框

（3）设置线型。在常用的工程图纸中，通常要用到不同的线型，不同的线型表示不同的含义。在"图层特性管理器"选项板中单击"线型"列下的线型选项，系统打开"选择线型"对话框，如图 13-25 所示，在该对话框中选择对应的线型。如果在"已加载的线型"列表框中没有需要的线型，可以单击"加载"按钮，打开"加载或重载线型"对话框加载线型，如图 13-26 所示。

图 13-25 "选择线型"对话框

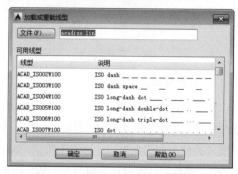

图 13-26 "加载或重载线型"对话框

（4）设置线宽。在工程图纸中，不同的线宽表示不同的含义，因此要对不同图层的线宽进行设置。单击"图层特性管理器"选项板中"线宽"列下的选项，系统打开"线宽"对话框，如图 13-27 所示，在该对话框中选择适当的线宽，完成轴线的设置，结果如图 13-28 所示。

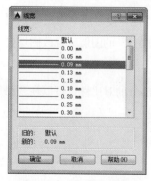

图 13-27 "线宽"对话框

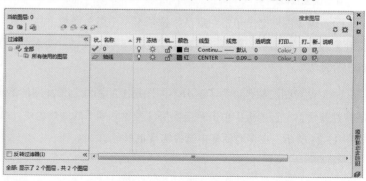

图 13-28 轴线的设置

【技巧荟萃】

在绘制建筑轴线时，一般选择建筑横向、纵向的最大长度为轴线长度。但当建筑物形体过于复杂时，太长的轴线往往会影响图形效果。因此，也可以仅在一些需要轴线定位的建筑局部绘制轴线。

（5）按照上述步骤，完成其他图层的设置，结果如图 13-29 所示。

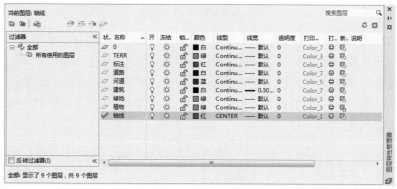

图 13-29　图层的设置

4．绘制建筑物轮廓

（1）绘制轮廓线。单击"默认"选项卡"图层"面板中的"图层特性"按钮，打开"图层特性管理器"选项板，将"建筑"图层设置为当前图层。单击"默认"选项卡"绘图"面板中的"多段线"按钮，绘制建筑物周边的可见轮廓线。

（2）轮廓线加粗。选中多段线，按<Ctrl+1>组合键打开"多段线"特性选项板，如图 13-30 所示。可以在"几何图形"选项中调整"全局宽度"，也可以在"基本"选项中调整"线宽"，将轮廓线加粗，结果如图 13-31 所示。

图 13-30　"多段线"特性

图 13-31　绘制轮廓线

5. 建筑物定位

可以根据坐标来定位，即根据国家大地坐标系或测量坐标系引出定位坐标。对于建筑定位，一般至少应给出 3 个角点坐标。这种方式精度高，但比较复杂。

也可以根据相对距离来进行建筑物定位，即参照现有的建筑物和构筑物、场地边界、围墙、道路中心等的边缘位置，以相对距离来确定新建筑的设计位置。这种方式比较简单，但精度低。本商住楼临街外墙与街道平行，以外墙定位轴线为定位基准，采用相对距离定位比较方便。

（1）绘制辅助线。单击"默认"选项卡"图层"面板中的"图层特性"按钮 ，打开"图层特性管理器"选项板，将"轴线"图层设置为当前图层。单击"默认"选项卡"绘图"面板中的"直线"按钮 ，绘制一条水平中心线和一条竖直中心线。然后单击"默认"选项卡"修改"面板的"偏移"按钮 ，将水平中心线向上偏移 64 000，将竖直中心线向右偏移 77 000，形成道路中心线，结果如图 13-32 所示。

（2）建筑定位。单击"默认"选项卡"修改"面板的"偏移"按钮 ，将下侧的水平中心线向上偏移 17 000，将右侧的竖直中心线向左偏移 10 000。然后单击"默认"选项卡"修改"面板的"移动"按钮 ，移动建筑物轮廓线，结果如图 13-33 所示。

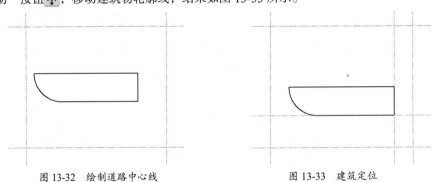

图 13-32　绘制道路中心线　　　　　　　　图 13-33　建筑定位

6. 绘制道路

（1）单击"默认"选项卡"图层"面板中的"图层特性"按钮 ，打开"图层特性管理器"选项板，将"道路"图层设置为当前图层。

（2）单击"默认"选项卡"修改"面板的"偏移"按钮 ，将最下侧的水平中心线分别向两侧偏移 6000，将其余的中心线分别向两侧偏移 5000。选择所有偏移后的直线，设置为"道路"图层，得到主要的道路。然后单击"默认"选项卡"修改"面板的"修剪"按钮 ，修剪掉道路多余的线条，使得道路整体连贯，结果如图 13-34 所示。

（3）单击"默认"选项卡"修改"面板的"圆角"按钮 ，将道路进行圆角处理，左下角的圆角半径分别为 30 000、32 000 和 34 000，其余圆角半径为 10 000，结果如图 13-35 所示。

7. 绘制河道

单击"默认"选项卡"绘图"面板中的"直线"按钮 ，绘制河道，结果如图 13-36 所示。

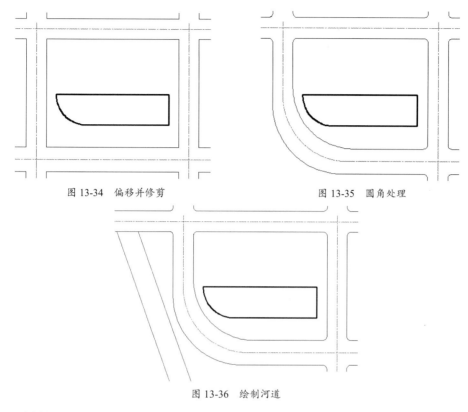

图 13-34　偏移并修剪　　　　　　　　图 13-35　圆角处理

图 13-36　绘制河道

8．绘制街头花园

沿街面空地与河道之间设置为街头花园。

（1）单击"插入"选项卡"块"面板中的"插入"按钮，将乔木、灌木等图例插入到图中。

（2）单击"默认"选项卡"修改"面板中的"复制"按钮，将相同的图标复制到合适的位置，完成乔木、灌木等图例的绘制。

（3）单击"默认"选项卡"绘图"面板中的"图案填充"按钮，绘制草坪，完成街头花园的绘制，结果如图 13-37 所示。

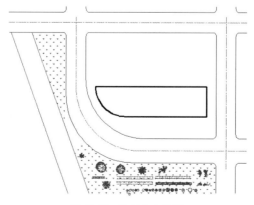

图 13-37　绘制街头花园

9. 绘制已有建筑

新建建筑后面为已有的旧建筑。分别单击"默认"选项卡"绘图"面板中的"直线"按钮 和 "默认"选项卡"修改"面板中的"偏移"按钮 ，绘制已有建筑，结果如图13-38所示。

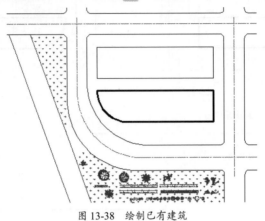

图 13-38　绘制已有建筑

10. 布置绿化

在道路两侧布置绿化。单击"插入"选项卡"块"面板中的"插入"按钮 ，插入绿化图块。然后单击"默认"选项卡"修改"面板中的"复制"按钮 ，将绿化图块复制到合适的位置，结果如图13-39所示。

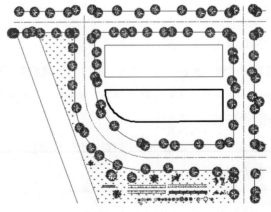

图 13-39　布置绿化

11. 尺寸、标高和坐标标注

在总平面图上标注新建建筑房屋的总长、总宽及与周围建筑物、构筑物、道路、红线之间的距离。标高标注应标注室内地平标高和室外整平标高，二者均为绝对值。初步设计及施工设计图设计阶段的总图中还需要准确标注建筑物角点测量坐标或建筑坐标。总平面图上测量坐标代号用"X,Y"来表示，建筑坐标代号用"A,B"来表示。

1）尺寸样式设置

（1）单击"注释"选项卡"标注"面板中的"对话框启动器"按钮 ，系统打开"标注样式管理器"对话框，如图 13-40 所示。

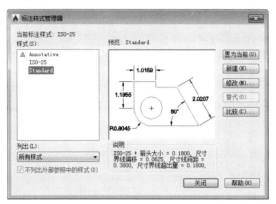

图 13-40　"标注样式管理器"对话框

（2）单击"新建"按钮，打开"创建新标注样式"对话框，在"新样式名"文本框中输入"总平面图"，如图 13-41 所示。

图 13-41　"创建新标注样式"对话框

（3）单击"继续"按钮，打开"新建标注样式：总平面图"对话框，单击"线"选项卡，设定"尺寸界线"选项组中的"超出尺寸线"为 400，如图 13-42 所示。

图 13-42　"线"选项卡

（4）单击"符号和箭头"选项卡，在"箭头"选项组的"第一个"下拉列表框中选择" 建筑标记"选项，在"第二个"下拉列表框中选择"☑建筑标记"选项，并设定"箭头大小"为400，完成"符号和箭头"选项卡的设置，如图13-43所示。

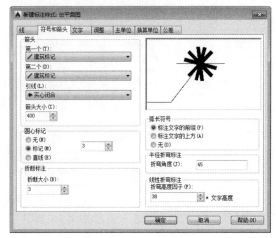

图 13-43 "符号和箭头"选项卡

（5）单击"文字"选项卡，单击"文字样式"右边的 ... 按钮，打开"文字样式"对话框。单击"新建"按钮，创建新的文字样式"米单位"，取消勾选"使用大字体"复选框，在"字体名"下拉列表框中选择"黑体"选项，设定文字"高度"为"1200"，如图13-44所示，并将其置为当前。最后单击"关闭"按钮关闭对话框。

图 13-44 "文字样式"对话框

（6）在"文字"选项卡"文字外观"选项组的"文字样式"下拉列表框中选择"米单位"，在"文字位置"选项组的"从尺寸线偏移"文本框中输入"200"，完成"文字"选项卡的设置，如图13-45所示。

（7）单击"主单位"选项卡，在"线性标注"选项组的"后缀"文本框中输入 m，表示以米为单位进行标注，在"测量单位比例"选项组的"比例因子"文本框中输入"0.001"，完成"主单位"选项卡的设置，如图 13-46 所示。单击"确定"按钮返回"标注样式管理器"对话框，在"样式"列表框中选择"总平面图"样式，单击"置为当前"按钮，最后单击"关闭"按钮返回绘图区。

图 13-45　"文字"选项卡

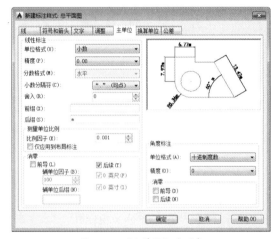

图 13-46　"主单位"选项卡

2）标注尺寸

单击"注释"选项卡"标注"面板中的"线性"按钮 ⊢⊣，在总平面图中标注建筑物的尺寸和新建建筑到道路中心线的相对距离，结果如图 13-47 所示。

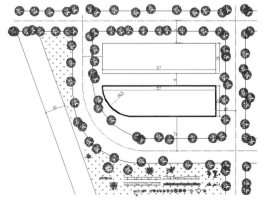

图 13-47　标注尺寸

12. 标高标注

单击"插入"选项卡"块"面板中的"插入"按钮 🔲，将"标高"图块插入到总平面图中。再单击"注释"选项卡"文字"面板中的"多行文字"按钮 **A**，输入相应的标高值，结果如图 13-48 所示。

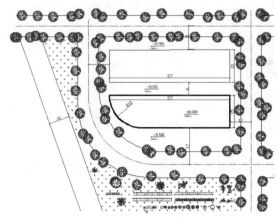

图 13-48　标高标注

13. 坐标标注

（1）绘制指引线。单击"默认"选项卡"绘图"面板中的"直线"按钮 ✏️，由轴线或外墙面交点引出指引线。

（2）定义属性。单击"插入"选项卡"块定义"面板中的"定义属性"按钮 ✎，弹出"属性定义"对话框，如图 13-49 所示。在该对话框中输入对应的属性设置，在"属性"选项组的"标记"文本框中输入"x="，在"提示"文本框中输入"输入 x 坐标值"，"文字高度"设为 1200。单击"确定"按钮，在屏幕上指定标记位置。

（3）重复上述命令，在"属性"选项组的"标记"文本框中输入"y="，在"提示"文本框中输入"输入 y 坐标值"，完成属性定义，结果如图 13-50 所示。

图 13-49　"属性定义"对话框

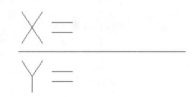

图 13-50　定义属性

（4）定义块。单击"插入"选项卡"块定义"面板中的"创建块"按钮，弹出"块定义"
对话框，如图 13-51 所示，定义"坐标"块。

图 13-51 "块定义"对话框

单击"确定"按钮，弹出"编辑属性"对话框，如图 13-52 所示。在"输入坐标值"文本框中
输入 x、y 坐标值，结果如图 13-53 所示。

图 13-52 "编辑属性"对话框

图 13-53 输入坐标值

（5）单击"插入"选项卡"块"面板中的"插入"按钮，弹出"插入"对话框，如图 13-54
所示，将坐标插入到图中合适的位置，如图 13-55 所示。

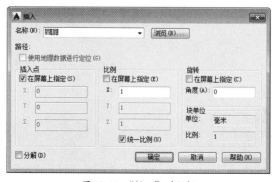

图 13-54 "插入"对话框

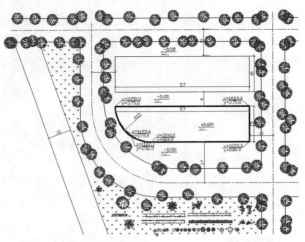

图 13-55 标注坐标

14. 文字标注

（1）单击"默认"选项卡"图层"面板中的"图层特性"按钮，打开"图层特性管理器"选项板，将"文字标注"图层设置为当前层。

（2）单击"默认"选项卡"注释"面板中的"多行文字"按钮 A，标注入口、道路等，结果如图 13-56 所示。

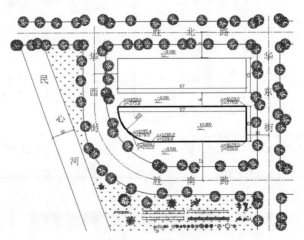

图 13-56 文字标注

15. 图名标注

分别单击"默认"选项卡"绘图"面板中的"直线"按钮和"注释"面板中的"多行文字"按钮 A，标注图名，结果如图 13-57 所示。

16. 绘制指北针

单击"默认"选项卡"绘图"面板中的"圆"按钮，绘制一个圆；然后单击"默认"选项卡"绘图"面板中的"直线"按钮，绘制指北针。最终完成总平面图的绘制，结果如图 13-22 所示。

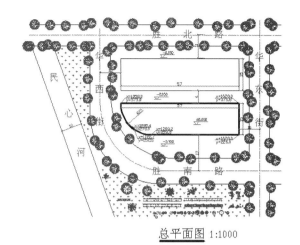

图 13-57　图名标注

13.2.2　绘制商住楼平面图

下面以图 13-58 所示的商住楼一层平面图绘制过程为例介绍平面图的绘制方法。

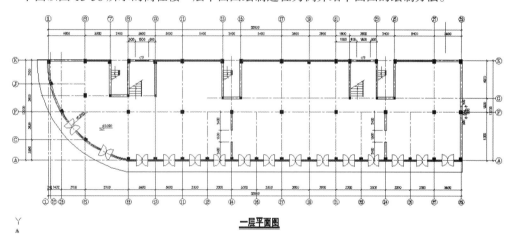

图 13-58　一层平面图

1．设置绘图环境

（1）利用 LIMITS 命令设置图幅为 42 000×29 700。

（2）单击"默认"选项卡"图层"面板中的"图层特性"按钮，打开"图层特性管理器"选项板，创建图层轴线、墙线、柱、标注、楼梯等图层，结果如图 13-59 所示。

2．绘制轴线网

（1）单击"默认"选项卡"图层"面板中的"图层特性"按钮，打开"图层特性管理器"选项板，将当前图层设置为"轴线"图层。

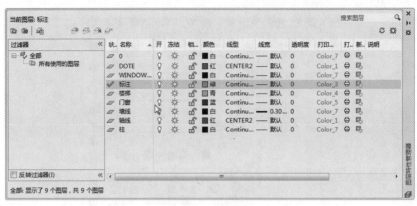

图 13-59　设置图层

（2）单击"默认"选项卡"绘图"面板中的"构造线"按钮 ╱，绘制一条水平构造线和一条竖直构造线，组成"十"字构造线。单击"默认"选项卡"修改"面板中的"偏移"按钮 ⬡，将水平构造线连续分别往上偏移 2665、3635、1800、300、1500 和 3100，得到水平方向的辅助线；将竖直构造线连续分别往右偏移 349、1432、3119、3300、2400、3600、3600、3300、2100、1200、1200、2100、3300、3600、3600、1800、1500、2100、1200、1200、2100、3300 和 3600，得到竖直方向的辅助线，它们和水平辅助线一起构成正交的辅助线网。然后将轴线网进行修改，得到一层辅助线网格，如图 13-60 所示。

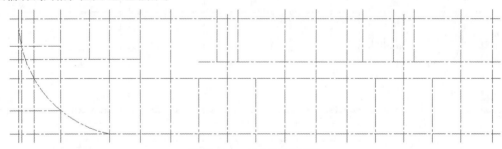

图 13-60　一层建筑轴线网格

3. 绘制柱

（1）单击"默认"选项卡"图层"面板中的"图层特性"按钮 ⬚，打开"图层特性管理器"选项板，将当前图层设置为"柱"图层。

（2）建立柱图块。单击"默认"选项卡"绘图"面板中的"矩形"按钮 ▭，绘制 500×400 的矩形。单击"默认"选项卡"绘图"面板中的"图案填充"按钮 ▨，选择"SOLID"图样选项填充矩形，完成混凝土柱的绘制。单击"插入"选项卡"块定义"中的"创建块"按钮 ⬚，建立"柱"图块，并以矩形的中点作为插入基点。

（3）柱布置。分别单击"插入"选项卡"块"面板中的"插入"按钮 ⬚和"默认"选项卡"修改"面板中的"移动"按钮 ✛，将混凝土柱图案插入到相应的位置上，结果如图 13-61 所示。

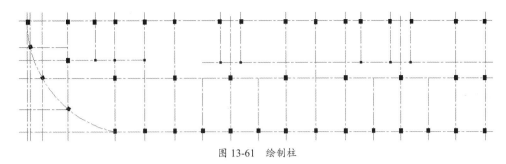

图 13-61　绘制柱

4．绘制墙线

（1）单击"默认"选项卡"图层"面板中的"图层特性"按钮，打开"图层特性管理器"选项板，将当前图层设置为"墙线"图层。

（2）墙体绘制。选择菜单栏中的"格式"→"多线样式"命令，新建多线样式"240"，在"图元"中的元素偏移量设为 120 和 -120，将多线样式"240"置为当前层，完成"240"墙体多线的设置。选择菜单栏中的"绘图"→"多线"命令，对齐方式设为"无"，多线比例设为"1"，绘制墙线。

（3）墙体修整。本商住楼墙体为填充墙，不参与结构承重，主要起分隔空间的作用，其中心线位置不一定与定位轴线重合，因此有时会出现偏移一定距离的情况。修整结果如图 13-62 所示。

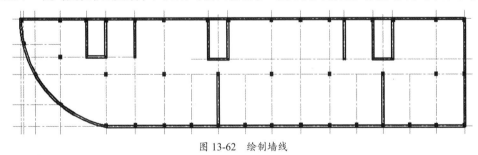

图 13-62　绘制墙线

5．绘制门窗

（1）单击"默认"选项卡"图层"面板中的"图层特性"按钮，打开"图层特性管理器"选项板，将当前图层设置为"门窗"图层。

（2）绘制门窗洞口。借助辅助线确定门窗洞口的位置，然后将洞口处的墙线修剪掉，并将墙线封口，结果如图 13-63 所示。

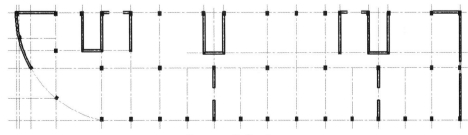

图 13-63　绘制门窗洞口

（3）绘制窗户。

① 在命令行中输入"MLSTYLE"命令，弹出"多线样式"对话框，如图 13-64 所示，新建多线"窗"。在"封口"选项组的直线选项中勾选"起点"、"端点"复选框，单击"新建多线样式：窗"对话框中的"图元"选项组中的"添加"按钮，添加偏移数目，把其中的元素偏移量分别设为 120、40、-40 和-120，如图 13-65 所示。然后单击"确定"按钮，回到"多线样式"对话框，将"窗"多线样式置为当前样式。

图 13-64　"多线样式"对话框

图 13-65　"新建多线样式：窗"对话框

② 在命令行中输入"MLINE"命令，绘制窗户，命令行提示与操作如下。

```
命令: _mline
当前设置: 对正 = 上, 比例 =20.00, 样式 = 窗
指定起点或 [对正(J)/比例(S)/样式(ST)]: j
输入对正类型 [上(T)/无(Z)/下(B)] <上>: z
当前设置: 对正 = 无, 比例 = 1.00, 样式 = 窗
指定起点或 [对正(J)/比例(S)/样式(ST)]: s
```

输入多线比例 <20.00>: 1
指定起点或 [对正(J)/比例(S)/样式(ST)]:选择北侧窗洞口的左端点
指定下一点或 [放弃(U)]:选择北侧窗洞口的右端点

完成北侧窗的绘制。

重复上述命令，绘制其余窗，最终完成窗的绘制，结果如图 13-66 所示。

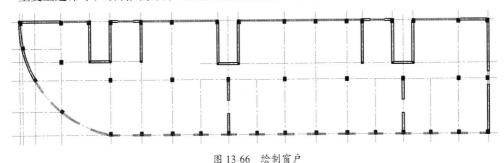

图 13-66　绘制窗户

（4）绘制门。

① 分别单击"默认"选项卡"绘图"面板中的"直线"按钮 ⁄、"圆弧"按钮 ⁄ 和"修改"面板中的"镜像"按钮 ⚏，绘制门，如图 13-67 所示。

② 单击"插入"选项卡"块定义"面板中的"创建块"按钮 ⬚，弹出"块定义"对话框，创建"门"块，如图 13-68 所示。

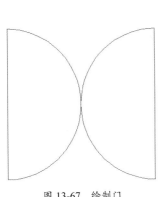

图 13-67　绘制门

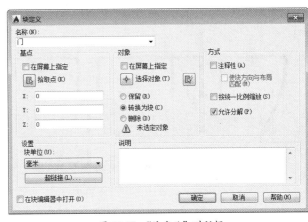

图 13-68　"块定义"对话框

③ 单击"插入"选项卡"块"面板中的"插入"按钮 ⬚，将门图块插入到图形中，如图 13-69 所示。使用同样的方法，插入其他门图块，最终结果如图 13-70 所示。

6. 绘制楼梯

一层楼梯分为商场用楼梯和住宅用楼梯。商场用楼梯间宽度为 3.6m，梯段长度为 1.6m，楼梯设计为双跑（等跑）楼梯，踏步高度为 163.6mm、宽为 300mm，需要 22 级。住宅用楼梯间宽度为 2.4m，梯段长度为 1m，设计楼梯踏步高度为 167mm、宽为 260mm。

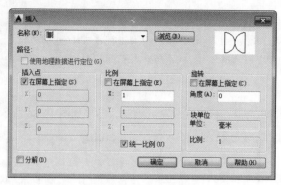

图 13-69 "插入"对话框

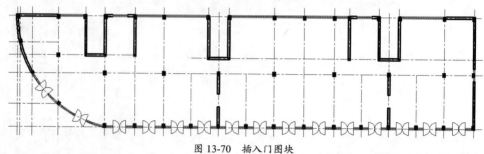

图 13-70 插入门图块

（1）单击"默认"选项卡"图层"面板中的"图层特性"按钮 📇 ，打开"图层特性管理器"选项板，将当前图层设置为"楼梯"图层。

（2）根据楼梯尺寸，首先绘制出楼梯梯段的定位辅助线，然后绘制出底层楼梯，结果如图 13-71 所示。

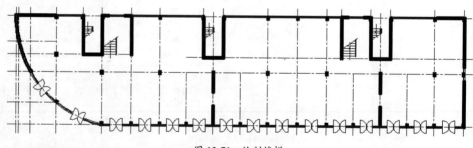

图 13-71 绘制楼梯

7. 绘制散水

单击"默认"选项卡"修改"面板中的"偏移"按钮 ⏹ ，将最下侧轴线和圆弧轴线向外偏移 1500。然后单击"默认"选项卡"绘图"面板中的"直线"按钮 ✏ ，补全散水，结果如图 13-72 所示。

8. 尺寸标注和文字说明

（1）单击"默认"选项卡"图层"面板中的"图层特性"按钮 📇 ，打开"图层特性管理器"选项板，将当前图层设置为"标注"图层。

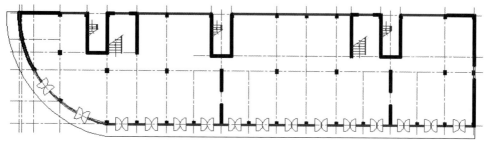

图 13-72　绘制散水

（2）分别单击"注释"选项卡"标注"面板中的"线性"按钮 ⊢、"连续"按钮 ⊞ 和"默认"选项卡"绘图"面板中的"多行文字"按钮 A，进行尺寸标注和文字说明，完成一层平面图的绘制，结果如图 13-58 所示。

13.2.3　绘制商住楼立面图

卜面以图 13-73 所示的商住楼南立面图绘制过程为例介绍立面图的绘制方法。

55000

南立面图

图 13-73　南立面图

1. 设置绘图环境

（1）利用 LIMITS 命令设置图幅为 42 000 × 29 700。

（2）单击"默认"选项卡"图层"面板中的"图层特性"按钮 备，打开"图层特性管理器"选项板，创建"立面"图层，并将其置为当前层。

2. 绘制定位辅助线

（1）复制一层平面图，并将暂时不用的图层关闭。单击"默认"选项卡"绘图"面板中的"直线"按钮 ⁄，在一层平面图下方绘制一条地平线，地平线上方需留出足够的绘图空间。

（2）单击"默认"选项卡"绘图"面板中的"直线"按钮 ⁄，由一层平面图向下引出定位辅助线，结果如图 13-74 所示。

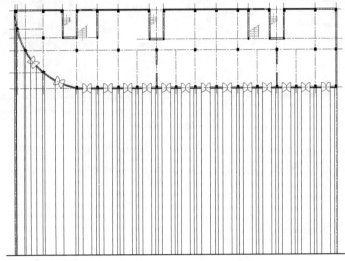

图 13-74　绘制一层竖向辅助线

（3）单击"默认"选项卡"修改"面板中的"偏移"按钮 ⚒，根据室内外高差、各层层高、屋面标高等确定楼层定位辅助线，结果如图 13-75 所示。

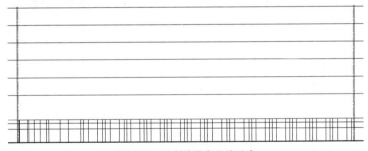

图 13-75　绘制楼层定位辅助线

3. 绘制一层立面图

1）绘制室内外地平线

分别单击"默认"选项卡"绘图"面板中的"直线"按钮 ✏ 和"默认"选项卡"修改"面板中的"偏移"按钮 ⚒，绘制室内外地平线，室内外高差为 100，结果如图 13-76 所示。

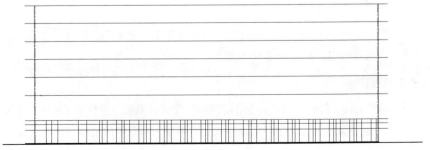

图 13-76　绘制室内外地平线

2）绘制一层窗户

一、二层为大开间商场，所以设计全玻璃门窗，既符合建筑个性，也能够获得大面积采光。单击"默认"选项卡"绘图"面板中的"直线"按钮，根据定位辅助线绘制一层窗户，结果如图 13-77 所示。

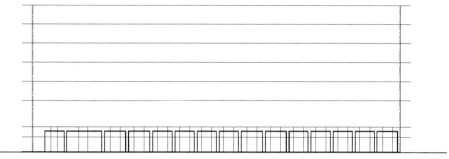

图 13-77 绘制一层窗户

3）绘制一层门

单击"默认"选项卡"绘图"面板中的"直线"按钮，根据定位辅助线绘制一层门，结果如图 13-78 所示。

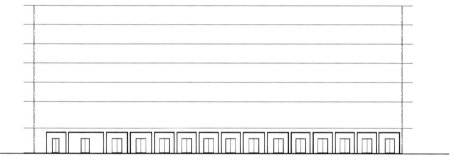

图 13-78 绘制一层门

4）细化一层立面图

分别单击"默认"选项卡"绘图"面板中的"直线"按钮和"修改"面板中的"偏移"按钮，细化一层立面图，结果如图 13-79 所示。

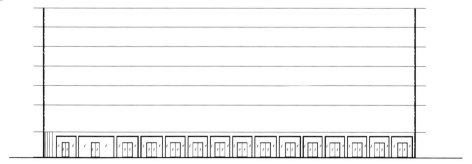

图 13-79 细化一层立面图

4．绘制二层立面图

1）绘制二层定位辅助线

复制二层平面图，然后单击"默认"选项卡"绘图"面板中的"直线"按钮，由二层平面图向下引出竖向定位辅助线，再单击"默认"选项卡"修改"面板中的"偏移"按钮，绘制横向地位辅助线，结果如图 13-80 所示。

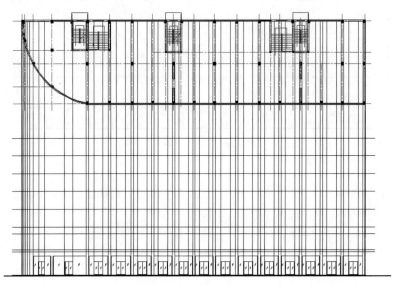

图 13-80　绘制二层定位辅助线

2）绘制二层窗户

单击"默认"选项卡"绘图"面板中的"直线"按钮，根据定位辅助线绘制二层窗户，结果如图 13-81 所示。

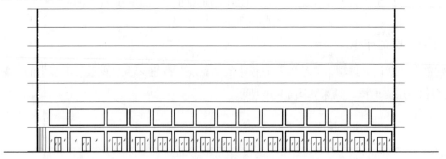

图 13-81　绘制二层窗户

3）细化二层立面图

分别单击"默认"选项卡"绘图"面板中的"直线"按钮和"默认"选项卡"修改"面板中的"偏移"按钮，细化二层立面图，结果如图 13-82 所示。

4）绘制二层屋檐

根据定位辅助直线，单击"默认"选项卡"绘图"面板中的"直线"按钮，然后再单击"默认"选项卡"修改"面板中的"偏移"按钮和"修剪"按钮，绘制二层屋檐，结果如图 13-83 所示。

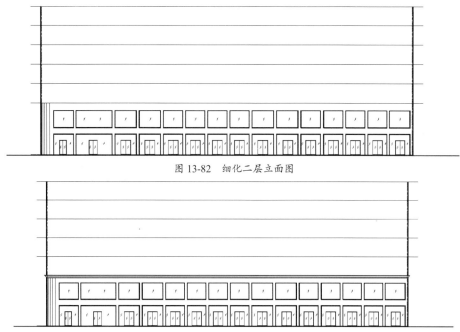

图 13-82 细化二层立面图

图 13-83 绘制二层屋檐

5. 绘制三层立面图

1）绘制三层定位辅助线

复制三层平面图，然后单击"默认"选项卡"绘图"面板中的"直线"按钮，由三层平面图向下引出竖向定位辅助线，再单击"默认"选项卡"修改"面板中的"偏移"按钮，绘制横向地位辅助线，结果如图 13-84 所示。

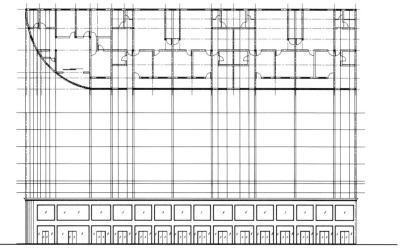

图 13-84 绘制三层定位辅助线

2）绘制三层窗户

单击"默认"选项卡"绘图"面板中的"直线"按钮，根据定位辅助线绘制三层窗户，结果如图 13-85 所示。

图 13-85　绘制三层窗户

6．绘制四-六层立面图

1）绘制窗户

单击"默认"选项卡"修改"面板中的"复制"按钮，将三层窗户复制到四-六层，结果如图 13-86 所示。

图 13-86　绘制四-六层窗户

2）绘制六层屋檐

单击"默认"选项卡"修改"面板中的"复制"按钮，将二层屋檐复制到六层，结果如图 13-87 所示。

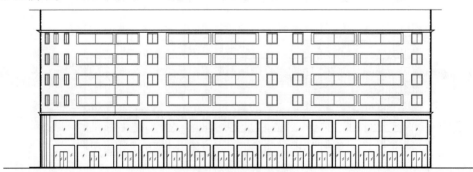

图 13-87　绘制六层屋檐

7．绘制隔热层和屋顶

（1）绘制隔热层和屋顶轮廓线。单击"默认"选项卡"绘图"面板中的"直线"按钮／，根据定位辅助线绘制隔热层和屋顶轮廓线，结果如图 13-88 所示。

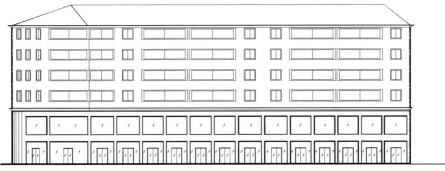

图 13-88　绘制隔热层和屋顶轮廓线

（2）绘制老虎窗。单击"默认"选项卡"绘图"面板中的"直线"按钮／和"矩形"按钮□，绘制老虎窗，结果如图 13-89 所示。

图 13-89　绘制老虎窗

8．文字说明和标注

单击"默认"选项卡"绘图"面板中的"直线"按钮／和"多行文字"按钮 **A**，进行标高标注和文字说明，最终完成南立面图的绘制，结果如图 13-73 所示。

13.2.4　绘制商住楼剖面图

本节以图 13-90 所示的商住楼 1-1 剖面图绘制为例介绍剖面图的绘制方法与技巧。1-1 剖切位置为商住楼楼梯间。

1．设置绘图环境

（1）用 LIMITS 命令设置图幅为 42 000×29 700。

（2）单击"默认"选项卡"图层"面板中的"图层特性"按钮，打开"图层特性管理器"选项板，创建"剖面"图层，并将其置为当前层。

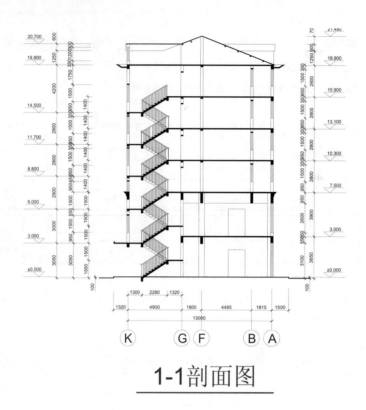

1-1剖面图

图 13-90   1-1 剖面图

2. 绘制定位辅助线

复制一层平面图、三层平面图和南立面图。单击"默认"选项卡"绘图"面板中的"直线"按钮，在立面图左侧同一水平线上绘制室外地平线位置，然后采用绘制立面图定位辅助线的方法绘制出剖面图的定位辅助线，结果如图 13-91 所示。

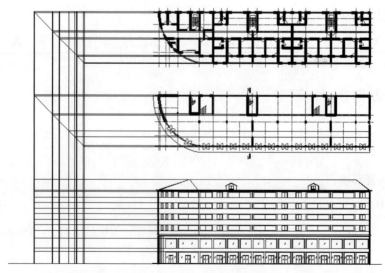

图 13-91   绘制定位辅助线

3．绘制室外地平线

分别单击"默认"选项卡"绘图"面板中的"直线"按钮 ╱ 和"修改"面板中的"偏移"按钮 △，根据平面图中的室内外标高确定室内外地平线的位置，室内外高差为 100，然后将直线设置为粗实线，结果如图 13-92 所示。

4．绘制墙线

单击"默认"选项卡"绘图"面板中的"直线"按钮 ╱，根据定位直线绘制墙线，并将墙线线宽设置为 0.3，结果如图 13-93 所示。

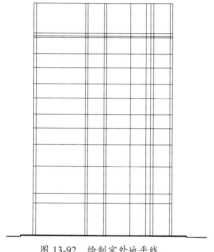

图 13-92　绘制室外地平线

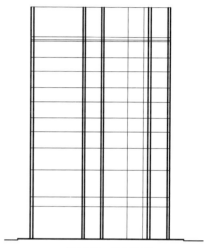

图 13-93　绘制墙线

5．绘制一层楼板

（1）单击"默认"选项卡"修改"面板中的"偏移"按钮 △，根据楼层层高，将室内地平线向上偏移 3600，得到一层楼板的顶面，然后将偏移后的直线依次向下偏移 100 和 600。

（2）单击"默认"选项卡"修改"面板中的"修剪"按钮 ╱-，将偏移后的直线进行修剪，得到一层楼板轮廓。

（3）单击"默认"选项卡"绘图"面板中的"图案填充"按钮 ▨，将楼板层填充为 SOLID 图案，结果如图 13-94 所示。

6．绘制二层楼板和屋檐

重复上述方法，绘制二层楼板。分别单击"默认"选项卡"绘图"面板中的"直线"按钮 ╱、"图案填充"按钮 ▨ 和"修改"面板中的"修剪"按钮 ╱-，绘制屋檐，结果如图 13-95 所示。

7．绘制一、二层门窗

（1）单击"默认"选项卡"绘图"面板中的"直线"按钮 ╱ 和"修改"面板中的"修剪"按钮 ╱-，以及选择菜单栏中的"多线"命令，绘制一层门窗，结果如图 13-96 所示。

（2）单击"默认"选项卡"修改"面板中的"复制"按钮 ％，将一层门窗复制到二层相应的

位置，并单击"默认"选项卡"修改"面板中的"修剪"按钮 ┼，修剪墙线，结果如图 13-97
所示。

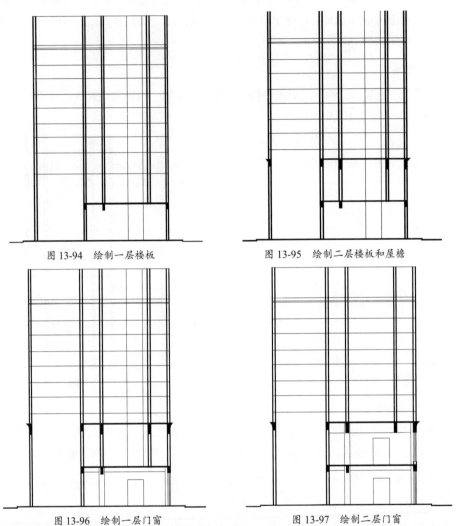

图 13-94 绘制一层楼板   图 13-95 绘制二层楼板和屋檐

图 13-96 绘制一层门窗   图 13-97 绘制二层门窗

8. 绘制一、二层楼梯

一层层高 3.6m，二层层高 3.9m，将一二层楼梯分为 5 段，每段楼梯设 9 级台阶，踏步高度为
167mm、宽度为 260mm。

（1）绘制定位直线。单击"默认"选项卡"修改"面板中的"偏移"按钮 ⌷，将楼梯间左侧
的内墙线向右分别偏移 1080 和 1280，将楼梯间右侧的内墙线向左分别偏移 1100 和 1300。将室内
地平线在高度方向上连续偏移 5 次，距离为 1500，并将偏移后的直线设置为细线，结果如图 13-98
所示。

（2）绘制定位网格线。单击"默认"选项卡"绘图"面板中的"直线"按钮 ╱，根据楼梯踏
步高度和宽度将楼梯定位直线等分，绘制出踏步定位网格，结果如图 13-99 所示。

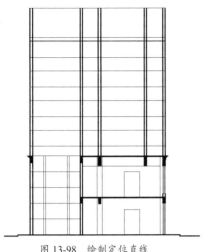

图 13-98　绘制定位直线

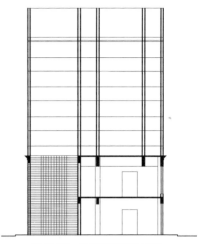

图 13-99　绘制楼梯定位网格

（3）绘制平台板和平台梁。单击"默认"选项卡"绘图"面板中的"直线"按钮／和"矩形"按钮□，根据定位网格线绘制出平台板及平台梁，平台板高 100，平台梁高 400、宽 200，结果如图 13-100 所示。

（4）绘制梯段。单击"默认"选项卡"绘图"面板中的"直线"按钮／和"多段线"按钮，根据定位网格线绘制出楼梯梯段，结果如图 13-101 所示。

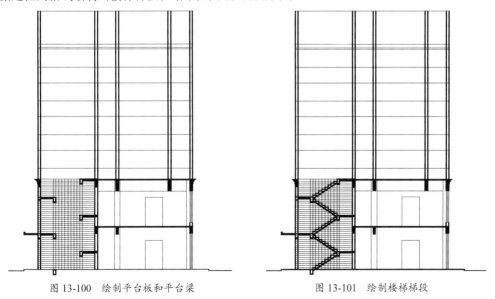

图 13-100　绘制平台板和平台梁　　　　　　图 13-101　绘制楼梯梯段

（5）图案填充。单击"默认"选项卡"修改"面板中的"删除"按钮，删除定位网格线。单击"默认"选项卡"绘图"面板中的"图案填充"按钮，将剖切到的梯段层填充为 SOLID 图案，结果如图 13-102 所示。

（6）绘制扶手，扶手高度为 1100。单击"默认"选项卡"绘图"面板中的"直线"按钮／，从踏步中心绘制两条高度为 1100 的直线，确定栏杆的高度。然后单击"默认"选项卡"绘图"面板中的"构造线"按钮 ，绘制出栏杆扶手的上轮廓。单击"默认"选项卡"修改"面板中的"偏移"按钮 ，将构造线向下偏移 50。分别单击"默认"选项卡"修改"面板中的"修剪"按钮 和"绘图"面板中的"直线"按钮 ，绘制楼梯扶手转角，结果图 13-103 所示。

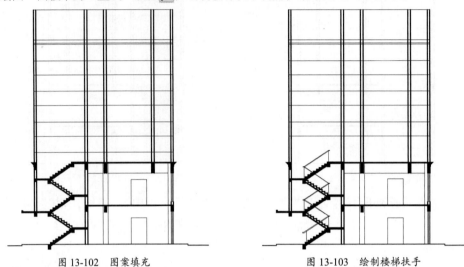

图 13-102　图案填充　　　　　　　图 13-103　绘制楼梯扶手

（7）绘制栏杆。单击"默认"选项卡"绘图"面板中的"矩形"按钮 ，绘制出栏杆下轮廓。单击"默认"选项卡"绘图"面板中的"直线"按钮 ，绘制栏杆的立杆。然后单击"默认"选项卡"修改"面板中的"复制"按钮 ，复制绘制好的栏杆到合适位置，完成栏杆的绘制，结果如图 13-104 所示。

9. 绘制二层楼梯间窗户

选择菜单栏中的"绘图"→"多线"命令，并单击"默认"选项卡"修改"面板中的"修剪"按钮 ，绘制二层楼梯间窗户，结果如图 13-105 所示。

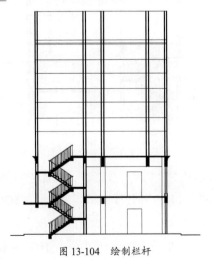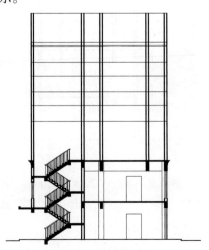

图 13-104　绘制栏杆　　　　　　　图 13-105　绘制二层楼梯间窗户

10．绘制三层楼板

（1）单击"默认"选项卡"修改"面板中的"偏移"按钮 ，根据楼层层高，将二层楼板向上偏移 2800，得到三层楼板，然后将楼板底面线依次向下偏移 120 和 300。

（2）单击"默认"选项卡"修改"面板中的"修剪"按钮 ，将偏移后的直线进行修剪，得到三层楼板轮廓。

（3）单击"默认"选项卡"绘图"面板中的"图案填充"按钮 ，将楼板层填充为 SOLID 图案，结果如图 13-106 所示。

11．绘制三层门窗

单击"默认"选项卡"修改"面板中的"修剪"按钮 ，绘制门窗洞口；然后调用"多线"命令，绘制门窗，绘制方法与平面图和立面图中绘制门窗的方法相同，结果如图 13-107 所示。

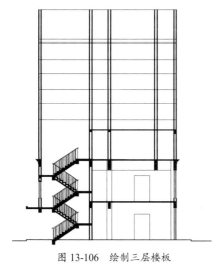

图 13-106 绘制三层楼板

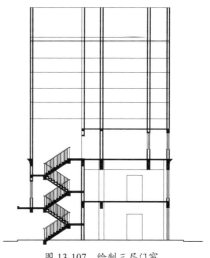

图 13-107 绘制三层门窗

12．绘制四-六层楼板和门窗

单击"默认"选项卡"修改"面板中的"复制"按钮 ，将三层楼板和门窗复制到四-六层，并作相应的修改，结果如图 13-108 所示。

13．绘制四-六层楼梯

四-六层层高为 2.8m，各层楼梯设为两段等跑，每段楼梯设 9 级台阶，踏步高度为 156mm、宽度为 260mm。

（1）绘制定位网格线。分别单击"默认"选项卡"修改"面板中的"偏移"按钮 和"绘图"面板中的"直线"按钮 ，绘制出踏步定位网格，结果如图 13-109 所示。

（2）绘制平台板和平台梁。单击"默认"选项卡"绘图"面板中的"直线"按钮 和"矩形"按钮 ，根据定位网格线绘制出平台板及平台梁，结果如图 13-110 所示。

（3）绘制梯段。单击"默认"选项卡"绘图"面板中的"直线"按钮 和"多段线"按钮 ，根据定位网格线，绘制出楼梯梯段，结果如图 13-111 所示。

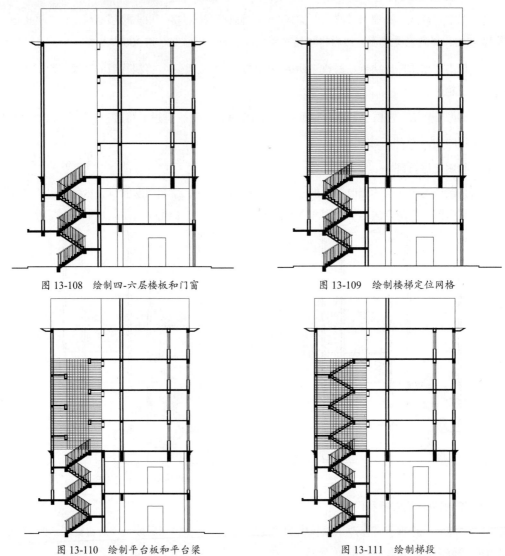

图 13-108　绘制四-六层楼板和门窗　　　　图 13-109　　绘制楼梯定位网格

图 13-110　绘制平台板和平台梁　　　　图 13-111　　绘制梯段

（4）图案填充。单击"默认"选项卡"修改"面板中的"删除"按钮 ，删除定位网格线。单击"默认"选项卡"绘图"面板中的"图案填充"按钮 ，将剖切到的梯段层填充为 SOLID 图案，结果如图 13-112 所示。

（5）绘制扶手和栏杆。分别单击"默认"选项卡"修改"面板中的"偏移"按钮 、"复制"按钮 和"默认"选项卡"绘图"面板中的"矩形"按钮 ，绘制扶手和栏杆，结果如图 13-113 所示。

14．绘制楼梯间窗户

单击"默认"选项卡"修改"面板中的"修剪"按钮 ，绘制门窗洞口。然后选择菜单栏中的"绘图"→"多线"命令，绘制楼梯间窗户，结果如图 13-114 所示。

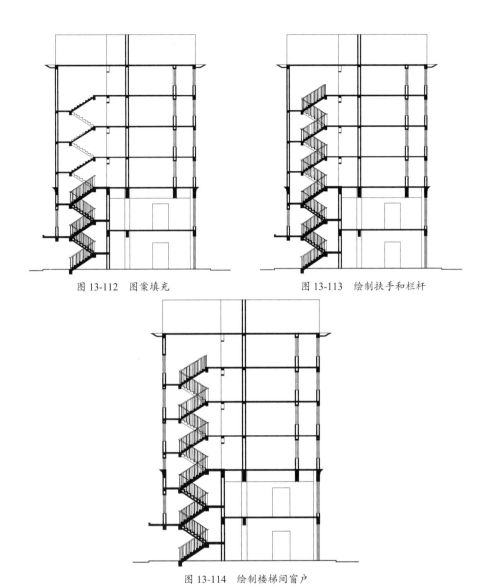

图 13-112　图案填充　　　　　　　　图 13-113　绘制扶手和栏杆

图 13-114　绘制楼梯间窗户

15. 绘制隔热层和屋顶

分别单击"默认"选项卡"绘图"面板中的"直线"按钮、"圆"按钮、"图案填充"按钮和"默认"选项卡"修改"面板中的"偏移"按钮，绘制隔热层和屋顶，结果如图 13-115所示。

16. 绘制隔热层窗户

在命令行中输入"MLINE"命令，绘制隔热层窗户，结果如图 13-116 所示。

17. 文字说明和标注

（1）单击"默认"选项卡"注释"面板中的"线性"按钮、"连续"按钮和"多行文字"按钮，标注楼梯尺寸，结果如图 13-117 所示。

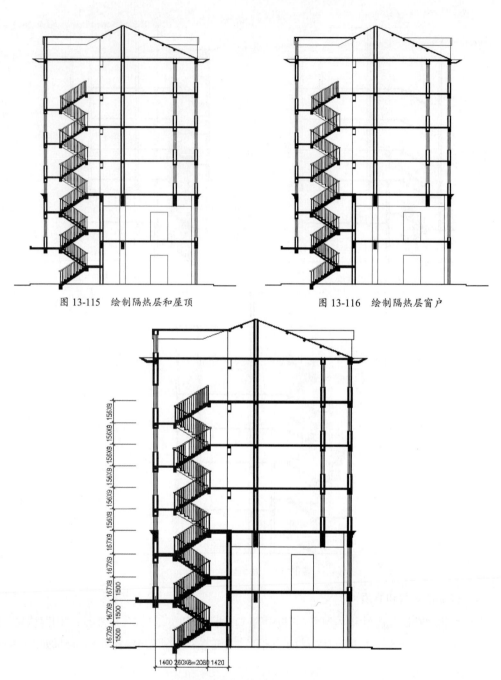

图 13-115　绘制隔热层和屋顶　　　　　　　　图 13-116　绘制隔热层窗户

图 13-117　标注楼梯尺寸

（2）重复上述命令，标注门窗洞口尺寸，结果如图 13-118 所示。

（3）单击"默认"选项卡"注释"面板中的"线性"按钮⊢、"连续"按钮⊬⊬和"多行文字"按钮 A，标注层高尺寸、总体长度尺寸和标高，结果如图 13-119 所示。

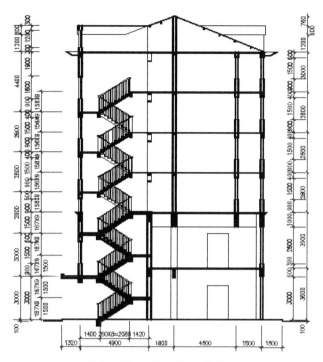

图 13-118　标注门窗洞口尺寸

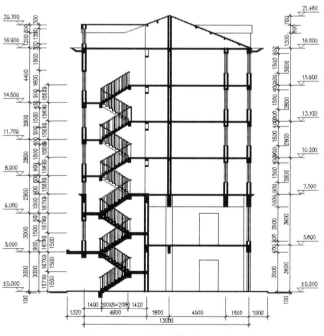

图 13-119　标注层高尺寸和标高

（4）分别单击"默认"选项卡"绘图"面板中的"圆"按钮⊙和"注释"面板中的"多行文字"按钮 A，以及"修改"面板中的"复制"按钮🔊，标注轴线号和文字说明，最终完成 1-1 剖面图的绘制，结果如图 13-90 所示。

13.3　上机操作

【实例 1】 绘制图 13-120~图 13-123 所示的商住楼建筑平面图。

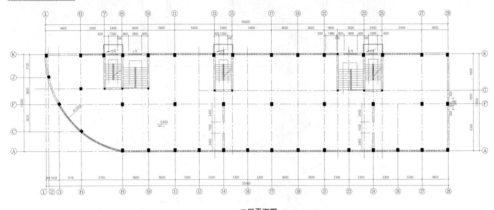

图 13-120　二层平面图的绘制

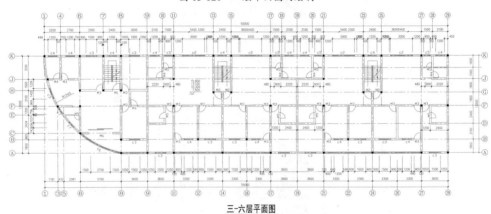

图 13-121　三-六层平面图的绘制

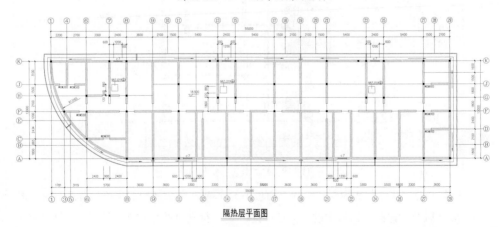

图 13-122　隔热层平面图的绘制

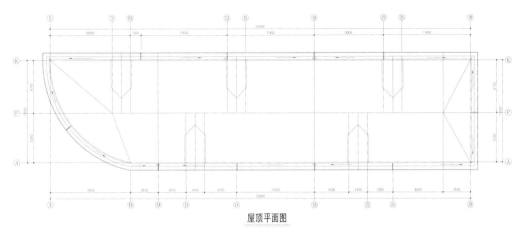

图 13-123　屋顶平面图的绘制

1．目的要求

本实例主要要求读者通过练习进一步熟悉和掌握建筑平面图的绘制方法。通过本实验，结合上面实例中的一层平面图，可以帮助读者学会完成整个建筑平面图绘制的全过程。

2．操作提示

（1）设置绘图环境。

（2）复制并整理已有的其他层平面图以作为本平面图的绘制基础。

（3）绘制细节单元。

（4）尺寸标注和文字说明。

【实例 2】绘制图 13-124~图 13-126 所示的商住楼建筑立面图。

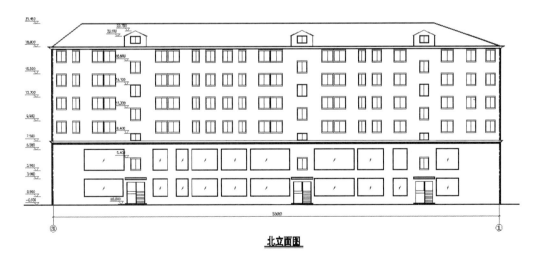

图 13-124　北立面图

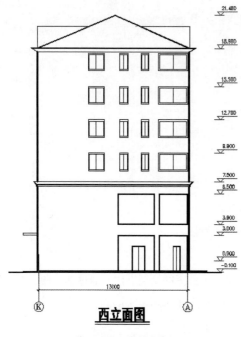

图 13-125　西立面图

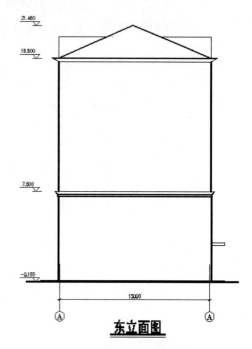

图 13-126　东立面图

1．目的要求

本实例主要要求读者通过练习进一步熟悉和掌握建筑立面图的绘制方法。通过本实验，结合上面实例中的南立面图，可以帮助读者学会完成整个建筑立面图绘制的全过程。

2．操作提示

（1）设置绘图环境。

（2）绘制定位辅助线。

（3）绘制各层立面图。

（4）绘制屋檐和屋顶

（5）尺寸标注和文字说明。

【实例 3】 绘制图 13-127 所示的商住楼 2-2 剖面图。

1．目的要求

本实例主要要求读者通过练习进一步熟悉和掌握建筑剖面图的绘制方法。通过本实验，结合上面实例中的 1-1 剖面图，可以帮助读者学会完成整个建筑剖面图绘制的全过程。

2．操作提示

（1）设置绘图环境。

（2）绘制定位辅助线。

（3）绘制各个建筑单元。

（4）绘制折断线。

（5）尺寸标注和文字说明。

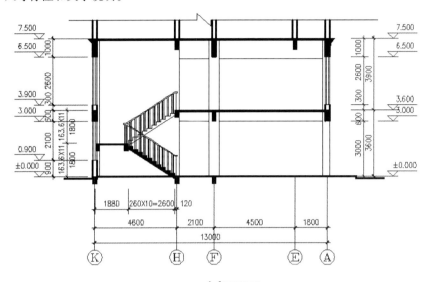

2—2剖面图

图 13-127　2-2 剖面图

附录 1

AutoCAD 2015 常用快捷键

快 捷 键	功　　能
\<F1\>	显示帮助
\<F2\>	实现绘图窗口和文本窗口的切换
\<F3\>	控制是否实现对象自动捕捉
\<F4\>	数字化仪控制
\<F5\>	切换等轴测平面
\<F6\>	控制状态行中坐标的显示方式
\<F7\>	栅格显示模式控制
\<F8\>	正交模式控制
\<F9\>	栅格捕捉模式控制
\<F10\>	切换"极轴追踪"
\<F11\>	对象捕捉追踪模式控制
\<F12\>	切换"动态输入"
\<Ctrl\>+\<A\>	选择图形中未锁定或冻结的所有对象
\<Ctrl\>+\<B\>	切换捕捉模式
\<Ctrl\>+\<C\>	将选择的对象复制到剪贴板上
\<Ctrl\>+\<D\>	切换"动态 UCS"
\<Ctrl\>+\<E\>	在等轴测平面之间循环
\<Ctrl\>+\<F\>	切换执行对象捕捉
\<Ctrl\>+\<G\>	切换图形栅格
\<Ctrl\>+\<J\>	重复执行上一个命令
\<Ctrl\>+\<I\>	切换坐标显示
\<Ctrl\>+\<K\>	插入超链接
\<Ctrl\>+\<L\>	切换正交模式
\<Ctrl\>+\<M\>	重复上一个命令
\<Ctrl\>+\<N\>	新建图形文件
\<Ctrl\>+\<O\>	打开图形文件
\<Ctrl\>+\<P\>	打印当前图形
\<Ctrl\>+\<S\>	保存文件
\<Ctrl\>+\<T\>	切换数字化仪模式

续表

快 捷 键	功　　能
<Ctrl>+<U>	极轴模式控制（<F10>键）
<Ctrl>+<V>	粘贴剪贴板上的内容
<Ctrl>+<W>	对象捕捉追踪模式控制（<F11>键）
<Ctrl>+<X>	将所选内容剪切到剪贴板上
<Ctrl>+<Y>	取消前面的"放弃"动作
<Ctrl>+<Z>	恢复上一个动作
<Ctrl>+<1>	打开"特性"选项板
<Ctrl>+<2>	切换"设计中心"
<Ctrl>+<3>	切换"工具选项板"窗口
<Ctrl>+<4>	切换"图纸集管理器"
<Ctrl>+<6>	切换"数据库连接管理器"
<Ctrl>+<7>	切换"标记集管理器"
<Ctrl>+<8>	切换"快速计算器"选项板
<Ctrl>+<9>	切换"命令行"窗口
<Ctrl>+<Shift>+<A>	切换组
<Ctrl>+<Shift>+<C>	使用基点将对象复制到 Windows 剪贴板
<Ctrl>+<Shift>+<S>	另存为
<Ctrl>+<Shift>+<V>	将剪贴板中的数据作为块进行粘贴
<Ctrl>+<Shift>+<P>	切换"快捷特性"界面
<Ctrl>+<A>	全部选择对象
<Ctrl>+<C>	选择对象
<Ctrl>+<D>	打开动态 UCS
<Ctrl>+<E>	切换等轴测平面
<Ctrl>+<L>	切换正交开关
<Ctrl>+<P>	打开"打印-模型"对话框
<Ctrl>+<Q>	提示"是否将文件保存"对话框
<Ctrl>+<S>	打开"图形另存为"对话框
<Delete>	删除
<End>	跳到最后一帧

🔔 注意

在"自定义用户界面"编辑器中，可以查看、打印或复制快捷键列表和临时替代键列表。列表中的快捷键和临时替代键是程序中已加载的 CUIx 文件所使用的此类按键。

附录 2

AutoCAD 2015 快捷命令

快捷命令	命　　令	功　　能
A	ARC	创建圆弧
AA	AREA	计算指定区域的面积和周长
ADC	ADCENTER	打开"设计中心"选项板
AL	ALIGN	在二维或三维空间中将某对象与其他对象对齐
AP	APPLOAD	加载或卸载应用程序
AR	ARRAY	阵列
ATE	ATTEDIT	改变块的属性信息
ATT	ATTDEF	创建属性定义
ATTE	-ATTEDIT	编辑块的属性
AV	DSVIEWER	鸟瞰视图
B	BLOCK	创建块
BC	BCLOSE	关闭块编辑器
BE	BEDIT	在块编辑器中打开块定义
BH	BHATCH	使用图案填充或渐变填充来填充封闭区域或选定对象
BO	BOUNDARY	从封闭区域创建面域或多段线
BR	BREAK	在两点间打断选定对象
BS	BSAVE	保存定义块并参照
C	CIRCLE	创建圆
CH、MO	PROPERTIES	显示对象特性
CHA	CHAMFER	为对象的边加倒角
CHK	CHECKSTANDARDS	检查当前图形中是否存在标准冲突
CO	COPY	复制对象
COL	COLOR	设置新对象的颜色
D	DIMSTYLE	创建和修改标注样式
DAL	DIMALIGNED	对齐线性标注
DAN	DIMANGULAR	角度标注
DBA	DIMBASELINE	基线标注
DBC	DBCONNECT	提供至外部数据库表的接口

续表

快捷命令	命　　令	功　　能
DCE	DIMCENTER	创建圆或圆弧的中心标记或中心线
DCO	DIMCONTINUE	连续标注
DDI	DIMDIAMETER	为圆或圆弧创建直径标注
DED	DIMEDIT	编辑标注
DI	DIST	测量两点之间的距离和角度
DIV	DIVIDE	定数等分
DLI	DIMLINEAR	线性标注
DO	DONUT	绘制填充的圆或环
DOR	DIMORDINATE	坐标点标注
DOV	DIMOVERRIDE	替换标注系统变量
DRA	DIMRADIUS	为圆或圆弧创建半径标注
DS、SE	DSETTINGS	打开"草图设置"对话框
DV	DVIEW	使用相机和目标定义平行投影或透视视图
E	ERASE	从图形中删除对象
ED	DDEDIT	编辑文字、标注文字、属性定义和特征控制框
EL	ELLIPSE	创建椭圆或椭圆弧
EX	EXTEND	延伸对象
EXP	EXPORT	输出其他格式文件
EXT	EXTRUDE	拉伸
EXIT	QUIT	退出程序
F	FILLET	倒圆角
FI	FILTER	创建可重复使用的过滤器以便根据特性选择对象
-H	HATCH	利用填充图案、实体填充或渐变填充来填充封闭区域或选定对象
HE	HATCHEDIT	修改现有的图案填充对象
HI	HIDE	重生成三维模型时不显示隐藏线
I	INSERT	将命名块或图形插入到当前图形中
IM	IMAGE	打开"外部参照"选项板
IAD	IMAGEADJUST	控制选定图像的亮度、对比度和淡入度显示
IAT	IMAGEATTACH	向当前图形中附着新的图形对象
ICL	IMAGECLIP	根据指定边界修剪选定图像的显示
IMP	IMPORT	将不同格式的文件输入到当前图形中
INF	INTERFERE	采用两个或多个三维实体的公用部分创建三维复合实体
IN	INTERSECT	采用两个或多个实体或面域的交集创建复合实体或面域并删除交集以外的部分
IO	INSERTOBJ	插入链接或嵌入对象
L	LINE	创建直线段

快捷命令	命　令	功　　能
LA	LAYER	管理图层和图层特性
LO	-LAYOUT	创建新布局，重命名、复制、保存或删除现有布局
LEAD	LEADER	创建连接注释与特征的线
LEN	LENGTHEN	拉长对象
LT	LINETYPE	加载、设置和修改线型
LI、LS	LIST	显示选定对象的数据库信息
LTS	LTSCALE	设置线型比例因子
LW	LWEIGHT	设置当前线宽、线宽显示选项和线宽单位
M	MOVE	在指定方向上按指定距离移动对象
MA	MATCHPROP	属性匹配
ME	MEASURE	沿对象的长度或周长按测定间隔创建点对象或块
MI	MIRROR	创建对象的镜像副本
ML	MLINE	创建多线
MS	MSPACE	从图纸空间切换到模型空间视口
MT、T	MTEXT	创建多行文字
MV	MVIEW	创建并控制布局视口
O	OFFSET	偏移命令，用于创建同心圆、平行线
OS	OSNAP	设置对象捕捉模式
OP	OPTIONS	选项显示设置
P	PAN	移动当前视口中显示的图形
PA	PASTESPEC	插入剪贴板数据并控制数据格式
PE	PEDIT	多线段编辑
PL	PLINE	创建二维多段线
PLOT	PRINT	将图形输入到打印设备或文件
PO	POINT	创建点对象
POL	POLYGON	创建闭合的等边多段线
PRE	PREVIEW	打印预览
PRCLOSE	PROPERTIESCLOSE	关闭"特性"选项板
PS	PSPACE	从模型空间切换到图纸空间视口
PR	PROPERTIES	显示对象特性
PU	PURGE	删除图形中未使用的项目
PARAM	BPARAMETER	编辑块的参数类型
R	REDRAW	刷新当前视口中的显示
RE	REGEN	从当前视口重生成整个图形
REC	RECTANG	绘制矩形多段线
REN	RENAME	修改对象名称

续表

快捷命令	命　　令	功　　能
RO	ROTATE	绕基点旋转对象
RR	RENDER	渲染对象
REA	REGENALL	重新生成图形并刷新所有视口
REG	REGION	将封闭区域的对象转换为面域
REV	REVOLVE	绕轴旋转二维对象以创建实体
RPR	RPREF	设置渲染系统配置
S	STRETCH	拉伸与选择窗口或多边形交叉的对象
SC	SCALE	按比例放大或缩小对象
ST	STYLE	创建、修改或设置文字样式
SN	SNAP	规定光标按指定的间距移动
SU	SUBTRACT	采用差集运算创建组合面域或实体
SL	SLICE	剖切实体
SO	SOLID	创建二维填充多边形
SP	SPELL	检查图形中文字的拼写
SPL	SPLINE	绘制样条曲线
SPE	SPLINEDIT	编辑样条曲线或样条曲线拟合多段线
SCR	SCRIPT	从脚本文件中执行一系列命令
SEC	SECTION	使用平面和实体、曲面或网格的交集创建面域
SET	SETVAR	列出并修改系统变量值
SSM	SHEETSET	打开图纸集管理器
TO	TOOLBAR	显示、隐藏和自定义工具栏
TOL	TOLERANCE	创建形位公差
T	TEXT	创建单行文字对象
TA	TABLET	校准、配置、打开和关闭已安装的数字化仪
TH	THICKNESS	设置当前三维实体的厚度
TI、TM	TILEMODE	使"模型"选项卡或最后一个布局选项卡当前化
TOR	TORUS	创建圆环形三维实体
TR	TRIM	利用其他对象定义的剪切边修剪对象
TP	TOOLPALETTES	打开工具选项板
TS	TABLESTYLE	创建、修改或指定表格样式
U	UNDO	撤销命令
UNI	UNION	通过并集运算创建组合面域或实体
UC	UCSMAN	管理已定义的用户坐标系
UN	UNITS	控制坐标和角度的显示格式并确定精度
VP	DDVPOINT	预设视点
W	WBLOCK	将对象或块写入新的图形文件中

续表

快捷命令	命　令	功　能
WE	WEDGE	创建楔体
X	EXPLOPE	将复合对象分解为部件对象
XA	XATTACH	插入 DWG 文件作为外部参照
XB	XBIND	将外部参照依赖符号命名绑定到当前图形中
XC	XCLIP	根据指定边界修剪选定外部参照或块参照的显示
XL	XLINE	创建无限长直线（即构造线）
XP	XPLODE	将复合对象分解为其组件对象
XR	XREF	打开外部参照选项板
Z	ZOOM	放大或缩小视图中对象的外观尺寸
3A	3DARRAY	创建三维阵列
3F	3DFACE	在三维空间中创建三侧面或四侧面的曲面
3DO	3DORBIT	在三维空间中动态查看对象
3P	3DPOLY	在三维空间中使用"连续"线型创建由直线段构成的多段线

模拟真题答案

第 1 章

  1. B   2. C   3. B   4. C   5. D   6. D

  7. D   8. C   9. A

第 2 章

  1. B   2. B   3. B   4. C   5. D   6. B

第 3 章

  1. D   2. C   3. D   4. B

第 4 章

  1. B   2. D   3. A   4. D   5. C   6. A

第 5 章

  1. B   2. B   3. C   4. A   5. A   6. C

第 6 章

  1. C   2. D   3. C   4. B   5. B   6. A

  7. A   8. C   9. A   10. A

第 7 章

  1. B   2. B   3. B   4. B

第 8 章

  1. D   2. D   3. A   4. D   5. B   6. A

  7. D   8. B

第 9 章

  1. A   2. A   3. C   4. A

第 10 章

  1. A   2. B   3. A   4. B   5. C   6. D

第 11 章

  1. B   2. C